高等学校电子信息类系列教材

锁 相 技 术

（第二版）

郑继禹　张厥盛
万心平　郑　霖　编著

西安电子科技大学出版社

内 容 简 介

部级统编教材《锁相技术》面世已近17年了,深得读者喜爱。作者依据最新技术发展与教学实践,本着加强基础、删旧添新、充实内容的原则对其进行了全面修订。修订后全书共10章和两个附录,内容包括环路工作原理、环路线性与非线性性能、环路相位噪声分析等基础理论以及数字与集成锁相环、锁相环仿真、锁相环在通信与电子技术领域的应用等方面。经此修订,书中内容更加充实,取材相对新颖,理论联系实际,并列有大量实例与章后习题方便读者学习。

本书可作为工科电子类专业本、专科院校师生的教材或参考书,也适合于相关领域工程技术人员阅读、参考。

图书在版编目(CIP)数据

锁相技术/郑继禹等编著. —2版.

—西安:西安电子科技大学出版社,2012.1(2025.7重印)

ISBN 978 - 7 - 5606 - 2704 - 5

Ⅰ. ① 锁… Ⅱ. ① 郑… Ⅲ. ① 锁相技术—高等学校—教材 Ⅳ. ① TN911.8

中国版本图书馆 CIP 数据核字(2011)第 248951 号

责任编辑 李惠萍 杨 婷
出版发行 西安电子科技大学出版社(西安市太白南路2号)
电 话 (029)88202421 88201467 邮 编 710071
网 址 www.xduph.com 电子邮箱 xdupfxb001@163.com
经 销 新华书店
印刷单位 西安日报社印务中心
版 次 2012年1月第2版 2025年7月第23次印刷
开 本 787毫米×1092毫米 1/16 印张 15.5
字 数 357千字
定 价 39.00元

ISBN 978 - 7 - 5606 - 2704 - 5

XDUP 2996002 - 23

* * * 如有印装问题可调换 * * *

前　言

部级统编教材《锁相技术》系按原电子工业部的工科电子类专业 1991～1995 年编审出版规划出版的教材。此书自 1994 年出版以来，以其深入浅出的理论基础描述，理论与工程实践的紧密结合，而深受广大读者的喜爱，已印刷 15 次，销售近 7 万册。许多高等院校采用了此书，或将其作为专业课教材，或将其作为专业选修课教材。

锁相环路在涉及电子技术的几乎所有领域都得到了广泛的应用，而且至今热度不减，这乃是其独特的优良特性所决定的。但是，锁相技术也同其它技术一样，是一门不断发展，应用领域不断扩大的技术。为适应技术发展，应西安电子科技大学出版社的邀请，郑继禹教授、郑霖博士对原版《锁相技术》一书进行了全面修订，依据最新技术发展与教学实践，本着加强基础、删旧添新、充实内容的原则对原版书进行了重新编写。

经过修订，全书共 10 章，前 7 章可归为基础部分，其中前 5 章属锁相环路的基本概念与性能分析，书的后 3 章属锁相环的应用部分。具体内容安排如下：

第一章介绍锁相环路的基本组成、工作原理、动态方程与数学模型，以一阶环为例详细讲述了锁定、捕获与跟踪的基本过程与概念。

第二章分析环路稳态跟踪性能，包括时域响应、频域响应与稳定性分析。

第三章环路的噪声性能，重点分析环路对输入加性高斯噪声以及压控振荡器噪声的线性过滤性能，着重介绍了环路锁定状态下强噪声作用的环路相差的统计特性，得出工程实用的有关指标。

第四章研究环路的捕获性能，分析环路牵引捕获的过程，给出捕获带与捕获时间的分析结果，可供工程设计使用。此外还介绍了工程中常用的一些辅助捕获方法。

第五章介绍了数字锁相环，数字锁相环路以其简单、可靠、易于数字集成等性能得到人们的喜爱与重视。本章全面讲述了数字环的组成、分类、部件及其工作原理，并重点分析了三种类型的数字锁相环路，最后介绍了一种集成的触发器型全数字锁相环。

第六章为集成锁相环，本章介绍各种典型的集成环路部件和通用集成锁相环芯片，对工程实用有重要价值。

第七章为锁相频率合成，锁相频率合成是一种应用广泛、性价比高的频率合成技术。本章分析了变频分频合成器与小数分频合成器的原理与性能，给出了合成器的主要技术指标以及指标设计，可供工程设计时参考。

第八章为数字通信中的锁相同步环路。众所周知，同步是数字通信中一项难度较大的关键技术，本章详细分析了用锁相实现载波同步、码位同步与扩频码的同步跟踪。

第九章为锁相环应用综合。由于锁相环用途广泛，为展宽读者视野与思维，本章介绍了锁相环路在调制与解调、彩色副载波同步、电动机转速控制、光锁相环、微波锁相频率源等许多方面的应用。

第十章为锁相环仿真，结合实例介绍了锁相环原理性仿真与电路级仿真模式。

书末附录给出了环路输入噪声的基本特征与压控振荡器的相位噪声特性。各章末均附有习题，方便读者思考与练习。

作　者

2011 年 10 月

第 一 版 前 言

本教材系按电子工业部的工科电子类专业教材 1991～1995 年编审出版规划，由无线电技术与信息系统教材编审委员会无线电通讯编审小组征稿并推荐出版，责任编委为程时昕。

本教材由西安电子科技大学张厥盛担任主编，东南大学邹家骕担任主审。

本课程的参考学时数为 40～60 学时，其主要内容为锁相技术的基本原理、电路与应用。全书共七章和四个附录，分为四个部分。第一部分讲解模拟锁相环路的基本工作原理与性能分析，其内容有：锁相环路的基本工作原理、环路跟踪性能、环路噪声性能和环路捕获性能。第二部分介绍集成锁相环路的原理与应用。集成锁相环路自 70 年代问世以来发展很迅速，是近年来锁相技术的重要进展。目前，不同品种的锁相环集成电路已有成百上千个产品。集成锁相环路的成本低、性能好、使用方便、应用广泛，已成为电子工程中经常遇到的一种多功能组件。为此，本书第五章专门介绍了集成化环路部件、通用单片集成锁相环和单片集成频率合成器的电路组成和特性。第六章，结合集成锁相环路的使用，着重介绍了集成锁相环路在跟踪滤波、调制与解调、频率合成、载波同步、位同步、FM 立体声解码、彩色电视色副载波提取、电动机速度控制等方面的应用原理与实例。第三部分介绍数字锁相环以适应数字技术迅速发展和数模兼容应用的需要。第四部分给出了锁相环内外部噪声的统计特性与国内外锁相集成电路产品，供读者加深理解有关理论，亦可供工程设计人员参考。使用本教材时，学生需具备必要的数学与电子线路的基础知识和有关的专业知识；课程实施中应配合适量的实验；锁相技术应用、数字锁相环与取样锁相环方面的内容也可视专业的需要和教学时数的多少自行选取。

本教材的三位编者长期合作编写了本课程的前三轮统编教材《同步控制原理》(上海交通大学归绍升等主审，国防工业出版社出版，1980 年)、《锁相技术》(清华大学李普成主审，西北电讯工程学院出版社出版，1986 年)和《锁相技术》(东南大学邹家骕主审，西安电子科技大学出版社出版，1989 年)。本教材是在上述基础上修订而成的，郑继禹重写了第七章，张厥盛修订其余各章并统编全稿。受限于编者的水平，书中难免还存在一些缺点和错误，殷切希望广大读者批评指正。

编 者
1992 年 12 月

目　　录

第一章　锁相环路的基本工作原理 ……………………………………………… 1

第一节　锁定与跟踪的概念 ……………………………………………… 1

一、相位关系的描述 ……………………………………………… 2

二、捕获过程 ……………………………………………… 3

三、锁定状态 ……………………………………………… 4

四、环路的基本性能要求 ……………………………………………… 5

第二节　环路组成 ……………………………………………… 5

一、鉴相器 ……………………………………………… 6

二、环路滤波器 ……………………………………………… 7

三、压控振荡器 ……………………………………………… 9

四、环路相位模型 ……………………………………………… 10

第三节　环路的动态方程 ……………………………………………… 11

第四节　一阶锁相环路的捕获、锁定与失锁 ……………………………………………… 13

一、$\Delta\omega_0 < K$ 时的捕获与锁定 ……………………………………………… 14

二、$\Delta\omega_0 > K$ 时的失锁状态 ……………………………………………… 15

三、$\Delta\omega_0 = K$ 时的临界状态 ……………………………………………… 17

习题 ……………………………………………… 19

第二章　环路跟踪性能 ……………………………………………… 20

第一节　线性相位模型与传递函数 ……………………………………………… 20

一、一般形式 ……………………………………………… 20

二、二阶锁相环路的线性动态方程与传递函数 ……………………………………………… 22

第二节　环路暂态响应 ……………………………………………… 24

一、典型二阶系统的性能参数 ……………………………………………… 24

二、环路误差的时间响应 ……………………………………………… 26

三、稳态相位误差 ……………………………………………… 35

第三节　环路稳态频率响应 ……………………………………………… 38

一、环路对正弦相位信号的稳态频率响应 ……………………………………………… 38

二、二阶锁相环的频率响应 ……………………………………………… 39

三、调制跟踪与载波跟踪 ……………………………………………… 43

第四节　环路稳定性与参数设计 ……………………………………………… 46

一、稳定性问题及其判别方法 ……………………………………………… 46

二、常用二阶锁相环路的稳定性与参数设计 ……………………………………………… 47

三、三阶锁相环 ……………………………………………… 51

第五节　环路非线性跟踪性能 ……………………………………………… 54

一、锁定时的稳态相差 ·· 54

二、同步带 ·· 55

三、最大同步扫描速率 ·· 56

四、最大频率阶跃量与峰值相差 ·· 56

习题 ·· 58

第三章　环路噪声性能 ·· 60

第一节　环路的加性噪声相位模型 ·· 60

第二节　对输入白高斯噪声的线性过滤特性 ·································· 62

一、环路输出噪声相位方差 ·· 63

二、环路噪声带宽 B_L ·· 64

三、环路信噪比 ·· 66

第三节　环路对压控振荡器相位噪声的线性过滤 ······························ 67

第四节　环路对各类噪声与干扰的线性过滤 ·································· 69

一、环路输出的总相位噪声功率谱密度 ······································ 69

二、环路带宽的最佳选择 ·· 70

第五节　环路跳周与门限 ·· 71

一、环路跳周与门限的概念 ·· 71

二、相差的非线性分析 ·· 72

习题 ·· 76

第四章　环路捕获性能 ·· 78

第一节　捕获的基本概念 ·· 78

第二节　捕获过程与捕获特性 ·· 79

一、捕获过程 ·· 79

二、捕获过程的特性 ·· 82

第三节　捕获带与捕获时间 ·· 83

一、二阶环的快捕带与快捕时间 ·· 83

二、二阶环的捕获带与捕获时间 ·· 84

第四节　辅助捕获方法 ·· 86

一、起始频差控制 ·· 87

二、辅助鉴频 ·· 89

三、变带宽 ·· 90

四、变增益 ·· 91

习题 ·· 92

第五章　数字锁相环 ·· 93

第一节　全数字环概述 ·· 93

一、一般构成与分类 ·· 93

二、数字环部件电路与原理 ·· 94

三、数字环的工作速率 ·· 100

第二节　奈奎斯特型数字锁相环（NR－DPLL） ······························ 100

第三节　超前-滞后型位同步数字环 ……………………………………… 102
　　一、电路组成与说明 …………………………………………………… 102
　　二、环路位同步原理 …………………………………………………… 103
　　三、性能分析 …………………………………………………………… 105
第四节　ZC_1 – DPLL 的原理与性能 …………………………………… 107
　　一、环路方程与模型 …………………………………………………… 108
　　二、环路的暂态跟踪性能 ……………………………………………… 110
　　三、有量化时的 ZC_1 – DPLL …………………………………… 114
第五节　触发器型全数字锁相环 …………………………………………… 118
　　一、工作原理 …………………………………………………………… 119
　　二、环路性能分析 ……………………………………………………… 122
　　三、应用举例 …………………………………………………………… 123
习题 …………………………………………………………………………… 125

第六章　集成锁相环路 ……………………………………………………… 126
第一节　概述 ………………………………………………………………… 126
第二节　集成鉴相器 ………………………………………………………… 127
　　一、模拟乘法器 ………………………………………………………… 128
　　二、数字式鉴频鉴相器 ………………………………………………… 131
　　三、门鉴相器 …………………………………………………………… 135
第三节　集成压控振荡器 …………………………………………………… 136
　　一、积分-施密特触发电路型压控振荡器 …………………………… 136
　　二、射极耦合多谐振荡器型压控振荡器 ……………………………… 139
　　三、LC 负阻型压控振荡器 ………………………………………… 141
　　四、数字门电路型压控振荡器 ………………………………………… 143
第四节　通用单片集成锁相环 ……………………………………………… 145
　　一、高频单片集成锁相环 ……………………………………………… 145
　　二、超高频单片集成锁相环 …………………………………………… 147
　　三、低频单片集成锁相环 ……………………………………………… 149
习题 …………………………………………………………………………… 152

第七章　锁相频率合成 ……………………………………………………… 153
第一节　概述 ………………………………………………………………… 153
第二节　变模分频合成器 …………………………………………………… 155
　　一、基本原理 …………………………………………………………… 155
　　二、集成芯片说明 ……………………………………………………… 156
　　三、多环频率合成器 …………………………………………………… 160
第三节　小数分频合成器 …………………………………………………… 163
　　一、基本原理 …………………………………………………………… 163
　　二、相位杂散分析 ……………………………………………………… 165
　　三、使用 $\Sigma - \Delta$ 调制的小数分频技术 ……………… 166
第四节　技术指标与设计 …………………………………………………… 168
　　一、主要技术指标 ……………………………………………………… 168

二、指标设计实例 …………………………………………………………… 170

习题 ………………………………………………………………………………… 171

第八章　数字通信中的锁相同步环路 ……………………………………… 172

第一节　载波同步 ……………………………………………………………… 172

　　一、平方环 …………………………………………………………………… 172

　　二、同相-正交环 …………………………………………………………… 174

第二节　码位同步 ……………………………………………………………… 175

　　一、非线性变换-滤波法 …………………………………………………… 175

　　二、同相-中相位同步环 …………………………………………………… 176

　　三、早-迟积分清除位同步环 ……………………………………………… 179

第三节　扩频码的同步跟踪 …………………………………………………… 180

　　一、直扩序列的延迟锁定跟踪环 ………………………………………… 181

　　二、抖动跟踪环(TDL) …………………………………………………… 183

习题 ………………………………………………………………………………… 185

第九章　锁相环应用综合 …………………………………………………… 186

第一节　调制器与解调器 ……………………………………………………… 186

　　一、调幅信号的调制与解调 ……………………………………………… 186

　　二、模拟调频和调相信号的调制与解调 ………………………………… 188

　　三、数字调频和调相信号的调制与解调 ………………………………… 192

第二节　彩色副载波同步 ……………………………………………………… 195

第三节　电动机转速控制 ……………………………………………………… 197

第四节　锁相接收机 …………………………………………………………… 199

第五节　光锁相环(OPLL) …………………………………………………… 202

　　一、概述 …………………………………………………………………… 202

　　二、零差光锁相环 ………………………………………………………… 204

　　三、外差光锁相环 ………………………………………………………… 205

第六节　其它应用 ……………………………………………………………… 206

　　一、相移器 ………………………………………………………………… 206

　　二、频率变换 ……………………………………………………………… 207

　　三、自动跟踪调谐 ………………………………………………………… 208

　　四、微波锁相频率源 ……………………………………………………… 209

习题 ………………………………………………………………………………… 210

第十章　锁相环仿真 ………………………………………………………… 211

第一节　运用 SIMULINK 仿真锁相环 ……………………………………… 211

　　一、通信同步锁相环仿真 ………………………………………………… 211

　　二、锁相环频率合成器仿真 ……………………………………………… 222

第二节　电路级锁相环仿真 …………………………………………………… 224

习题 ………………………………………………………………………………… 227

附录一　环路输入噪声的基本特性 ⋯⋯⋯⋯⋯⋯⋯⋯⋯⋯⋯⋯⋯⋯⋯⋯⋯⋯⋯⋯ 228

　　一、统计特性 ⋯⋯⋯⋯⋯⋯⋯⋯⋯⋯⋯⋯⋯⋯⋯⋯⋯⋯⋯⋯⋯⋯⋯⋯⋯⋯⋯⋯⋯ 228

　　二、窄带噪声 ⋯⋯⋯⋯⋯⋯⋯⋯⋯⋯⋯⋯⋯⋯⋯⋯⋯⋯⋯⋯⋯⋯⋯⋯⋯⋯⋯⋯⋯ 229

附录二　压控振荡器的相位噪声 ⋯⋯⋯⋯⋯⋯⋯⋯⋯⋯⋯⋯⋯⋯⋯⋯⋯⋯⋯⋯⋯ 231

　　一、相位噪声的一般概念 ⋯⋯⋯⋯⋯⋯⋯⋯⋯⋯⋯⋯⋯⋯⋯⋯⋯⋯⋯⋯⋯⋯⋯ 231

　　二、LC 振荡器输出相位噪声 ⋯⋯⋯⋯⋯⋯⋯⋯⋯⋯⋯⋯⋯⋯⋯⋯⋯⋯⋯⋯⋯ 232

　　三、晶振的相位噪声 ⋯⋯⋯⋯⋯⋯⋯⋯⋯⋯⋯⋯⋯⋯⋯⋯⋯⋯⋯⋯⋯⋯⋯⋯⋯ 234

参考文献 ⋯⋯⋯⋯⋯⋯⋯⋯⋯⋯⋯⋯⋯⋯⋯⋯⋯⋯⋯⋯⋯⋯⋯⋯⋯⋯⋯⋯⋯⋯⋯ 235

第一章 锁相环路的基本工作原理

锁相环路是一个闭环的相位控制系统。对它的研究需首先建立完整的数学模型，继而以模型为基础，分析它在各种工作状态下的性能与指标，诸如跟踪、捕获、噪声的影响等等。在着手全面分析之前，我们先就锁相环的基本原理作一概要的阐述，介绍锁相环路是怎样组成、如何工作的，对它有哪些基本要求，并通过分析一个最简单的锁相环——一阶环，说明锁相技术中最常用的一些概念与专用术语，了解后面分析时将会用到的一些基本方法以及一阶环的基本性能。这对进一步学习是有帮助的。

以上就是本章所要讲述的主要内容。

第一节 锁定与跟踪的概念

锁相环路(PLL)是一个相位跟踪系统，方框表示如图 1-1 所示。设输入信号

$$u_i(t) = U_i \sin[\omega_i t + \theta_i(t)] \tag{1-1}$$

式中：U_i 是输入信号的幅度；

ω_i 是载波角频率；

$\theta_i(t)$ 是以载波相位 $\omega_i t$ 为参考的瞬时相位。

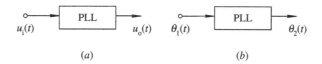

图 1-1 相位跟踪系统框图

(a) 电压信号图；(b) 相位表示图

若输入信号是未调载波，$\theta_i(t)$ 即为常数，是 $u_i(t)$ 的初始相位；若输入信号是角调制信号(包括调频调相)，$\theta_i(t)$ 即为时间的函数。

设输出信号

$$u_o(t) = U_o \cos[\omega_o t + \theta_o(t)] \tag{1-2}$$

式中：U_o 是输出信号的幅度；

ω_o 是环内被控振荡器的自由振荡角频率，它是环路的一个重要参数；

$\theta_o(t)$ 是以自由振荡的载波相位 $\omega_o t$ 为参考的瞬时相位，在未受控制以前它是常数，在输入信号的控制之下，$\theta_o(t)$ 即为时间的函数。

因为锁相环路是一个相位控制系统，输入信号 $u_i(t)$ 对环路起作用的是它的瞬时相位，它的幅度通常是固定的。输出信号 $u_o(t)$ 的幅度 U_o 通常也是固定的，只是其瞬时相位受输入信号瞬时相位的控制。因此，我们希望直接建立输出信号瞬时相位与输入信号瞬时相位

之间的控制关系。为此，先讨论两个不同频率信号之间的相位关系。

一、相位关系的描述

输入信号 $u_i(t)$ 可以用矢量 $U_i e^{j[\omega_i t + \theta_i(t)]}$ 在虚轴上的投影来表示，$u_i(t)$ 的瞬时相位，即矢量与实轴的交角为 $\omega_i t + \theta_i(t)$；输出信号 $u_o(t)$ 可以用矢量 $U_o e^{j[\omega_o t + \theta_o(t)]}$ 在实轴上的投影来表示，$u_o(t)$ 的瞬时相位，即矢量与实轴的交角为 $\omega_o t + \theta_o(t)$，如图 1-2(a) 所示。从图上可以得到两个信号的瞬时相位之差

$$\theta_e(t) = [\omega_i t + \theta_i(t)] - [\omega_o t + \theta_o(t)] = (\omega_i - \omega_o)t + \theta_i(t) - \theta_o(t) \qquad (1-3)$$

在上面的表示方法中，$\theta_i(t)$ 是以输入信号的载波相位 $\omega_i t$ 为参考的，而 $\theta_o(t)$ 则是以受控振荡器自由振荡的载波相位 $\omega_o t$ 为参考的。由于参考不同，$\theta_i(t)$ 与 $\theta_o(t)$ 无法直接比较。为便于比较，需选择统一的参考相位。

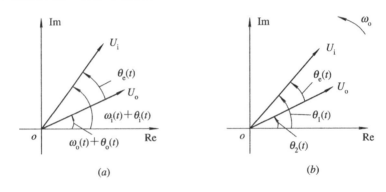

图 1-2　输入信号和输出信号的相位关系

(a) 绝对相位表示；(b) 相对相位表示

前面已经说到，被控振荡器的自由振荡角频率 ω_o 是系统的一个重要参数，它的载波相位 $\omega_o t$ 可以作为一个参考相位。这样一来，输入信号的瞬时相位可以改写为

$$\omega_i t + \theta_i(t) = \omega_o t + (\omega_i - \omega_o)t + \theta_i(t) \qquad (1-4)$$

令

$$\Delta\omega_o = \omega_i - \omega_o \qquad (1-5)$$

为输入信号频率与环路自由振荡频率之差，称为环路的固有频差。

再令

$$\theta_1(t) = \Delta\omega_o t + \theta_i(t) \qquad (1-6)$$

为输入信号以 $\omega_o t$ 为参考的瞬时相位，因此，(1-4)式可以改写为

$$\omega_i t + \theta_i(t) = \omega_o t + \theta_1(t) \qquad (1-7)$$

同理，输出信号的瞬时相位可以改写为

$$\omega_o t + \theta_o(t) = \omega_o t + \theta_2(t) \qquad (1-8)$$

$$\theta_2(t) = \theta_o(t) \qquad (1-9)$$

式中 $\theta_2(t)$ 也是以 $\omega_o t$ 为参考的输出瞬时相位。利用(1-6)式和(1-9)式可表示输入和输出信号的相位。由于有了共同的参考，就很便于比较。将(1-6)式和(1-9)式代入(1-3)式，得到环路的瞬时相位差

$$\theta_e(t) = \theta_1(t) - \theta_2(t) \qquad (1-10)$$

应用上述描述方法，矢量图可以画成图 1-2(b) 所示形式。系统的瞬时相位差 $\theta_e(t) = \theta_1(t) - \theta_2(t)$，瞬时频差

$$\frac{\mathrm{d}\theta_{\mathrm{e}}(t)}{\mathrm{d}t} = \dot{\theta}_{\mathrm{e}}(t) = \dot{\theta}_1(t) - \dot{\theta}_2(t) = \Delta\omega_{\mathrm{o}} + \frac{\mathrm{d}\theta_{\mathrm{i}}(t)}{\mathrm{d}t} - \frac{\mathrm{d}\theta_2(t)}{\mathrm{d}t} \qquad (1-11)$$

图 1-2(b)两矢量的关系清晰地反映了系统的工作状态。当输入角频率 $\dot{\theta}_1(t)$（即矢量 $U_{\mathrm{i}}\mathrm{e}^{\mathrm{j}\theta_1}$ 的旋转速率）与输出角频率 $\dot{\theta}_2(t)$（即矢量 $U_{\mathrm{o}}\mathrm{e}^{\mathrm{j}\theta_2}$ 的旋转速率）不同时，两矢量将相对旋转，其夹角 $\theta_{\mathrm{e}}(t)$ 将随时间无限增大，绕过一周 (2π) 又一周，这就是系统的失锁状态。只有当 $\dot{\theta}_1(t)$ 与 $\dot{\theta}_2(t)$ 相等时，两矢量以相同的角速度旋转，相对位置即夹角维持不变，通常数值又较小，这就是环路的锁定状态。究竟环路是如何从起始状态进入锁定的？锁定状态的特征又有哪些？这些都有必要作进一步的讨论。

二、捕获过程

从输入信号加到锁相环路的输入端开始，一直到环路达到锁定的全过程，称为捕获过程。一般情况，输入信号频率 ω_{i} 与被控振荡器自由振荡频率 ω_{o} 不同，即两者之差 $\Delta\omega_{\mathrm{o}} \neq 0$。若没有相位跟踪系统的作用，两信号之间相差

$$\theta_{\mathrm{e}}(t) = \Delta\omega_{\mathrm{o}}t + \theta_{\mathrm{i}}(t) - \theta_{\mathrm{o}}(t)$$

将随时间不断增长。

假如固有频差 $\Delta\omega_{\mathrm{o}}$ 在一定的范围之内，依靠锁相环路的相位跟踪作用，会迫使输出信号的相位跟踪输入信号相位的变化。两信号之间的相位差将不会随时间无限增长，而是最终使两者的相位差保持在一个有限的范围 $2n\pi + \varepsilon_{\theta_{\mathrm{e}}}$ 之内，其中 $\varepsilon_{\theta_{\mathrm{e}}}$ 是一个很小的量。这个过程就是锁相环路的捕获过程。捕获过程中瞬时相差 $\theta_{\mathrm{e}}(t)$ 和瞬时频差 $\dot{\theta}_{\mathrm{e}}(t)$ 均随时间变化，典型的变化曲线如图 1-3 所示。

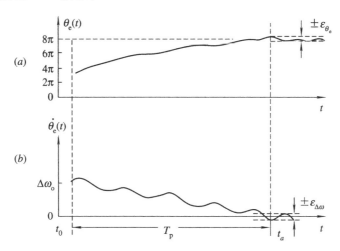

图 1-3　捕获过程中瞬时相差与瞬时频差的典型时间图
(a) 瞬时相差时间图；(b) 瞬时频差时间图

从起始状态 $[\theta_{\mathrm{e}}(t_0), \dot{\theta}_{\mathrm{e}}(t_0)]$ 开始，由于存在频差 $\dot{\theta}_{\mathrm{e}}(t_0)$，相差 $\theta_{\mathrm{e}}(t)$ 将随时间增长，跨越一个又一个 2π（即一次次周期跳越）。从矢量图 1-2(b)上看，即矢量 $U_{\mathrm{i}}\mathrm{e}^{\mathrm{j}\theta_1}$ 相对于矢量 $U_{\mathrm{o}}\mathrm{e}^{\mathrm{j}\theta_2}$ 转过一圈又一圈。最终，$\theta_{\mathrm{e}}(t)$ 稳定在 $2n\pi + \varepsilon_{\theta_{\mathrm{e}}}$ 之内，n 是正整数。图 1-3(a)中，$n=4$。在此过程中频差 $\dot{\theta}_{\mathrm{e}}(t)$ 经若干次波动而逐渐减小，最终 $\theta_{\mathrm{e}}(t)$ 趋向稳定，也就是 $\dot{\theta}_{\mathrm{e}}(t)$ 变成一个很小的值 $\varepsilon_{\Delta\omega}$。最终的状态 $[2n\pi \pm \varepsilon_{\theta_{\mathrm{e}}}, \varepsilon_{\Delta\omega}]$ 是相差稳定在 $2n\pi$ 附近，频差接近于零。

从矢量图上看，$U_i e^{j\theta_1}$ 与 $U_o e^{j\theta_2}$ 不再相对旋转，而是在一个很小的范围之内相对摆动，其夹角维持在 $\pm\varepsilon_{\theta_e}$ 之内，摆动的速率在 $\varepsilon_{\Delta\omega}$ 之内。这就是锁相环路的同步状态，或称跟踪状态。

设系统最初进入同步状态 $[2n\pi\pm\varepsilon_{\theta_e}，\varepsilon_{\Delta\omega}]$ 的时间为 t_a，如图 1-3 所示，那么，从 $t=t_0$ 的起始状态到达 $t=t_a$ 进入同步状态的全部过程就称为锁相环路的捕获过程。捕获过程所需的时间 $T_p=t_a-t_0$ 称为捕获时间。显然，捕获时间 T_p 的大小不但与环路的参数有关，而且与起始状态有关。

对一定的环路来说，是否能通过捕获而进入同步完全取决于起始频差 $\dot\theta_e(t_0)=\Delta\omega_o$。若 $\Delta\omega_o$ 超过某一范围，环路就不能捕获了。这个范围的大小是锁相环路的一个重要性能指标，称为环路的捕获带 $\Delta\omega_p$。

三、锁定状态

捕获状态终了，环路的状态稳定在

$$|\dot\theta_e(t)| \leqslant \varepsilon_{\Delta\omega}$$
$$|\theta_e(t)-2n\pi| \leqslant \varepsilon_{\theta_e} \qquad\qquad (1-12)$$

这就是同步状态的定义。实际运行中的锁相环路，输入 $\theta_1(t)$ 通常是随时间变化的，其原因可能是信号调制，也可能是噪声或干扰。经过环路的跟踪作用，$\theta_2(t)$ 随 $\theta_1(t)$ 变化，其间的相差 $\theta_e(t)$ 也会随时间变化。由 (1-12) 式的同步状态定义可知，只要在整个变化过程中一直满足 (1-12) 式，那么仍称环路处于同步状态。

下面讨论环路输入固定频率信号，即 $d\theta_i(t)/dt=0$ 时的特殊情况。这是环路分析中经常遇到的一种情况。此时

$$\theta_1(t) = \Delta\omega_o t + \theta_i$$

式中 θ_i 为常数，是输入信号的起始相位。而

$$\theta_e(t) = \Delta\omega_o t + \theta_i - \theta_o(t)$$
$$\dot\theta_e(t) = \Delta\omega_o - \dot\theta_o(t)$$

当环路经捕获过程进入同步之后，据 (1-12) 式，输出信号的瞬时相位 $\theta_o(t)$ 和瞬时频偏 $\dot\theta_o(t)$ 应满足下述关系：

$$\theta_o(t) = \Delta\omega_o t + \theta_i - \varepsilon_{\theta_e}$$
$$\dot\theta_o(t) = \Delta\omega_o$$

将此式代入输出信号表达式 (1-2)，得

$$u_o(t) = U_o \cos[\omega_o t + \Delta\omega_o t + \theta_i - \varepsilon_{\theta_e}]$$
$$= U_o \cos[\omega_o t + (\omega_i - \omega_o)t + \theta_i - \varepsilon_{\theta_e}]$$
$$= U_o \cos[\omega_i t + \theta_i - \varepsilon_{\theta_e}]$$

由此可见，当环路进入同步状态之后，环内被控振荡器的振荡频率已等于输入信号频率 ω_i，也就是说输出信号已"锁定"在输入信号上。两信号之间只差一个固定的相位 ε_{θ_e}，这就是锁定以后的稳态相差，是一个很小的值。

由上述可知，在输入固定频率信号的条件之下，环路进入同步状态后，输出信号与输入信号之间频差等于零，相差等于常数，即

$$\left.\begin{array}{l}\dot\theta_e(t) = 0 \\ \theta_e(t) = 常数\end{array}\right\} \qquad\qquad (1-13)$$

这种状态就称为锁定状态。从矢量图上看，锁定之后两矢量都以角频率 ω_i 旋转，相对位置固定，其夹角 ε_{θ_e} 维持在一个很小的数值上。锁定之后无频差，这是锁相环路独特的优点，也是其它控制系统通常不能达到的。

四、环路的基本性能要求

如上所述，环路有两种基本的工作状态。

其一是捕获过程。评价捕获过程性能有两个主要指标。一个是环路的捕获带 $\Delta\omega_p$，即环路能通过捕获过程而进入同步状态所允许的最大固有频差 $|\Delta\omega_o|_{max}$。若 $\Delta\omega_o > \Delta\omega_p$，环路就不能通过捕获进入同步状态。故

$$\Delta\omega_p = |\Delta\omega_o|_{max} \tag{1-14}$$

另一个指标是捕获时间 T_p，它是环路由起始时刻 t_0 到进入同步状态的时刻 t_a 之间的时间间隔，即

$$T_p = t_a - t_0 \tag{1-15}$$

捕获时间 T_p 的大小除取决于环路参数之外，还与起始状态有关。一般情况下输入起始频差越大，T_p 也就越大。通常以起始频差等于 $\Delta\omega_p$ 来计算最大捕获时间，并把它作为环路的性能指标之一。

环路的另一个基本工作状态是同步。环路锁定之后，稳态频差等于零。稳态相差（下面用符号 $\theta_e(\infty)$ 表示）通常总是存在的，它是一个固定值，反映了环路跟踪的精度，是一个重要的指标。此外，已经锁定的锁相环路，若再改变其固有频差 $\Delta\omega_o$，稳态相差 $\theta_e(\infty)$ 会随之改变。当 $\Delta\omega_o$ 增大到某一值时，环路将不能维持锁定。这个锁相环路能够保持锁定状态所允许的最大固有频差称为环路的同步带 $\Delta\omega_H$，也是环路的一个重要参数。

上面提及的几项指标是对环路最基本的性能要求。锁相环路作为一个控制系统，要全面衡量它的性能尚有一系列的指标，诸如稳定性、响应速度、对干扰和噪声的过滤能力等等。尤其是在噪声作用下环路性能的研究更是一个复杂的问题，这恰恰又是电子技术应用中不可避免的问题，我们将在第三章中专门讨论这一问题。

第二节　环路组成

锁相环路为什么能够进入相位跟踪，实现输出与输入信号的同步呢？因为它是一个相位的负反馈控制系统。这个负反馈控制系统是由鉴相器(PD)、环路滤波器(LF)和电压控制振荡器(VCO)三个基本部件组成的，基本构成如图 1-4 所示。实际应用中有各种形式

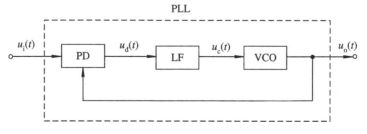

图 1-4　锁相环路的基本构成

的环路，但它们都是由这个基本环路演变而来的。下面逐个介绍基本部件在环路中的作用及其数学模型，从而导出整个锁相环路的数学模型。

一、鉴相器

鉴相器是一个相位比较装置，用来检测输入信号相位 $\theta_1(t)$ 与反馈信号相位 $\theta_2(t)$ 之间的相位差 $\theta_e(t)$。输出的误差信号 $u_d(t)$ 是相差 $\theta_e(t)$ 的函数，即

$$u_d(t) = f[\theta_e(t)]$$

鉴相特性 $f[\theta_e(t)]$ 可以是多种多样的，有正弦形特性、三角形特性、锯齿形特性等等。常用的正弦鉴相器可用模拟相乘器与低通滤波器的串接而成，如图 1-5(a) 所示。

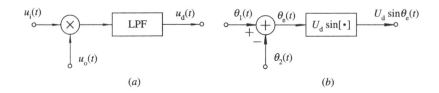

$$(a) \qquad\qquad\qquad (b)$$

图 1-5 正弦鉴相器及其模型

(a) 电压模型；(b) 相位模型

设相乘器的相乘系数为 K_m[单位为 1/V]，输入信号 $u_i(t)$ 与反馈信号 $u_o(t)$ 经相乘作用

$$K_m u_i(t) u_o(t) = K_m U_i \sin[\omega_o t + \theta_1(t)] U_o \cos[\omega_o t + \theta_2(t)]$$

$$= \frac{1}{2} K_m U_i U_o \sin[2\omega_o t + \theta_1(t) + \theta_2(t)]$$

$$+ \frac{1}{2} K_m U_i U_o \sin[\theta_1(t) - \theta_2(t)]$$

再经过低通滤波器(LPF)滤除 $2\omega_o$ 成分之后，
得到误差电压

$$u_d(t) = \frac{1}{2} K_m U_i U_o \sin[\theta_1(t) - \theta_2(t)]$$

令 $\qquad U_d = \frac{1}{2} K_m U_i U_o \qquad\qquad (1-16)$

为鉴相器的最大输出电压，则

$$u_d(t) = U_d \sin\theta_e(t) \qquad\qquad (1-17)$$

这就是正弦鉴相特性，如图 1-6 所示。

正弦鉴相器特性(1-17)式也就是鉴相

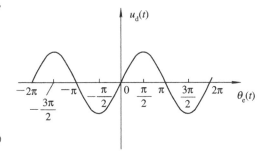

图 1-6 正弦鉴相器特性

器的数学模型，这个模型可表示为图 1-5(b) 所示形式。鉴相器的电路是多种多样的，总的可以分为两大类：第一类是相乘器电路，它是对输入信号波形与输出信号波形的乘积进行平均，从而获得直流的误差输出，如上面分析的那样。第二类是序列电路，它的输出电压是输入信号过零点与反馈电压过零点之间时间差的函数。因此这类鉴相器的输出只与波形的边沿有关，与其它是无关的。这类鉴相器适用于方波(也可以用正弦波通过限幅得到)输入，通常用数字电路构成。几种常用的集成鉴相器将在第六章中讨论。

对鉴相器的性能要求除特性的形状之外，鉴相特性的斜率以及输出电压的幅度也是很重要的。它直接影响环路的基本参数。此外，工作频率，输入、输出阻抗，寄生分量输出，门限等等也应达到一定的要求。

二、环路滤波器

环路滤波器具有低通特性，输入输出关系如图 $1-7(a)$ 所示。它与图 $1-5(a)$ 中低通滤波器的作用不同，对环路参数调整起着决定性的作用。从以后各章的分析中可以逐步看到，它对环路的各项性能都有着重要的影响。环路滤波器是一个线性电路，在时域分析中可用一个传输算子 $F(p)$ 来表示，其中 $p(\equiv \mathrm{d}/\mathrm{d}t)$ 是微分算子；在频域分析中可用传递函数 $F(s)$ 表示，其中 $s(a+\mathrm{j}\Omega)$ 是复频率；若用 $s=\mathrm{j}\Omega$ 代入 $F(s)$ 就得到它的频率响应 $F(\mathrm{j}\Omega)$，故环路滤波器模型可表示为图 $1-7(b)$ 所示形式。

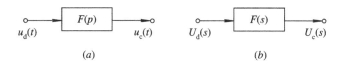

图 $1-7$ 环路滤波器及其模型

（a）电压模型；（b）相位模型

常用的环路滤波器有 RC 积分滤波器、无源比例积分滤波器和有源比例积分滤波器三种，现分别说明如下。

1. RC 积分滤波器

这是结构最简单的低通滤波器，电路构成如图 $1-8(a)$ 所示，其传输算子

$$F(p) = \frac{1}{1 + p\tau_1} \tag{1-18}$$

式中 $\tau_1 = RC$ 是时间常数，是这种滤波器唯一可调的参数。

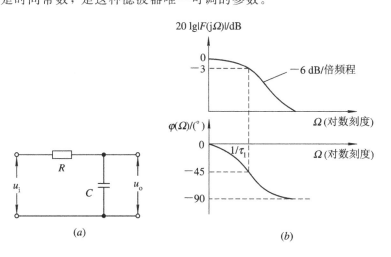

图 $1-8$ RC 积分滤波器的组成与对数频率特性

（a）组成； （b）频率特性

令 $p=\mathrm{j}\Omega$，并代入$(1-18)$式，即可得滤波器的频率特性

$$F(\mathrm{j}\Omega) = \frac{1}{1 + \mathrm{j}\Omega\tau_1} \tag{1-19}$$

作出对数频率特性，如图 $1-8(b)$。可见，它具有低通特性，且相位滞后。当频率很高时，幅度趋于零，相位滞后接近于 $\pi/2$。

2. 无源比例积分滤波器

无源比例积分滤波器如图 $1-9(a)$ 所示，它与 RC 积分滤波器相比，附加了一个与电容器串联的电阻 R_2，这样就增加了一个可调参数，它的传输算子为

$$F(p) = \frac{1 + \tau_2 p}{1 + \tau_1 p} \tag{1-20}$$

式中，$\tau_1 = (R_1 + R_2)C$，$\tau_2 = R_2 C$。这是两个独立的可调参数，其频率响应为

$$F(\mathrm{j}\Omega) = \frac{1 + \mathrm{j}\Omega\tau_2}{1 + \mathrm{j}\Omega\tau_1} \tag{1-21}$$

据此可作出对数频率特性，如图 $1-9(b)$ 所示。这也是一个低通滤波器，与 RC 积分滤波器不同的是，当频率很高时

$$F(\mathrm{j}\Omega)\mid_{\Omega\to\infty} = \frac{R_2}{R_1 + R_2}$$

等于电阻的分压比，这就是滤波器的比例作用。从相频特性上看，当频率很高时有相位超前校正的作用，这是由相位超前因子 $1 + \mathrm{j}\Omega\tau_2$ 引起的。这个相位超前作用对改善环路的稳定性是有用的。

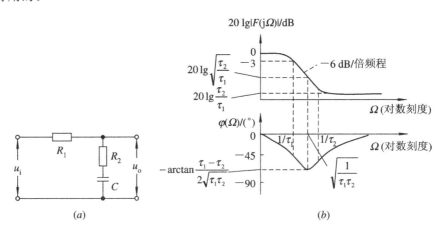

图 $1-9$　无源比例积分滤波器的组成与对数频率特性
(a) 组成；　(b) 频率特性

3. 有源比例积分滤波器

有源比例积分滤波器由运算放大器组成，电路如图 $1-10(a)$ 所示，它的传输算子

$$F(p) = -A \frac{1 + p\tau_2}{1 + p\tau_1}$$

式中：$\tau_1 = (R_1 + AR_1 + R_2)C$；

　　　$\tau_2 = R_2 C$；

　　　A 是运算放大器无反馈时的电压增益。

若运算放大器的增益 A 很高，则

$$F(p) = -A\frac{1+p\tau_2}{1+p\tau_1} \approx -A\frac{1+p\tau_2}{1+pAR_1C} \approx -A\frac{1+p\tau_2}{pAR_1C} = -\frac{1+p\tau_2}{pR_1C}$$

式中负号表示滤波器输出和输入电压之间相位相反。假如环路原来工作在鉴相特性的正斜率处，那么加入有源比例积分滤波器之后就自动地工作到鉴相特性的负斜率处，其负号与有源比例积分滤波器的负号相抵消。因此，这个负号对环路的工作没有影响，分析时可以不予考虑。故传输算子可以近似为

$$F(p) = \frac{1+p\tau_2}{p\tau_1} \tag{1-22}$$

式中 $\tau_1 = R_1C$。(1-22)式所给传输算子的分母中只有一个 p，是一个积分因子，故高增益的有源比例积分滤波器又称为理想积分滤波器。显然，A 越大就越接近理想积分滤波器。此滤波器的频率响应为

$$F(\mathrm{j}\Omega) = \frac{1+\mathrm{j}\Omega\tau_2}{\mathrm{j}\Omega\tau_1} \tag{1-23}$$

其对数频率特性见图 1-10(b)。可见它也具有低通特性和比例作用，相频特性也有超前校正特征。

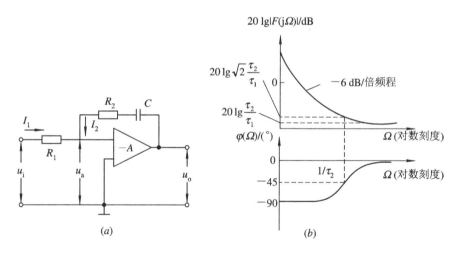

图 1-10　有源比例积分滤波器的组成与对数频率特性

(a) 组成；　(b) 频率特性

严格说来，在频率极低的情况下，近似条件 $\Omega\tau_1 \gg 1$ 不能成立，上述近似特性也就不适宜了。在有些场合，例如分析稳定性时，这点应加以注意。

三、压控振荡器

压控振荡器是一个电压-频率变换装置，在环中作为被控振荡器，它的振荡频率应随输入控制电压 $u_c(t)$ 线性地变化，即应有变换关系

$$\omega_v(t) = \omega_o + K_o u_c(t) \tag{1-24}$$

式中：$\omega_v(t)$ 是压控振荡器的瞬时角频率；

K_o 为控制灵敏度或称增益系数，单位是 [rad/s·V]。

实际应用中的压控振荡器的控制特性只有有限的线性控制范围，超出这个范围之后控

制灵敏度将会下降。图 1-11 中的实线为一条实际压控振荡器的控制特性，虚线为符合(1-24)式的线性控制特性。由图可见，在以 ω_o 为中心的一个区域内，两者是吻合的，故在环路分析中我们就用(1-24)式作为压控振荡器的控制特性。

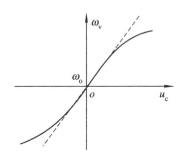

图 1-11 压控振荡器的控制特性

由于压控振荡器的输出反馈到鉴相器上，对鉴相器输出误差电压 $u_d(t)$ 起作用的不是其频率，而是其相位

$$\int_0^t \omega_v(\tau)\mathrm{d}\tau = \omega_o t + K_o \int_0^t u_c(\tau)\mathrm{d}\tau$$

即

$$\theta_2(t) = K_o \int_0^t u_c(\tau)\mathrm{d}\tau$$

改写成算子形式为

$$\theta_2(t) = \frac{K_o}{p} u_c(t) \tag{1-25}$$

压控振荡器的这个数学模型如图 1-12 所示。从模型上看，压控振荡器具有一个积分因子 $1/p$，这是相位与角频率之间的积分关系形成的。锁相环路中要求压控振荡器输出的是相位，因此，这个积分作用是压控振荡器所固有的。正因为这样，通常称压控振荡器是锁相环路中的固有积分环节。这个积分作用在环路中起着相当重要的作用。

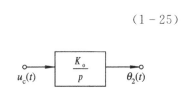

图 1-12 压控振荡器的模型

如上所述，压控振荡器应是一个具有线性控制特性的调频振荡器，对它的基本要求是：频率稳定度好（包括长期稳定度与短期稳定度）；控制灵敏度 K_o 要高；控制特性的线性度要好；线性区域要宽等等。这些要求之间往往是矛盾的，设计中要折衷考虑。

压控振荡器电路的形式很多，常用的有 LC 压控振荡器、晶体压控振荡器、负阻压控振荡器和 RC 压控振荡器等几种。前两种振荡器的频率控制都是用变容管来实现的。由于变容二极管结电容与控制电压之间具有非线性的关系，所以压控振荡器的控制特性肯定也是非线性的。为了改善压控特性的线性性能，在电路上采取一些措施，如与线性电容串接或并接，以背对背或面对面方式连接等等。在有的应用场合，如频率合成器等，要求压控振荡器的开环噪声尽可能低，在这种情况下，设计电路时应注意提高有载品质因素和适当增加振荡器激励功率，降低激励级的内阻和振荡管的噪声系数。

锁相环路中常用集成的压控振荡器。有关电路的原理与性能将在第六章中分析。

四、环路相位模型

前面已分别得到了环路的三个基本部件的模型，按图 1-4 的环路构成，不难将这三个模型连接起来得到环路的模型，如图 1-13 所示。

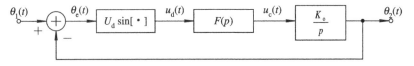

图 1-13 锁相环路的相位模型

由图上明显看到，这是一个相位负反馈的误差控制系统。输入相位 $\theta_1(t)$ 与反馈的输出相位 $\theta_2(t)$ 进行比较，得到误差相位 $\theta_e(t)$，由误差相位产生误差电压 $u_d(t)$，误差电压经过环路滤波器 $F(p)$ 的过滤得到控制电压 $u_c(t)$，控制电压加到压控振荡器上使之产生频率偏移，来跟踪输入信号频率 $\omega_i(t)$。若输入 ω_i 为固定频率，在 $u_c(t)$ 的作用下，$\omega_v(t)$ 向 ω_i 靠拢，一旦达到两者相等时，若满足一定的条件，环路就能稳定下来，达到锁定。锁定之后，被控的压控振荡器频率与输入信号频率相同，两者之间维持一定的稳态相位差。由图可见，这个稳态相位差是维持误差电压与控制电压所必须的。若没有这个稳态相位差，控制电压就会消失（环路滤波器为理想积分器时例外，这在第四章中将会说明），压控振荡器的振荡频率又将回到其自由振荡频率 ω_o，环路当然不能锁定。存在剩余误差（锁相环路中就是相位误差）是误差控制系统的特征。这个模型直接给出了输入相位 $\theta_1(t)$ 与输出相位 $\theta_2(t)$ 之间的关系，故又称为环路的相位模型，它是进一步分析锁相环的基础。

第三节　环路的动态方程

按图 1-13 所示的环路相位模型，不难导出环路的动态方程

$$\theta_e(t) = \theta_1(t) - \theta_2(t) \tag{1-26}$$

$$\theta_2(t) = K_o U_d \frac{F(p)}{p} \sin\theta_e(t) \tag{1-27}$$

将(1-27)式代入(1-26)式得

$$p\theta_e(t) = p\theta_1(t) - K_o U_d F(p) \sin\theta_e(t) \tag{1-28}$$

令环路增益

$$K = K_o U_d \tag{1-29}$$

式中 U_d 是误差电压的最大值，它与 K_o 的乘积显然就是压控振荡器的最大频偏量（环路滤波器为非高增益有源积分滤波器的情况除外）。故环路增益 K 应具有频率的量纲，K 的单位取决于 K_o 所用的单位。U_d 的单位肯定是［V］。若 K_o 的单位用［rad/s·V］，则 K 的单位为［rad/s］；若 K_o 的单位用［Hz/V］，则 K 的单位为［Hz］。

将(1-29)式代入(1-28)式得

$$p\theta_e(t) = p\theta_1(t) - K F(p) \sin\theta_e(t) \tag{1-30}$$

这就是锁相环路动态方程的一般形式。从物理概念上可以逐项理解它的含意。式中 $p\theta_e(t)$ 显然是环路的瞬时频差。右边第一项

$$p\theta_1(t) = \Delta\omega_o + \frac{d\theta_i(t)}{dt}$$

在固定频率输入的情况下，$d\theta_i(t)/dt = 0$，则 $p\theta_1(t)$ 就是固有频差 $\Delta\omega_o$。式中最后一项包括

$$u_d(t) = U_d \sin\theta_e(t)$$

它是瞬时相位差 $\theta_e(t)$ 作用下的误差电压瞬时值。

$$u_c(t) = F(p) u_d(t) = U_d F(p) \sin\theta_e(t)$$

是误差电压经环路滤波器过滤之后加到压控振荡器上的控制电压的瞬时值。

$$p\theta_2(t) = K_o u_c(t) = K_o U_d F(p) \sin\theta_e(t) = K F(p) \sin\theta_e(t)$$

是控制电压 $u_c(t)$ 加至压控振荡器所引起振荡频率 $\omega_v(t)$ 相对于自由振荡频率 ω_o 的频差。

这个由于控制作用所引起的频差不妨称之为控制频差。于是动态方程(1-30)构成了如下的关系：

$$瞬时频差 = 固有频差 - 控制频差$$

这个关系式在环路动作的始终都是成立的。

在环路开始工作的瞬间，控制作用还未建立起来，控制频差等于零，因此环路的瞬时频差就等于输入的固有频差。在捕获过程中，控制作用逐渐增强，控制频差逐渐加大。因为固有频差是不变的(在输入固定频率的条件下)，故瞬时频差逐渐减小。最后环路进入锁定状态，环路的控制作用已迫使振荡频率 ω_v 等于输入频率 ω_i，即形成了 $\omega_v = \omega_o + \Delta\omega_o = \omega_i$，控制频差与输入的固有频差相抵消，最终环路的瞬时频差等于零，环路锁定。

环路对输入固定频率的信号锁定之后，稳态频差等于零，稳态相差 $\theta_e(\infty)$ 为一固定值。此时误差电压即为直流，它经过 $F(j0)$ 的过滤作用之后所得到的控制电压也是直流。从方程(1-30)可以解出稳态相位差

$$\theta_e(\infty) = \arcsin \frac{\Delta\omega_o}{KF(j0)} \tag{1-31}$$

据此式可计算锁相环路的稳态相位差。

【计算举例】

已知正弦型鉴相器的最大输出电压 $U_d = 2$ V，压控振荡器的控制灵敏度 $K_o = 10^4$ Hz/V (或者 $K_o = 2\pi \times 10^4$ rad/s · V)，则环路增益

$$K = U_d K_o = 2 \times 10^4 \text{ Hz} = 4\pi \times 10^4 \text{ rad/s}$$

压控振荡器的自由振荡频率 $\omega_o/2\pi = 10^3$ kHz。

若输入信号的固定频率 $\omega_i/2\pi = 1010$ kHz，则固有频差

$$\Delta\omega_o = \omega_i - \omega_o = 2\pi \times 10^4 \text{ rad/s}$$

在环路达到锁定时的控制频差应等于固有频差，相应的直流控制电压值为

$$U_c = \frac{\Delta\omega_o}{K_o} = \frac{2\pi \times 10^4}{2\pi \times 10^4} = 1 \text{ V}$$

前面介绍的前两种常用环路滤波器的 $F(j0) = 1$，故直流的误差电压也等于 1 V。

据(1-31)式计算，稳态相位差

$$\theta_e(\infty) = \arcsin \frac{2\pi \times 10^4}{4\pi \times 10^4} = \arcsin \frac{1}{2} = \frac{\pi}{6}$$

若缓慢地将输入信号频率增高，当达到 $\omega_i/2\pi = 1020$ kHz，即 $\Delta\omega_o = 4\pi \times 10^4$ rad/s 时，可以算得 $U_c = U_d = 2$ V，达到鉴相器输出的最大值，可以算得此时的 $\theta_e(\infty) = \pi/2$。这就是环路能够保持锁定状态的极限。继续增大 $\Delta\omega_o$，环路就将失锁，这个最大的 $\Delta\omega_o$ 值就称为环路的同步带，此环路的同步带为

$$\Delta\omega_H = 4\pi \times 10^4 \text{ rad/s}$$

若缓慢地将输入信号频率降低，可得到保持锁定状态的极限是 980 kHz。因此，这个环路的同步范围为 $1020 - 980 = 40$ kHz。

严格地求解动态方程(1-30)往往是比较困难的。假设压控振荡器的控制特性为线性，但因为鉴相特性的非线性，环路的动态方程还是非线性方程。又因为压控振荡器的固有积分作用，动态方程至少是一阶非线性微分方程。若再考虑环路滤波器的积分作用，方程还

可能是高阶的。故在一般情况之下，环路的动态方程是高阶非线性微分方程。

例如采用 RC 积分滤波器的环路，将(1-18)式代入(1-30)式得动态方程

$$(p + p^2 \tau_1) \theta_e(t) = (p + p^2 \tau_1) \theta_1(t) - K \sin \theta_e(t) \tag{1-32}$$

采用无源比例积分滤波器环路，将(1-20)式代入(1-30)式得动态方程

$$(p + p^2 \tau_1) \theta_e(t) = (p + p^2 \tau_1) \theta_1(t) - K(1 + p\tau_2) \sin \theta_e(t) \tag{1-33}$$

采用有源比例积分滤波器的环路，将(1-22)式代入(1-30)式得动态方程

$$p^2 \tau_1 \theta_e(t) = p^2 \tau_1 \theta_1(t) - K(1 + p\tau_2) \sin \theta_e(t) \tag{1-34}$$

由于上述三种环路滤波器都只有一个极点，传输算子是一阶的，故相应的环路动态方程式(1-32)、(1-33)和(1-34)都是二阶非线性微分方程。因此，这三种锁相环路都称为二阶锁相环路。二阶锁相环路是工程中应用最为普遍的，也是本书讲述的重点。

若环路滤波器采用二阶滤波器，环路动态方程即为三阶非线性微分方程，环路也就称为三阶锁相环路，工程中也有应用。在特殊情况下，还可能应用更高阶的环路。

若进一步考虑噪声的影响，更需要用一个高阶非线性随机微分方程才能完整地描述环路的动态。严格求解这种方程几乎是不可能了。在工程实践中，总是结合实际需要，在不同的工作条件之下对方程作合理的近似，以便求解有关的环路性能指标。具体的分析将在后续各章中逐步展开。

下面结合一个最简单的锁相环路来对它的动态方程作进一步的探讨，目的在于帮助我们建立并巩固一些环路中常用的概念。

第四节　一阶锁相环路的捕获、锁定与失锁

最简单的锁相环路是没有滤波器的锁相环路，即

$$F(p) = 1 \tag{1-35}$$

将此式代入环路动态方程的一般形式(1-30)式得

$$p \theta_e(t) = p \theta_1(t) - K \sin \theta_e(t) \tag{1-36}$$

这是一个一阶非线性微分方程。故这种锁相环路也就称为一阶锁相环路。

一阶环路实际上很少被采用。但是由于环路中发生的种种物理现象，如捕获、锁定和失锁等等，都可以通过一阶环得到明确的说明，因此，为加强对锁相环路动作过程的理解，建立一些重要的基本概念，以此作为进一步研究工程中常用的二阶环的基础，有必要对一阶环作比较深入的研究。

一阶环路的动态方程(1-36)是可以解析求解的。但为了更便于理解它工作的物理过程，建立环路性能指标的基础概念，这里采用图解的方法。假设输入为固定频率，即

$$\theta_1(t) = \Delta \omega_o t$$

且令

$$p \theta_1(t) = \Delta \omega_o \tag{1-37}$$

是常数，再令

$$p \theta_e(t) = \dot{\theta}_e(t) \tag{1-38}$$

是环路的瞬时频差，将(1-37)、(1-38)式代入(1-36)式后可得

$$\dot{\theta}_e(t) = \Delta \omega_o - K \sin \theta_e(t) \tag{1-39}$$

这个方程建立了环路瞬时频差 $\dot{\theta}_e(t)$ 与瞬时相差 $\theta_e(t)$ 之间的简单关系式，可以在 $[\dot{\theta}_e(t),$

$\dot{\theta}_e(t)$]平面上作图。按固有频差 $\Delta\omega_o$ 与环路增益 K 之间的关系，有 $\Delta\omega_o < K$、$\Delta\omega_o = K$、$\Delta\omega_o > K$ 三种不同的情况，这三种情况下环路的状态是不同的，现分别讨论如下。

一、$\Delta\omega_o < K$ 时的捕获与锁定

(1-39)式在 $[\dot{\theta}_e(t), \theta_e(t)]$ 平面内时所对应的图形是一条纵坐标为 $\Delta\omega_o$ 的水平线与一个幅度等于 K 的正弦曲线之差的曲线。由于 $\Delta\omega_o < K$，该曲线应与横轴相交，图形如图1-14 所示。

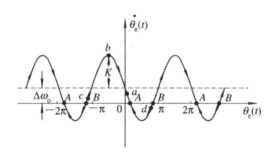

图 1-14 $\Delta\omega_o < K$ 时的一阶环动态方程图解

平面 $[\dot{\theta}_e(t), \theta_e(t)]$ 曲线上的一个点表示了环路在某个时刻 t 的状态，称为相点。随时间 t 的变化，环路状态会发生变化，反映在 $[\dot{\theta}_e(t), \theta_e(t)]$ 平面上就是这个相点的移动。平面上相点的移动形成一条轨迹，称为相轨迹，这条轨迹也就反映了环路状态的变化过程。图1-14 上的曲线即为一阶环在 $\Delta\omega_o < K$ 情况下，环路状态变化的规律。

因为上半平面频差 $\dot{\theta}_e(t) > 0$，意味着相差 $\theta_e(t)$ 是随时间增长的，故状态必然沿相轨迹向右转移。反之，下半平面的频差 $\dot{\theta}_e(t) < 0$，意味着相差 $\theta_e(t)$ 是随时间减小的，故状态必然向左转移。所以，平面 $[\dot{\theta}_e(t), \theta_e(t)]$ 上的相轨迹是一条有方向的曲线。按上面说明的规律，图1-14 上已标明了轨迹的方向。

从图1-14 上看到，相轨迹与 $\theta_e(t)$ 轴有很多交点，每一个 2π 范围之内则有两个交点 A 与 B。交点 A、B 相应的状态是频差 $\dot{\theta}_e(t)$ 等于零、相差 $\theta_e(t)$ 等于常数，这是环路的平衡状态。其中 A 点是稳定平衡点，因为不论什么原因使状态偏离 A 点之后，状态都会按箭头所示的方向朝 A 点转移，最终仍稳定平衡到 A 点。B 点则是不稳定平衡点，一旦状态偏离了 B 点，就会沿箭头所示方向进一步偏离 B 点，最终稳定到邻近的稳定平衡点 A，而不可能再返回 B 点。因此，不论初始状态处于轨迹上的任何一点，随着时间的变化，状态一定会沿着轨迹上箭头所指的方向朝稳定平衡点 A 转移。在转移的过程中，越接近于 A 点，$\dot{\theta}_e(t)$ 越小，$\theta_e(t)$ 变化得越慢。就这样逐渐向 A 点靠拢，最终稳定在 A 点，环路锁定。

状态向锁定点 A 靠拢的过程是渐近的。从理论上说，因为 A 点的 $\dot{\theta}_e(t) = 0$，真正到达 A 点所需的时间为无穷大。实际上只要接近 A 点到一定的范围之内，就可以认为环路达到了锁定状态。对于锁定状态的稳态相差，可令(1-39)式中的 $\dot{\theta}_e(t)$ 为零来求得

$$\theta_e(\infty) = \arcsin\frac{\Delta\omega_o}{K} + 2n\pi \tag{1-40}$$

式中 n 为正整数。

因为每一个 2π 范围之内都有一个稳定平衡点 A，所以不论起始状态处于相轨迹上的

哪一点，在其到达 A 点的过程中，$\theta_e(t)$ 的变化量都不会超越 2π，即不发生周期跳越。假设初始状态分别处于轨迹上 a、b、c、d 四种不同的位置，最终都会进入锁定点 A。从起始状态到达锁定状态的整个捕获过程中，相差 $\theta_e(t)$ 随时间的变化如图 1-15 所示。

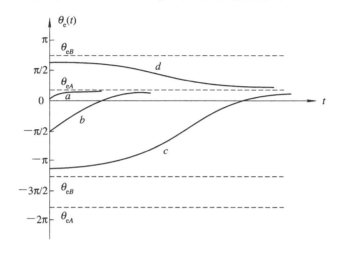

图 1-15　一阶环捕获过程中相差随时间的变化

由图可见，一阶环的捕获过程没有周期跳越，锁定过程是渐近的，且捕获时间的长短与初始状态有关。

假如起始状态恰恰处于不稳定平衡点 B（这种概率当然是很小的，但在要求严格的应用场合也必须引起注意），$\dot{\theta}_e(t)=0$，环路自身没有能力摆脱这种状态，只有依靠外力（噪声或人为扰动）才能使环路偏离这个状态而进行捕获。因此，一旦遇到这种情况就可能出现不稳定平衡状态的滞留，致使捕获过程延长。这就是锁相环路的延滞（Hang up）现象。

二、$\Delta\omega_o > K$ 时的失锁状态

$\Delta\omega_o > K$ 时的 $\dot{\theta}_e(t)$ 与 $\theta_e(t)$ 关系曲线如图 1-16 所示。相轨迹不与横轴相交，平衡点消失，成为一条单方向运动的正弦曲线。不论初始状态处于相轨迹上的哪一点，状态都将按箭头所指方向沿相轨迹一直向右转移，环路无法锁定，处于失锁状态。在失锁状态时，环路瞬时相差无休止地增长，不断地进行周期跳越；瞬时频差则周期性地在 $\Delta\omega_o \pm K$ 的范围内摆动。

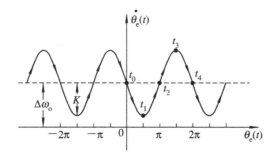

图 1-16　$\Delta\omega_o > K$ 时的一阶环动态方程图解

假如 $t = t_0$ 时 $\theta_e(t_0) = 0$，$\dot{\theta}_e(t_0) = \Delta\omega_o$，即处于图 1-16 中相轨迹与纵轴的交点，随时间 t 的增长，状态将沿相轨迹向右转移。在此过程中瞬时相差随时间的变化如图 1-17(a) 所示，整个过程中 $\theta_e(t)$ 是一直增长的，但增长的速率 $\dot{\theta}_e(t)$ 则是不同的。在 t_0 至 t_1 的过程中 $\theta_e(t)$ 从 0 增长至 $\pi/2$，其增长的斜率，即 $\dot{\theta}_e(t)$ 从 $\Delta\omega_o$ 下降至 $\Delta\omega_o - K$，至 t_1 时达到最小值。在 $\theta_e(t)$ 的曲线上，相应于 t_1 时刻出现一个拐点。在 t_1 至 t_2 的过程中，$\theta_e(t)$ 从 $\pi/2$ 增长至 π，增长的斜率 $\dot{\theta}_e(t)$ 则从 $\omega_o - K$ 上升至 $\Delta\omega_o$，至 t_2 时恢复到 $\dot{\theta}_e(t_2) = \dot{\theta}_e(t_0) = \Delta\omega_o$。在 t_2 与 t_3 的过程中，$\theta_e(t)$ 从 π 增长到 $3\pi/2$，其增长的斜率 $\dot{\theta}_e(t)$ 则继续上升，从 $\Delta\omega_o$ 上升到 $\Delta\omega_o + K$，至 t_3 时达到最大值。在 $\theta_e(t)$ 的曲线上，相应于时刻 t_3 又出现一个拐点。在 t_3 与 t_4 的过程中，$\theta_e(t)$ 从 $3\pi/2$ 增长到 2π，增长的斜率 $\dot{\theta}_e(t)$ 则从 $\Delta\omega_o + K$ 下降至 $\Delta\omega_o$，至 t_4 时刻恢复到 $\dot{\theta}_e(t_4) = \dot{\theta}_e(t_2) = \dot{\theta}_e(t_0)$，$\theta_e(t_4) = \theta_e(t_0) + 2\pi$，状态转移完成了一次周期跳越。失锁状态下，这种周期跳越将无休止地进行下去。

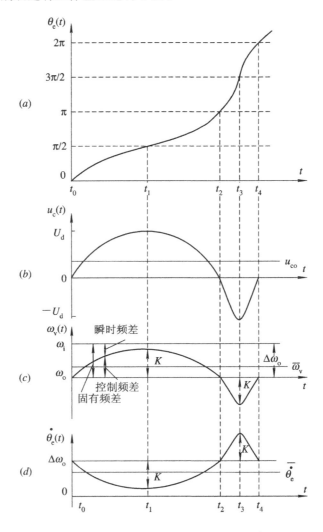

图 1-17　一阶环失锁状态的 $\theta_e(t)$、$u_c(t)$、$\omega_v(t)$ 和 $\dot{\theta}_e(t)$ 的时间图

(a) 相差变化；(b) 控制电压变化；(c) VCO 瞬时频率变化；(d) 瞬时频差变化

由上述 $\theta_e(t)$ 曲线可知，由于在 $\theta_e(t)$ 从 0 增长至 π 的过程中，平均增长斜率偏低（低于

$\Delta\omega_{\circ}$），故所需的时间 (t_2-t_0) 较长；而 $\theta_e(t)$ 从 π 增长至 2π 的过程中，平均增长斜率偏高（高于 $\Delta\omega_{\circ}$），虽相差的增长量同样为 π，但所需时间 (t_4-t_2) 就较短。这样一来，就使得鉴相器输出误差电压成为一个上下不对称的非正弦差拍波形。

正弦鉴相器的输出误差电压 $u_d(t)=U_d\sin\theta_e(t)$。对一阶环来说，$u_d(t)$ 也就是控制电压 $u_c(t)$，如图 $1-17(b)$ 所示。这个上下不对称的非正弦差拍波形正的部分大于负的部分，其平均分量（即控制电压的直流分量）是正的，如图 (b) 中 u_{co} 所示。

非正弦差拍波形的控制电压加至压控振荡器，压控振荡器的瞬时角频率 $\omega_v(t)$ 将随之作相应规律的周期性变化，如图 $1-17(c)$ 所示。压控振荡器瞬时频率在 $\omega_{\circ}\pm K$ 范围内摆动，$\omega_v(t)$ 始终不能等于输入信号频率 ω_i，即环路不能锁定。$\omega_v(t)$ 时而向 ω_i 接近，时而又远离 ω_i，但接近的时间 (t_2-t_0) 比远离的时间 (t_4-t_2) 要长一些，这就使 $\omega_v(t)$ 的平均频率 $\overline{\omega}_v$ 偏离 $\omega_{\circ}$ 而向 ω_i 靠拢，这种现象称为频率牵引现象。也就是说，由于环路固有频差 $\Delta\omega_{\circ}$ 大于环路增益 K，锁相环路处于失锁差拍状态，被控振荡器未被输入信号锁定。但经锁相环路的控制作用，使被控振荡器的平均频率已向输入信号频率方向牵引。显而易见，牵引现象是由差拍波的平均电压 u_{co} 所引起的，$\overline{\omega}_v-\omega_{\circ}=K_{\circ}u_{co}$，平均频率 $\overline{\omega}_v$ 如图 $1-17(c)$ 中所示。

图 $1-17(c)$ 中，$\omega_v(t)-\omega_{\circ}$ 为控制频差，$\omega_i-\omega_v(t)$ 为瞬时频差，而 $\omega_i-\omega_{\circ}$ 为固有频差。可见在整个过程中，这三者之间的关系总是满足如下关系式：

$$瞬时频差 = 固有频差 - 控制频差$$

据图 $1-17(c)$ 可作出瞬时频差 $\dot{\theta}_e(t)$ 的曲线，如图 $1-17(d)$ 所示。

从上述图解分析可以看出，牵引作用的大小直接取决于控制电压的直流分量 u_{co}，而 u_{co} 的大小又取决于差拍波不对称的程度。差拍波不对称的程度则由固有频差 $\Delta\omega_{\circ}$ 与环路增益 K 的相对比值所决定。计算表明，它们之间的关系为

$$\overline{\dot{\theta}_e(t)} = \omega_i - \overline{\omega}_v = \sqrt{\Delta\omega_{\circ}^2 - K^2} \tag{1-41}$$

【计算举例】

已知一阶环 $U_d=1$ V，$K_{\circ}=20$ kHz/V，$f_{\circ}=1$ MHz。当输入信号频率 $f_i=1030$ kHz 时，环路不能锁定，处于差拍状态。试计算由于频率牵引现象，压控振荡器的平均频率为多少？

环路增益　　　　　　　　$K=K_{\circ}U_d=20$ kHz

固有频差　　　　　$\Delta\omega_{\circ}=2\pi(1030-1000)\times10^3=6\pi\times10^4$ rad/s

代入 $(1-41)$ 式计算

$$\overline{\omega}_v = \omega_i - \sqrt{\Delta\omega_{\circ}^2 - K^2} = 2\pi\times1.03\times10^6 - \sqrt{(6\pi\times10^4)^2-(4\pi\times10^4)^2}$$
$$= 2\pi(1030-22.36)\times10^3 = 2\pi\times1.007\,64\times10^6 \text{ rad/s}$$

即 $\overline{f}_v=1.007\,64$ MHz，已使压控振荡器频率向 f_i 方向牵引 7.64 kHz。若再使 f_i 向 $f_{\circ}$ 靠拢一些，仍不使它锁定，则牵引作用会更加明显。

三、$\Delta\omega_{\circ}=K$ 时的临界状态

$\Delta\omega_{\circ}=K$ 是一种临界情况。这时，轨迹正好与横轴相切，A 点与 B 点重合为一点，如图 $1-18$ 所示。这个点所对应的环路状态实际上是不稳定的，这种临界状态的出现有两种情况。

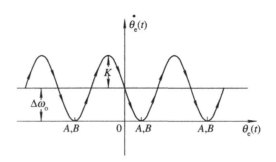

图 1-18　$\Delta\omega_o = K$ 时一阶环动态方程图解

　　如果原来环路处于锁定状态，如图 1-14 所示，环路稳定在 A 点。当固有频差 $\Delta\omega_o$ 缓慢加大时，稳定平衡点 A 与不稳定平衡点 B 逐渐靠拢，在此过程中环路一直维持锁定。当 $\Delta\omega_o$ 增大到等于 K 时，出现图 1-18 所示的临界状态，环路锁定就无法维持了。因此 $\Delta\omega_o = K$ 是能够维持环路锁定状态的最大固有频差，称为锁相环路的同步带，用符号 $\Delta\omega_H$ 表示。就一阶环而言，显然

$$\Delta\omega_H = K \tag{1-42}$$

　　出现临界状态的另一种情况是，如果环路最初处于失锁差拍状态，如图 1-16 所示，当缓慢减小固有频差 $\Delta\omega_o$ 时，环路的牵引作用越来越明显，当 $\Delta\omega_o$ 减小到等于 K 时，就出现图 1-18 所示的临界状态。这时出现了一个 $\dot\theta_e(t)=0$ 的不稳定平衡点，显然此时环路仍不能锁定。但只要 $\Delta\omega_o$ 再继续减小一点，环路就可以锁定。故 $\Delta\omega_o = K$ 提供了一个临界值，只要固有频差小于此值，环路就可以通过牵引捕获而进入锁定。换句话说，这是环路能够牵引捕获从而入锁的最大固有频差，称为锁相环路的捕获带，用符号 $\Delta\omega_p$ 表示。显然，一阶环的捕获带

$$\Delta\omega_p = K \tag{1-43}$$

　　前面已经说明，一阶环的捕获过程都不经过周期跳越。这种不经过周期跳越就入锁的捕获过程称为快捕，相应的捕获带就称为快捕带，用符号 $\Delta\omega_L$ 表示。显然，一阶环的快捕带

$$\Delta\omega_L = K \tag{1-44}$$

　　综上所述，一阶环的同步带、捕获带和快捕带都相等，在数值上等于环路增益，即

$$\Delta\omega_H = \Delta\omega_p = \Delta\omega_L = K \tag{1-45}$$

　　上述关系简单明了，但恰恰这是一阶环的不足之处。从方程(1-39)知，一阶环的可调参数仅环路增益 K 一个，环路的各项性能均由它决定，无法通过调整环路参数来满足多方面的性能要求。这是一阶环实际上很少应用的原因之一。

　　以后将会讲到，除了一阶环之外，同步带、捕获带和快捕带的大小都是各不相同的。一般环路的捕获带小于同步带，快捕带又小于捕获带。

　　显然，上面都是以 $\Delta\omega_o = \omega_i - \omega_o$ 为正值分析，实际中 ω_i 可能比 ω_o 高，也可能低，因此 $\Delta\omega_o$ 有正负。对于 $-\Delta\omega_o$ 的分析完全类似，因此捕获带、同步带、快捕带相对于 ω_o 都是对称的，故有的书上用来计算捕获、同步与快捕范围。在这里，捕获、同步与快捕范围分别是 $2\Delta\omega_p$、$2\Delta\omega_H$ 与 $2\Delta\omega_L$，对应一阶环，数值都等于 $2K$。

【 计算举例 】

已知一阶锁相环路鉴相器的 $U_d = 2$ V，压控振荡器的 $K_o = 10^4$ Hz/V（或 $2\pi \times 10^4$ rad/s·V），自由振荡频率 $\omega_o = 2\pi \times 10^6$ rad/s。问当输入信号频率 $\omega_i = 2\pi \times 1015 \times 10^3$ rad/s 时，环路能否锁定？若能锁定，稳态相差等于多大？此时的控制电压等于多少？

先计算环路增益

$$K = K_o U_d = 2 \times 10^4 \ \text{Hz} = 4\pi \times 10^4 \ \text{rad/s}$$

再求此时的固有频差

$$\Delta\omega_o = \omega_i - \omega_o = 3\pi \times 10^4 \ \text{rad/s}$$

因为

$$\Delta\omega_p = K = 4\pi \times 10^4 > \Delta\omega_o = 3\pi \times 10^4 \ \text{rad/s}$$

环路可以捕获锁定。

据(1-40)式计算稳态相差

$$\theta_e(\infty) = \arcsin\frac{\Delta\omega_o}{K} = \arcsin\frac{3\pi \times 10^4}{4\pi \times 10^4} = 48.59°$$

据此可算出误差电压

$$u_d = U_d \sin\theta_e(\infty) = 2\sin 48.59° = 1.5 \ \text{V}$$

【 习　　题 】

1-1　已知锁相环路使用正弦鉴相器，最大输出电压为 U_d，压控振荡器特性为线性，控制灵敏度等于 K_o，环路滤波器的脉冲响应为 $h(t)$，试写出环路的动态方程。

1-2　试导出图 1-8 RC 积分滤波器、图 1-9 无源比例积分滤波器和图 1-10 有源比例积分滤波器的传递函数。

1-3　已知一阶环的 $U_d = 2$ V，$K_o = 15$ kHz/V，$\omega_o/2\pi = 2$ MHz。问当输入频率分别为 1.98 MHz 和 2.04 MHz 的载波信号时，环路能否锁定？稳定相差多大？

1-4　已知一阶环的 $U_d = 0.63$ V，$K_o = 20$ kHz/V，$f_o = 2.5$ MHz，在输入载波信号作用下环路锁定，控制频差等于 10 kHz。问：输入信号频率 ω_i 为多大？环路控制电压 $u_c(t) = ?$ 稳态相差 $\theta_e(\infty) = ?$

1-5　对于一阶环，设开环时

$$u_i(t) = 0.2\sin(2\pi \times 10^3 t + \theta_i) \ \text{(V)}$$

$$u_o(t) = \cos(2\pi \times 10^4 t + \theta_o) \ \text{(V)}$$

式中 θ_i、θ_o 为常数。鉴相器相乘系数 $K_m = 10$ (1/V)，VCO 控制灵敏度 $K_o = 10^3$ Hz/V。问：

（a）环路能否进入锁定？为什么？

（b）环路的最大和最小瞬时频差值各为多少？

（c）画出鉴相器输出波形 $u_d(t)$；

（d）为使环路进入锁定，在鉴相器和 VCO 之间加了一级直流放大器，问其放大量必须大于多少？

第二章　环路跟踪性能

实用的锁相环路在锁定状态之下的稳态相差通常是比较小的。锁定之后，若输入信号的相位 $\theta_1(t)$ 发生变化，被控振荡器的输出相位 $\theta_2(t)$ 将进行跟踪，在此过程中环路相差 $\theta_e(t)$ 是变化的。假如在整个跟踪过程中，环路相差 $\theta_e(t)$ 始终比较小，动态方程(1-28)中的 $\sin\theta_e(t)$ 可近似为 $\theta_e(t)$。这样一来，环路的动态方程(1-28)式即化简为一个线性微分方程，环路也就近似为线性系统。这种可以将环路近似为线性系统来进行分析的跟踪过程称为线性跟踪。应该注意，线性跟踪是在环路的同步状态下进行的，这是锁相环路正常工作时最常见的情况，工程上有一定的实用价值，应引起我们的重视。

对于二阶锁相环路在同步状态下线性跟踪性能的研究，可以将环路的动态方程进行线性化，所得到的则是一个二阶线性微分方程。也就是说，同步状态下的二阶锁相环路可以近似为一个二阶线性系统。系统性能完全可以从求解此二阶线性微分方程得到。

二阶线性系统是工程实践中非常重要的一个系统，是控制系统分析的重要基础。实际上，设计高阶系统时也常常是以二阶系统作为近似，而后再作必要的修正。所以有必要对二阶系统的时域响应特性以及频域响应特性作初步的介绍。然后再结合实际的二阶锁相环路对照分析，得到二阶锁相环路时域和频域的各项性能指标。

本章首先将环路动态方程一般形式线性化，得到其线性相位模型，以一阶滤波器代入即得到二阶线性系统的模型。接着介绍二阶线性控制系统在时域和频域方面的一般性能。

几种常用二阶锁相环路在典型输入信号下的时间响应是本章的一个重点。由时间响应的分析可以得到环路暂态过程的性能以及稳态响应，从而可得到各种环路跟踪性能的有关指标，如跟踪的速度、精度等等。研究环路对输入正弦调相信号的响应，可以得到环路的频率响应特性。环路的频率响应是决定锁相环路对信号和噪声过滤性能好坏的重要特性。这是本章的又一个重点。根据系统阻尼的不同，二阶系统可能是振荡型的也可能是非振荡型的。一旦出现负阻尼，系统就不稳定了，这是反馈控制系统必须注意的一个问题。锁相环路是一个相位负反馈控制系统，它的稳定性能如何也是本章所要讨论的问题之一。

在工程实践中，绝大多数锁相环路是在同步状态下进行工作的，故环路的工程设计首先是按跟踪性能的要求来进行的。本章将导出不少有关跟踪性能指标的计算公式，这些公式都是工程计算中常用的。

第一节　线性相位模型与传递函数

一、一般形式

锁相环路相位模型的一般形式如图1-13所示，相应的动态方程如(1-28)式。因为环路应用了正弦特性的鉴相器，所以模型与方程都是非线性的。在环路的同步状态下，瞬态相差$\theta_e(t)$总是很小的，鉴相器工作在如图 2-1 鉴相特性的零点附近。由图可见，零点附近的特性曲线可以用一条斜率等于正弦特性零点处斜率的直线来进行近似。这样不会引起明显的误差，$\theta_e(t)$在$\pm 30°$之内的误差不大于 5％。因为

$$u_d(t) = U_d \sin \theta_e(t)$$

$$K_d = \frac{du_d(t)}{d\theta_e(t)}\bigg|_{\theta_e=0} = U_d \cos \theta_e(t)|_{\theta_e=0} = U_d[\mathrm{V/rad}]$$

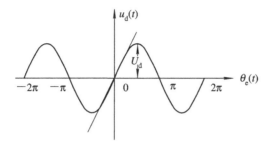

图 2-1　正弦鉴相特性近似为线性鉴相特性

可见，近似线性鉴相特性的斜率K_d在数值上等于正弦鉴相特性的最大输出电压U_d。但要注意，两者所用的单位是不同的，K_d的单位是$[\mathrm{V/rad}]$，U_d的单位是$[\mathrm{V}]$。

用$K_d\theta_e(t)$取代动态方程(1-28)式中的$U_d\sin\theta_e(t)$就得到了线性化动态方程

$$p\theta_e(t) = p\theta_1(t) - K_0 K_d F(p)\theta_d(t) \tag{2-1}$$

再令环路增益

$$K = K_0 K_d \tag{2-2}$$

则方程为

$$p\theta_e(t) = p\theta_1(t) - KF(p)\theta_e(t) \tag{2-3}$$

相应的线性相位模型如图 2-2(a)所示。

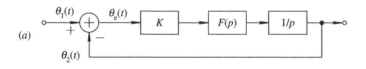

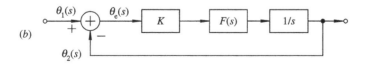

图 2-2　锁相环路的线性相位模型

(a) 线性相位模型；(b) 复频域表示

上述方程与模型都是时域表达形式。不难导出其复频域的表达形式，动态方程为

$$s\theta_e(s) = s\theta_1(s) - KF(s)\theta_e(s) \tag{2-4}$$

式中$\theta_e(s)$、$\theta_1(s)$为(2-3)式中$\theta_e(t)$、$\theta_1(t)$的拉氏变换，(2-3)式中的$F(p)$是环路滤波器的传输算子，而(2-4)式中的$F(s)$则为环路滤波器的传递函数。复频域的相位模型则如图 2-2(b)所示。

由图 $2-2(b)$ 可见，这是一个相位反馈控制系统，其输入量 $\theta_1(t)$、反馈量 $\theta_2(t)$ 和误差量 $\theta_e(t)$ 都已用各自的拉氏变换 $\theta_1(s)$、$\theta_2(s)$ 和 $\theta_e(s)$ 表示。大家知道，线性系统的传递函数定义为初始条件为零时，响应函数的拉氏变换与驱动函数的拉氏变换之比。当研究不同的响应函数时，可以得到系统不同的传递函数。

当研究在锁相环路反馈支路开路状态下，由输入相位 $\theta_1(t)$ 驱动所引起输出相位 $\theta_2(t)$ 的响应时，则应讨论开环传递函数 $H_o(s)$，其定义为

$$H_o(s) = \frac{\theta_2(s)}{\theta_1(s)} \bigg|_{\text{开环}} \tag{2-5}$$

由图 $2-2(b)$ 可求得锁相环路的开环传递函数

$$H_o(s) = K\frac{F(s)}{s} \tag{2-6}$$

当研究在锁相环路闭环状态下，由输入相位 $\theta_1(t)$ 驱动所引起的输出相位 $\theta_2(t)$ 的响应时，则应讨论闭环传递函数，其定义为

$$H(s) = \frac{\theta_2(s)}{\theta_1(s)} \tag{2-7}$$

由图 $2-2(b)$ 可知，锁相环路的闭环传递函数

$$H(s) = \frac{KF(s)}{s + KF(s)} \tag{2-8}$$

当研究在锁相环路闭环状态下，由输入相位 $\theta_1(t)$ 驱动所引起的误差相位 $\theta_e(t)$ 的响应时，则应研究误差传递函数，其定义为

$$H_e(s) = \frac{\theta_e(s)}{\theta_1(s)} \tag{2-9}$$

由图 $2-2(b)$ 可求得锁相环路的误差传递函数

$$H_e(s) = \frac{s}{s + KF(s)} \tag{2-10}$$

开环传递函数 $H_o(s)$、闭环传递函数 $H(s)$ 和误差传递函数 $H_e(s)$ 是研究锁相环路同步状态性能最常用的三个传递函数，三者之间的关系为

$$H(s) = \frac{H_o(s)}{1 + H_o(s)} \tag{2-11}$$

$$H_e(s) = \frac{1}{1 + H_o(s)} \tag{2-12}$$

$$H_e(s) = 1 - H(s) \tag{2-13}$$

上述关系是工程中常用的，应该熟记。

二、二阶锁相环路的线性动态方程与传递函数

本章研究二阶锁相环路所用的环路滤波器均为一阶滤波器。将具体滤波器的传递函数 $F(s)$ 代入动态方程 $(2-4)$ 式，就可以得到该锁相环路的动态方程。同样，将 $F(s)$ 代入 $(2-6)$、$(2-8)$ 和 $(2-10)$ 式即可得到相应的传递函数。现分别就采用三种常用滤波器的情况进行讨论。

当采用 RC 积分滤波器作为环路滤波器时，据 $(1-18)$ 式，它的传递函数为

$$F(s) = \frac{1}{1 + s\tau_1} \qquad (2-14)$$

将其代入动态方程(2-4)式,得此种二阶锁相环路的动态方程为

$$s^2\theta_e(s) + \frac{1}{\tau_1}s\theta_e(s) + \frac{K}{\tau_1}\theta_e(s) = s^2\theta_1(s) + \frac{1}{\tau_1}s\theta_1(s) \qquad (2-15)$$

由(2-15)式可直接导出误差传递函数

$$H_e(s) = \frac{\theta_e(s)}{\theta_1(s)} = \frac{s^2 + \dfrac{s}{\tau_1}}{s^2 + \dfrac{s}{\tau_1} + \dfrac{K}{\tau_1}} \qquad (2-16)$$

据(2-13)式可求出闭环传递函数

$$H(s) = 1 - H_e(s) = \frac{\dfrac{K}{\tau_1}}{s^2 + \dfrac{s}{\tau_1} + \dfrac{K}{\tau_1}} \qquad (2-17)$$

据(2-11)式可求出开环传递函数

$$H_o(s) = \frac{H(s)}{1 - H(s)} = \frac{\dfrac{K}{\tau_1}}{s^2 + \dfrac{s}{\tau_1}} \qquad (2-18)$$

若将 $F(s)$ 直接代入环路传递函数的一般表达式(2-6)、(2-8)和(2-10)式也可得到同样的结果。

当环路滤波器采用无源比例积分滤波器和有源比例积分滤波器时,用同样的方法也可分别求出各自的传递函数,其结果见表 2-1。

表 2-1 不同环路的传递函数

环路\函数	RC 积分滤波器的二阶环	无源比例积分滤波器的二阶环	理想二阶环
$F(s)$	$\dfrac{1}{1 + s\tau_1}$	$\dfrac{1 + s\tau_2}{1 + s\tau_1}$	$\dfrac{1 + s\tau_2}{s\tau_1}$
$H_o(s)$	$\dfrac{\dfrac{K}{\tau_1}}{s^2 + \dfrac{s}{\tau_1}}$	$\dfrac{K\left(\dfrac{1}{\tau_1} + s\dfrac{\tau_2}{\tau_1}\right)}{s^2 + \dfrac{s}{\tau_1}}$	$\dfrac{s\dfrac{K\tau_2}{\tau_1} + \dfrac{K}{\tau_1}}{s^2}$
$H_e(s)$	$\dfrac{s^2 + \dfrac{s}{\tau_1}}{s^2 + \dfrac{s}{\tau_1} + \dfrac{K}{\tau_1}}$	$\dfrac{s^2 + \dfrac{s}{\tau_1}}{s^2 + s\left(\dfrac{1}{\tau_1} + K\dfrac{\tau_2}{\tau_1}\right) + \dfrac{K}{\tau_1}}$	$\dfrac{s^2}{s^2 + s\dfrac{K\tau_2}{\tau_1} + \dfrac{K}{\tau_1}}$
$H(s)$	$\dfrac{\dfrac{K}{\tau_1}}{s^2 + \dfrac{s}{\tau_1} + \dfrac{K}{\tau_1}}$	$\dfrac{s\dfrac{K\tau_2}{\tau_1} + \dfrac{K}{\tau_1}}{s^2 + s\left(\dfrac{1}{\tau_1} + K\dfrac{\tau_2}{\tau_1}\right) + \dfrac{K}{\tau_1}}$	$\dfrac{s\dfrac{K\tau_2}{\tau_1} + \dfrac{K}{\tau_1}}{s^2 + s\dfrac{K\tau_2}{\tau_1} + \dfrac{K}{\tau_1}}$

二阶锁相环路经线性化之后,成为一个常规二阶线性系统,它具有二阶线性系统的一

般性能特点。例如，它的动态方程如(2-15)式是二阶线性微分方程，它的传递函数(见表2-1)都具有两个极点等等。此外，二阶系统的响应在性质上可以是非振荡型的或振荡型的；通常又惯用两个参数，即无阻尼振荡频率 ω_n 和阻尼系数 ζ 来描述系统的响应；在描述其时域和频域的性能指标时，要用到一些统一的指标等等。这些都属于自动控制系统的基础知识，又是锁相技术中常用的。为了了解它们的含意，下面就典型二阶线性系统的性能先作一介绍。

第二节　环路暂态响应

一、典型二阶系统的性能参数

二阶系统在电子技术中是最常见的，例如图 2-3 所示的 RLC 电路。

应用克希霍夫定律，可以建立方程

$$L\frac{di(t)}{dt} + Ri(t) + \frac{1}{C}\int i(t)dt = U_i(t) \qquad (2-19)$$

$$\frac{1}{C}\int i(t)dt = U_o(t) \qquad (2-20)$$

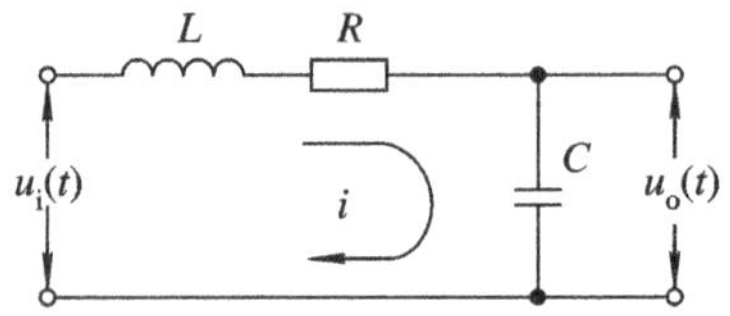

设初始条件为零，经拉氏变换得

图 2-3　RLC 电路

$$LsI(s) + RI(s) + \frac{1}{C}\cdot\frac{1}{s}I(s) = U_i(s) \qquad (2-21)$$

$$\frac{1}{C}\cdot\frac{1}{s}I(s) = U_o(s) \qquad (2-22)$$

将(2-22)式代入(2-21)式可得

$$LCs^2U_o(s) + RCsU_o(s) + U_o(s) = U_i(s) \qquad (2-23)$$

可见这是一个二阶线性微分方程，相应的时域表达形式可写成

$$LC\frac{d^2u_o(t)}{dt^2} + RC\frac{du_o(t)}{dt} + u_o(t) = u_i(t) \qquad (2-24)$$

习惯上，常用无阻尼振荡频率和阻尼系数来描述系统的性能。这两个参数的符号用 ω_n ——无阻尼振荡频率[rad/s]和 ζ ——阻尼系数[无量纲]表示。(2-24)式中令

$$\omega_n = \frac{1}{\sqrt{LC}} \qquad (2-25)$$

$$2\zeta\omega_n = \frac{R}{L} \qquad (2-26)$$

则(2-24)式可以写成

$$\frac{1}{\omega_n^2}\frac{d^2u_o(t)}{dt^2} + \frac{2\zeta}{\omega_n}\frac{du_o(t)}{dt} + u_o(t) = u_i(t) \qquad (2-27)$$

当输入 $u_i(t)$ 为单位阶跃电压，在 ζ 小于 1 时，可求得方程的解为

$$u_o(t) = 1 - \frac{e^{-\zeta\omega_n t}}{\sqrt{1-\zeta^2}}\sin\left(\sqrt{1-\zeta^2}\,\omega_n t + \arctan\frac{\sqrt{1-\zeta^2}}{\zeta}\right) \qquad (2-28)$$

由此解可以看出，当 $\zeta<1$ 时，系统的响应是振荡型的，振荡频率为

$$\omega_d = \sqrt{1 - \zeta^2}\,\omega_n \tag{2-29}$$

当系统无阻尼，即 $\zeta = 0$ 时，振荡频率 $\omega_d = \omega_n$，这就是称 ω_n 为无阻尼振荡频率的原因。

此外，(2-28)式还表明，振荡的幅度是按指数 $e^{-\zeta\omega_n t}$ 变化，随时间而衰减的。从物理上可以理解为这种衰减是系统中的阻尼元件消耗能量所造成的。RLC 电路中的耗能元件显然就是电阻 R，阻尼系数 ζ 一定与 R 有关。事实上

$$\zeta = \frac{1}{2}\frac{R}{\sqrt{\dfrac{L}{C}}}$$

参数 ζ 和 ω_n 常用于表示系统的传递函数。由(2-23)式可求得系统的传递函数

$$\frac{U_o(s)}{U_i(s)} = \frac{1}{LCs^2 + RCs + 1} \tag{2-30}$$

将(2-25)、(2-26)式代入(2-30)式得

$$\frac{U_o(s)}{U_i(s)} = \frac{\omega_n^2}{s^2 + 2\zeta\omega_n s + \omega_n^2} \tag{2-31}$$

以后将会看到，用系统参数 ζ、ω_n 表示传递函数，在系统设计中会带来不少方便。表 2-1 所列各种锁相环路的传递函数是用电路参数 τ_1、τ_2 和 K 表示的。它们同样也可以用系统参数 ζ 和 ω_n 表达。当然，要注意的是，各种环路的系统参数 ζ、ω_n 与电路参数 τ_1、τ_2、K 之间的关系是不同的。它们之间的关系如表 2-2 所示。

表 2-2　ζ、ω_n 与 K、τ_1、τ_2 之间的关系

K、τ_1、τ_2　　ω_n、ζ	RC 积分滤波器的二阶环	无源比例积分滤波器的二阶环	理想二阶环
ω_n	$\sqrt{\dfrac{K}{\tau_1}}$	$\sqrt{\dfrac{K}{\tau_1}}$	$\sqrt{\dfrac{K}{\tau_1}}$
ζ	$\dfrac{1}{2}\sqrt{\dfrac{1}{K\tau_1}}$	$\dfrac{1}{2}\sqrt{\dfrac{K}{\tau_1}}\left(\tau_2 + \dfrac{1}{K}\right)$	$\dfrac{\tau_2}{2}\sqrt{\dfrac{K}{\tau_1}}$

用 ζ 和 ω_n 表示的环路传递函数如表 2-3 所示。

表 2-3　ζ 和 ω_n 表示的环路传递函数

环路 函数	RC 积分滤波器的二阶环	无源比例积分滤波器的二阶环	理想二阶环
$H_e(s)$	$\dfrac{s^2 + 2\zeta\omega_n s}{s^2 + 2\zeta\omega_n s + \omega_n^2}$	$\dfrac{s\left(s + \dfrac{\omega_n^2}{K}\right)}{s^2 + 2\zeta\omega_n s + \omega_n^2}$	$\dfrac{s^2}{s^2 + 2\zeta\omega_n s + \omega_n^2}$
$H(s)$	$\dfrac{\omega_n^2}{s^2 + 2\zeta\omega_n s + \omega_n^2}$	$\dfrac{s\left(2\zeta\omega_n - \dfrac{\omega_n^2}{K}\right) + \omega_n^2}{s^2 + 2\zeta\omega_n s + \omega_n^2}$	$\dfrac{2\zeta\omega_n s + \omega_n^2}{s^2 + 2\zeta\omega_n s + \omega_n^2}$

计算表明，在 $\zeta < 1$，$\zeta > 1$，$\zeta = 1$ 等不同阻尼值下，系统在单位阶跃电压作用下的输出响应曲线为图 2-4 所示形式。

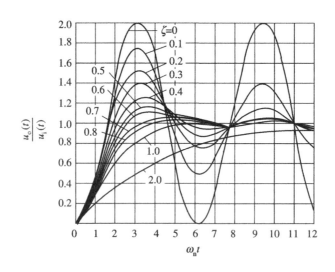

图 2-4　二阶系统的输出响应

由图可见，当 $0 < \zeta < 1$ 时的响应为衰减振荡，系统称为欠阻尼系统。这种系统响应的暂态过程在稳定值的上下振荡，振荡的频率 ω_{d} 比 ω_{n} 小。由于存在振荡，暂态过程中出现过冲，即瞬时值大于稳定值。当 $\zeta > 1$ 时响应为单调上升的曲线，是非振荡型的。这种系统称为过阻尼系统。$\zeta = 1$ 是上述两者的临界状况，这种系统称临界阻尼系统，系统的响应没有过冲现象。

二阶系统通常设计在欠阻尼状态使用，二阶锁相环路通常也是这样。由表 2-3 看出，采用 RC 积分滤波器的二阶环响应与典型的二阶线性系统相同。

二、环路误差的时间响应

当环路处于锁定状态时，输出频率与输入频率相同，两者之间只有一稳态相差。在此条件下，若输入信号发生相位或频率的变化（干扰或调制所引起的），通过环路自身的控制作用，环路输出信号也即压控振荡器的振荡频率和相位会跟踪输入信号的变化。理想的跟踪，输出信号的频率和相位应时时与输入信号相同。其实不然，环路有一个时间的跟踪过程。首先出现暂态过程，有暂态相位误差；其次在到达稳定状态之后，据输入信号形式的不同，有不同的稳态相位误差。

上述由于输入信号变化而引起的暂态相位误差和稳态相位误差的大小，是衡量环路线性跟踪性能好坏的重要标志。它们不仅与环路本身的参数有关，还与输入信号的变化形式有关。

输入信号变化的形式是多种多样的，在分析环路线性跟踪性能时，可以选择具有代表性的输入信号形式。这些典型信号不仅反映了复杂输入信号的某些特征，还便于用来比较各种环路的线性跟踪性能。常用的典型输入信号有输入相位阶跃、频率阶跃和频率斜升等三种。对于一个原来是对输入固定频率锁定的二阶锁相环路来说，当出现这些暂态相位信号时，环路的跟踪将出现一个暂态过程，最后再进入稳定状态。只要在整个响应过程中，环路相差 $\theta_{\mathrm{e}}(t)$ 始终比较小，没有超出鉴相特性的线性工作区域，就可将环路看做一个二阶线性系统。系统的特性可用表 2-3 所给传递函数来表征。

从系统的角度看，研究二阶环对输入暂态信号的响应的方法是：第一步先写出输入信

号的拉氏变换 $\theta_1(s)$；第二步写出环路的传递函数 $H(s)$ 或 $H_e(s)$；第三步将两者相乘得到输出量的拉氏变换，如 $\theta_2(s)=\theta_1(s)H(s)$，$\theta_e(s)=\theta_1(s)H_e(s)$；第四步求输出量拉氏变换的反变换，得到输出量的时间函数，如 $\theta_2(t)=\mathscr{L}^{-1}[\theta_2(s)]$，$\theta_e(t)=\mathscr{L}^{-1}[\theta_e(s)]$。

　　前面已经说过，采用 RC 积分滤波器的二阶锁相环路，其传递函数形式与 RLC 电路完全一样。它对单位阶跃输入的响应也与前面讨论的规律一样。所不同的只是 RLC 电路的输入输出量分别为 $u_i(t)$ 和 $u_o(t)$，都是电压，而锁相环路中的输入输出量为 $\theta_1(t)$ 和 $\theta_2(t)$，都是相位。所以，采用 RC 积分滤波器的二阶锁相环路对输入相位阶跃的响应在这里就不再讨论，只给出它对其它两种输入的响应。这里着重讨论的是另外两种最常用的锁相环路，即采用无源比例积分滤波器的非理想二阶锁相环路和采用有源比例积分滤波器的理想二阶锁相环路，研究它们对三种暂态信号输入的响应。

　　在锁相技术的研究中，常常最关心环路相差 $\theta_e(t)$ 的变化，环路动态方程就是以它建立的，它在很大程度上反映了环路的状态与性能。所以，这里就直接讨论环路相差 $\theta_e(t)$ 的响应。当然，有了 $\theta_e(t)$ 的响应，也就不难求得环路的输出响应 $\theta_2(t)$。

　　下面分别讨论三种信号输入的情况。

　　1. 输入相位阶跃

　　输入相位阶跃时

$$\theta_1(t) = \Delta\theta \cdot 1(t) \tag{2-32}$$

其拉氏变换

$$\theta_1(s) = \frac{\Delta\theta}{s} \tag{2-33}$$

　　(1) 理想二阶锁相环路。据表 2-3 的误差传递函数，可求出其误差响应的拉氏变换

$$\theta_e(s) = \frac{s^2}{s^2 + 2\zeta\omega_n s + \omega_n^2} \cdot \frac{\Delta\theta}{s} = \frac{s\Delta\theta}{s^2 + 2\zeta\omega_n s + \omega_n^2} \tag{2-34}$$

将上式分母因式分解并展成部分分式

$$\theta_e(s) = \frac{s\Delta\theta}{(s-s_1)(s-s_2)} = \frac{A}{s-s_1} + \frac{B}{s-s_2} \tag{2-35}$$

式中 s_1 与 s_2 为此二阶系统的两个极点

$$s_1 = -\omega_n(\zeta + \sqrt{\zeta^2-1})$$
$$s_2 = -\omega_n(\zeta - \sqrt{\zeta^2-1})$$

而

$$A = (s-s_1)\theta_e(s)\big|_{s=s_1} = \frac{s_1\Delta\theta}{s_1-s_2} = \frac{\Delta\theta(\zeta+\sqrt{\zeta^2-1})}{2\sqrt{\zeta^2-1}}$$

$$B = (s-s_2)\theta_e(s)\big|_{s=s_2} = \frac{s_2\Delta\theta}{s_2-s_1} = \frac{-\Delta\theta(\zeta-\sqrt{\zeta^2-1})}{2\sqrt{\zeta^2-1}}$$

对 (2-35) 式进行拉氏反变换得

$$\theta_e(t) = Ae^{s_1 t} + Be^{s_2 t} = \frac{\Delta\theta(\zeta+\sqrt{\zeta^2-1})}{2\sqrt{\zeta^2-1}}e^{-\omega_n(\zeta+\sqrt{\zeta^2-1})t}$$

$$- \frac{\Delta\theta(\zeta-\sqrt{\zeta^2-1})}{2\sqrt{\zeta^2-1}}e^{-\omega_n(\zeta-\sqrt{\zeta^2-1})t} \qquad (t \geqslant 0)$$

按照阻尼系数 ζ 的值，可区分为三种不同情况：

当 $\zeta > 1$ 时，

$$\theta_e(t) = \Delta\theta e^{-\zeta\omega_n t}\left(\cosh\omega_n\sqrt{\zeta^2-1}\,t - \frac{\zeta}{\sqrt{\zeta^2-1}}\sinh\omega_n\sqrt{\zeta^2-1}\,t\right)$$

当 $\zeta = 1$ 时，

$$\theta_e(t) = \Delta\theta e^{-\omega_n t}(1-\omega_n t)$$

当 $0 < \zeta < 1$ 时，

$$\theta_e(t) = \Delta\theta e^{-\zeta\omega_n t}\left(\cos\omega_n\sqrt{1-\zeta^2}\,t - \frac{\zeta}{\sqrt{1-\zeta^2}}\sin\omega_n\sqrt{1-\zeta^2}\,t\right)$$

$$(t \geqslant 0)$$

(2-36)

不同 ζ 值下 $\theta_e(t)/\Delta\theta$ 的误差响应曲线如图 2-5 所示。

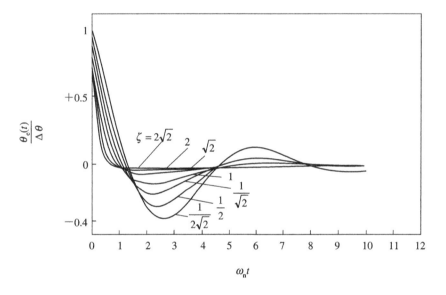

图 2-5　理想二阶锁相环路对相位阶跃输入的误差响应曲线

由曲线看出，在 $t=0$ 时，环路有最大的相位误差值 $\Delta\theta$，这是由于 $t=0$ 时环路还来不及反馈控制之故。显然，这个最大的 $\Delta\theta$ 值不应超过鉴相特性的线性范围。理想二阶环路与典型二阶系统相比，增添了一个零点 $(-1/\tau_2)$，或者说增加了一个相位超前校正项，它可使响应速度加快。例如，当选取 $\zeta=2$，用 $F(s)=1/(1+s\tau_1)$ 时，相位误差从 $\Delta\theta$ 下降到 $\Delta\theta/10$，约需要 $t=9/\omega_n$ 秒的时间；而用 $F(s)=(1+s\tau_2)/s\tau_1$，只需要 $t=0.5/\omega_n$ 秒就够了。这说明了环路中增加一个相位超前项能够改善系统的响应速度。

（2）采用无源比例积分滤波器的二阶锁相环路。据表 2-3 的误差传递函数，可求出其误差响应的拉氏变换

$$\theta_e(s) = \frac{s\left(s+\dfrac{\omega_n^2}{K}\right)}{s^2+2\zeta\omega_n s+\omega_n^2}\cdot\frac{\Delta\theta}{s} = \frac{\left(s+\dfrac{\omega_n^2}{K}\right)\Delta\theta}{s^2+2\zeta\omega_n s+\omega_n^2}$$

(2-37)

按照上述同样的方法，将表示式的分母因式分解，展成部分分式，进行拉氏反变换可得

当 $\zeta > 1$ 时，

$$\theta_e(t) = \Delta\theta e^{-\zeta\omega_n t}\left[\cosh\omega_n\sqrt{\zeta^2-1}t + \frac{\frac{\omega_n}{K}-\zeta}{\sqrt{\zeta^2-1}}\sinh\omega_n\sqrt{\zeta^2-1}t\right]$$

当 $\zeta = 1$ 时，

$$\theta_e(t) = \Delta\theta e^{-\omega_n t}\left[1 + \left(\frac{\omega_n}{K}-1\right)\omega_n t\right]$$

当 $0 < \zeta < 1$ 时，

$$\theta_e(t) = \Delta\theta e^{-\zeta\omega_n t}\left[\cos\omega_n\sqrt{1-\zeta^2}t + \frac{\frac{\omega_n}{K}-\zeta}{\sqrt{1-\zeta^2}}\sin\omega_n\sqrt{1-\zeta^2}t\right]$$

$$(t \geqslant 0)$$

$$(2-38)$$

通常，ω_n/K 比 ζ 值小得多，所以由(2-38)式作成的相位误差响应曲线与图 2-5 的曲线相近。

2. 输入频率阶跃

输入频率阶跃时

$$\theta_1(t) = \Delta\omega t \cdot 1(t) \tag{2-39}$$

其拉氏变换

$$\theta_1(s) = \frac{\Delta\omega}{s^2} \tag{2-40}$$

(1)理想二阶锁相环路。用表 2-3 给出的误差传递函数和(2-40)式可以得到环路相位误差响应的拉氏变换

$$\theta_e(s) = \frac{\Delta\omega}{s^2 + 2\zeta\omega_n s + \omega_n^2} \tag{2-41}$$

按照同样的步骤，将分母的因式进行分解，然后展成部分分式，并进行拉氏反变换，得

当 $\zeta > 1$ 时 $\qquad \theta_e(t) = \dfrac{\Delta\omega}{\omega_n}e^{-\zeta\omega_n t}\dfrac{\sinh\omega_n\sqrt{\zeta^2-1}t}{\sqrt{\zeta^2-1}}$

当 $\zeta = 1$ 时 $\qquad \theta_e(t) = \dfrac{\Delta\omega}{\omega_n}e^{-\omega_n t}\omega_n t$

当 $0 < \zeta < 1$ 时 $\quad \theta_e(t) = \dfrac{\Delta\omega}{\omega_n}e^{-\zeta\omega_n t}\dfrac{\sin\omega_n\sqrt{1-\zeta^2}t}{\sqrt{1-\zeta^2}}$

$$(t \geqslant 0)$$

$$(2-42)$$

在不同 ζ 值下，表示$(\omega_n/\Delta\omega)\theta_e(t)$的响应曲线如图 2-6 所示。

由图可见，最大的相位误差是随着 ζ 值的减小而增大的。当时间趋于无限大时，稳态相差等于零。

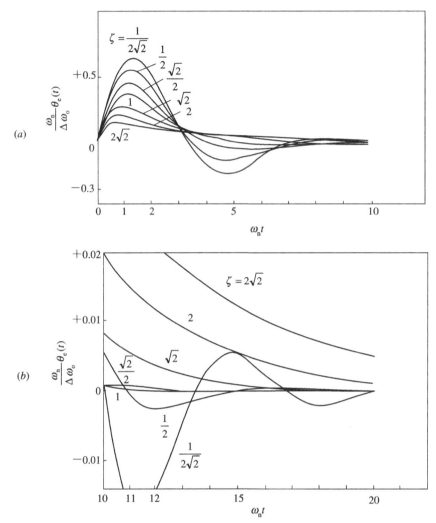

图 2-6 理想二阶环对输入频率阶跃的相位误差响应曲线

(a) 时间前段；(b) 时间后段

【计算举例】

假如环路的输入信号频率阶跃为 100 Hz，阻尼系数 $\zeta = 2$，测得最大相位误差为 0.44 rad。问 40 ms 之后的相位误差为多大？

由图 2-6(a) 可见，当 $\zeta = 2$ 时，最大相差

$$\frac{\omega_\mathrm{n}}{\Delta\omega}\theta_\mathrm{e}(t) = 0.22 \ \mathrm{rad}$$

故

$$\omega_\mathrm{n} = \Delta\omega \times \frac{0.22}{0.44} = 0.5 \times 2\pi \times 100 = 314 \ \mathrm{rad/s}$$

在 40 ms 之后，$\omega_\mathrm{n}t = 314 \times 40 \times 10^{-3} = 12.56 \ \mathrm{rad}$，由图 2-6(b) 查得

$$\frac{\omega_\mathrm{n}}{\Delta\omega}\theta_\mathrm{e}(t) = 0.01 \ \mathrm{rad}$$

因此，40 ms 后的 $\theta_\mathrm{e}(t)$ 为

$$\theta_e(t) = 0.01 \times 2\pi \times \frac{100}{314} = 2 \times 10^{-2} \text{ rad}$$

（2）采用 RC 积分滤波器的二阶锁相环路。由表 2-3 给出的误差传递函数和（2-40）式可以得到环路相位误差响应的拉氏变换

$$\theta_e(s) = \frac{s^2 + 2\zeta\omega_n s}{s^2 + 2\zeta\omega_n s + \omega_n^2} \cdot \frac{\Delta\omega}{s^2}$$

$$= \frac{\Delta\omega}{s^2 + 2\zeta\omega_n s + \omega_n^2} + \frac{2\zeta\omega_n \Delta\omega}{(s^2 + 2\zeta\omega_n s + \omega_n^2)s} \qquad (2-43)$$

式中右边第一项显然就是（2-41）式右边的项，所增加的响应只是（2-43）式右边的第二项。因此可算出总的响应为

当 $\zeta > 1$ 时，

$$\theta_e(t) = 2\zeta\frac{\Delta\omega}{\omega_n} + \frac{\Delta\omega}{\omega_n}e^{-\zeta\omega_n t}\left(\frac{1-2\zeta^2}{\sqrt{\zeta^2-1}}\sinh\omega_n\sqrt{\zeta^2-1}t - 2\zeta\cosh\omega_n\sqrt{\zeta^2-1}t\right)$$

当 $\zeta = 1$ 时，

$$\theta_e(t) = 2\frac{\Delta\omega}{\omega_n} - \frac{\Delta\omega}{\omega_n}e^{-\omega_n t}(2 + \omega_n t)$$

当 $0 < \zeta < 1$ 时，

$$\theta_e(t) = 2\zeta\frac{\Delta\omega}{\omega_n} + \frac{\Delta\omega}{\omega_n}e^{-\zeta\omega_n t}\left(\frac{1-2\zeta^2}{\sqrt{1-\zeta^2}}\sin\omega_n\sqrt{1-\zeta^2}t - 2\zeta\cos\omega_n\sqrt{1-\zeta^2}t\right)$$

$$(t \geqslant 0)$$

$$(2-44)$$

不同 ζ 值下表示 $(\omega_n/\Delta\omega)\theta_e(t)$ 的曲线示于图 2-7。

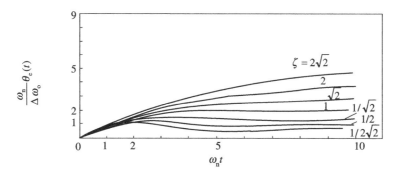

图 2-7 采用 RC 积分滤波器二阶环对输入频率阶跃的相位误差响应曲线

（3）采用无源比例积分滤波器的二阶锁相环路。用表 2-3 的误差传递函数和（2-40）式可以得到环路相位误差的拉氏变换

$$\theta_e(s) = \frac{s\left(s + \frac{\omega_n^2}{K}\right)}{s^2 + 2\zeta\omega_n s + \omega_n^2} \cdot \frac{\Delta\omega}{s^2}$$

$$= \frac{\Delta\omega}{s^2 + 2\zeta\omega_n s + \omega_n^2} + \frac{\Delta\omega\frac{\omega_n^2}{K}}{(s^2 + 2\zeta\omega_n s + \omega_n^2)s} \qquad (2-45)$$

与（2-41）式相比同样也多了右边第二项，因此可算得总的响应：

当 $\zeta > 1$ 时

$$\theta_e(t) = \frac{\Delta\omega}{K} + \frac{\Delta\omega}{\omega_n} e^{-\zeta\omega_n t}$$

$$\cdot \left[\frac{1 - \dfrac{\zeta\omega_n}{K}}{\sqrt{\zeta^2 - 1}} \times \sinh \omega_n \sqrt{\zeta^2 - 1}\, t - \frac{\omega_n}{K} \cosh \omega_n \sqrt{\zeta^2 - 1}\, t \right]$$

当 $\zeta = 1$ 时

$$\theta_e(t) = \frac{\Delta\omega}{K} + \frac{\Delta\omega}{\omega_n} e^{-\omega_n t} \left(\omega_n t - \frac{\omega_n^2}{K} t - \frac{\omega_n}{K} \right)$$

$$(2-46)$$

当 $0 < \zeta < 1$ 时

$$\theta_e(t) = \frac{\Delta\omega}{K} + \frac{\Delta\omega}{\omega_n} e^{-\zeta\omega_n t}$$

$$\cdot \left[\frac{1 - \dfrac{\zeta\omega_n}{K}}{\sqrt{1 - \zeta^2}} \times \sin \omega_n \sqrt{1 - \zeta^2}\, t - \frac{\omega_n}{K} \cos \omega_n \sqrt{1 - \zeta^2}\, t \right]$$

$$(t \geqslant 0)$$

此式与理想二阶环的响应(2-44)式相比较,当 K 比较大时两者是很近似的,故不另作图。

3. 输入频率斜升

输入频率斜升时

$$\theta_1(t) = \frac{1}{2} R t^2 \cdot 1(t) \tag{2-47}$$

其拉氏变换

$$\theta_1(s) = \frac{R}{s^3} \tag{2-48}$$

(1) 理想二阶锁相环路。环路误差响应的拉氏变换

$$\theta_e(s) = \frac{s^2}{s^2 + 2\zeta\omega_n s + \omega_n^2} \cdot \frac{R}{s^3} = \frac{R}{s(s^2 + 2\zeta\omega_n s + \omega_n^2)} \tag{2-49}$$

经拉氏反变换得:

当 $\zeta > 1$ 时

$$\theta_e(t) = \frac{R}{\omega_n^2} - \frac{R}{\omega_n^2} e^{-\zeta\omega_n t} \left[\cosh \omega_n \sqrt{\zeta^2 - 1}\, t + \frac{\zeta}{\sqrt{\zeta^2 - 1}} \sinh \omega_n \sqrt{\zeta^2 - 1}\, t \right]$$

当 $\zeta = 1$ 时

$$\theta_e(t) = \frac{R}{\omega_n^2} - \frac{R}{\omega_n^2} e^{-\omega_n t} (1 + \omega_n t)$$

当 $0 < \zeta < 1$ 时

$$\theta_e(t) = \frac{R}{\omega_n^2} - \frac{R}{\omega_n^2} e^{-\zeta\omega_n t} \left[\cos \omega_n \sqrt{1 - \zeta^2}\, t + \frac{\zeta}{\sqrt{1 - \zeta^2}} \sin \omega_n \sqrt{1 - \zeta^2}\, t \right]$$

$$(t \geqslant 0)$$

$$(2-50)$$

不同 ζ 值下表示 $(\omega_n^2/R)\theta_e(t)$ 的响应曲线如图 2-8 所示。

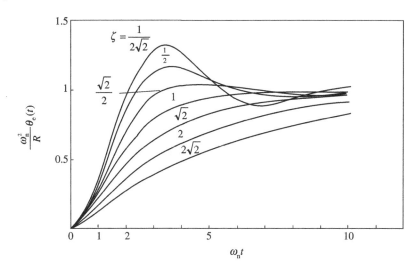

图 2-8　理想二阶环对输入频率斜升的相位误差响应曲线

（2）采用 RC 积分滤波器的二阶锁相环路。环路相位误差响应的拉氏变换

$$\theta_e(s) = \frac{s^2 + 2\zeta\omega_n s}{s^2 + 2\zeta\omega_n s + \omega_n^2} \cdot \frac{R}{s^3}$$

$$= \frac{R}{s(s^2 + 2\zeta\omega_n s + \omega_n^2)} + \frac{2\zeta\omega_n R}{s^2(s^2 + 2\zeta\omega_n s + \omega_n^2)} \qquad (2-51)$$

此式比（2-49）式多了右边的第二项。经拉氏反变换得总的响应为

当 $\zeta > 1$ 时

$$\theta_e(t) = \frac{R}{\omega_n^2}(1 - 4\zeta^2) + \frac{2\zeta R t}{\omega_n} - \frac{R}{\omega_n^2}e^{-\zeta\omega_n t}\left\{(1 - 4\zeta^2)\cosh\omega_n\sqrt{\zeta^2 - 1}\,t\right.$$

$$\left. + \frac{\zeta}{\sqrt{\zeta^2 - 1}}[1 - 2(2\zeta^2 - 1)]\sinh\omega_n\sqrt{\zeta^2 - 1}\,t\right\}$$

当 $\zeta = 1$ 时

$$\theta_e(t) = -\frac{3R}{\omega_n^2} + \frac{2Rt}{\omega_n} + \frac{R}{\omega_n^2}e^{-\omega_n t}(3 + \omega_n t) \qquad\qquad (2-52)$$

当 $0 < \zeta < 1$ 时

$$\theta_e(t) = \frac{R}{\omega_n^2}(1 - 4\zeta^2) + \frac{2\zeta R t}{\omega_n} - \frac{R}{\omega_n^2}e^{-\zeta\omega_n t}\left\{(1 - 4\zeta^2)\cos\omega_n\sqrt{1 - \zeta^2}\,t\right.$$

$$\left. + \frac{\zeta}{\sqrt{1 - \zeta^2}}[1 - 2(2\zeta^2 - 1)]\sin\omega_n\sqrt{1 - \zeta^2}\,t\right\}$$

$$(t \geqslant 0)$$

由上式可见，响应包括一个固定的相差项 $(R/\omega_n^2)(1 - 4\zeta^2)$、一个线性增长项 $(2\zeta R/\omega_n)t$ 和一个随时间指数衰减的项。其中，相位随时间线性增长的项，意味着存在一个固定的频差 $2\zeta R/\omega_n$，由它引起了相位的积累 $(2\zeta R/\omega_n)t$。

在 $(\omega_n/2\zeta) \gg R$ 的条件下，（2-52）式就近似为（2-50）式，即其响应与理想二阶环的响应相近似，如图 2-8 所示，故不再作图。从表 2-2 知，对于采用 RC 积分滤波器的二阶环来说，$\omega_n/2\zeta = K$，故近似条件实际上就是 $K \gg R$，即高增益。

（3）采用无源比例积分滤波器的二阶锁相环路。环路相位误差的拉氏变换为

$$\theta_e(s) = \frac{s\left(s + \dfrac{\omega_n^2}{K}\right)}{s^2 + 2\zeta\omega_n s + \omega_n^2} \cdot \frac{R}{s^3} = \frac{R}{s(s^2 + 2\zeta\omega_n s + \omega_n^2)} + \frac{R\dfrac{\omega_n^2}{K}}{s^2(s^2 + 2\zeta\omega_n s + \omega_n^2)} \quad (2-53)$$

经拉氏反变换得：

当 $\zeta > 1$ 时

$$\theta_e(t) = \frac{R}{\omega_n^2}\left(1 - 2\zeta\frac{\omega_n}{K}\right) + \frac{R}{K}t$$
$$- \frac{R}{\omega_n^2}e^{-\zeta\omega_n t}\left[\left(1 - 2\zeta\frac{\omega_n}{K}\right)\cosh\omega_n\sqrt{\zeta^2 - 1}\,t + \frac{\zeta - \left(\dfrac{\omega_n}{K}\right)(2\zeta^2 - 1)}{\sqrt{\zeta^2 - 1}}\sinh\omega_n\sqrt{\zeta^2 - 1}\,t\right]$$

当 $\zeta = 1$ 时

$$\theta_e(t) = \frac{R}{\omega_n^2}\left(1 - 2\frac{\omega_n}{K}\right) + \frac{R}{K}t - \frac{R}{\omega_n^2}e^{-\omega_n t}\left[1 - 2\frac{\omega_n}{K} + \left(\omega_n - \frac{\omega_n^2}{K}\right)t\right]$$

当 $0 < \zeta < 1$ 时

$$\theta_e(t) = \frac{R}{\omega_n^2}\left(1 - 2\zeta\frac{\omega_n}{K}\right) + \frac{R}{K}t$$
$$- \frac{R}{\omega_n^2}e^{-\zeta\omega_n t}\left[\left(1 - 2\zeta\frac{\omega_n}{K}\right)\cos\omega_n\sqrt{1 - \zeta^2}\,t + \frac{\zeta - \dfrac{\omega_n}{K}(2\zeta^2 - 1)}{\sqrt{1 - \zeta^2}}\sin\omega_n\sqrt{1 - \zeta^2}\,t\right]$$
$$(t \geqslant 0)$$

$$(2-54)$$

此式与(2-52)式类似，它包括固定相差项 $(R/\omega_n^2)(1 - 2\zeta\omega_n/K)$，线性增长项 $(R/K)t$ 以及随时间指数衰减项。也就是说，有固定的频差 R/K。

(2-54)式的响应在 $K \gg R$ 的高增益条件之下也与(2-50)式的响应相近似，图 2-8 也可使用。但是，由固定频差所引起的相位累积是不可忽略的。经过足够长的时间，积累相差逐渐会超出鉴相特性的线性工作区域，最终导致环路失锁。也就是说，这种环路只能在有限的时间内对输入频率斜升信号进行跟踪。现举例说明如下。

【计算举例】

采用无源比例积分滤波器的二阶环，已知参数 $K = 2\pi \times 10^5$ rad/s，$\omega_n = 10^2$ rad/s，$\zeta = 1/2$，$f_o = 10$ MHz。

当 $t < 0$ 时，环路锁定在频率为 10 MHz 的调频振荡器的输出信号上。从 $t = 0$ 的瞬时起，调频振荡器的频率以斜率 $R = 2\pi \times 10^3$ rad/s^2 随时间线性变化。

因为 ω_n/K 比 1 小得多，所以(2-54)式近似为(2-50)式再加上一线性增长项 $(R/K)t$。

当 $t \leqslant 10/\omega_n = 0.1$ s 时，可以忽略线性增长项，因为它不会大于 10^{-3} rad。因此，可以用图 2-8 查出 $\zeta = 1/2$ 曲线的相位误差。

最大暂态相位误差出现在 $t = 3.7/\omega_n = 37$ ms，此时

$$\theta_e(t) = 1.16 \times R/\omega_n^2 = 1.16 \times 2\pi \times 10^3/10^4 = 0.729 \text{ rad}$$

当 $t > 0.16$ s 时，环路的暂态过程结束，相位误差可近似为

$$\theta_e(t) \approx \frac{R}{\omega_n^2} + \frac{R}{K}t$$

$\theta_e(t)$ 达到 $\pi/2$ 的时间可由此导出

$$\frac{\pi}{2} = \frac{2\pi \times 10^3}{10^4} + \frac{2\pi \times 10^3}{2\pi \times 10^5}t$$

解得
$$t = 94.2 \text{ s}$$

这意味着，环路可以维持 94.2 s 的跟踪状态，其间，存在频率误差

$$\frac{R}{K} = \frac{2\pi \times 10^3}{2\pi \times 10^5} = 10^{-2}(\text{rad/s}) = \frac{10^{-2}}{2\pi}(\text{Hz})$$

三、稳态相位误差

前面讨论了三种锁相环路分别在三种不同的输入暂态信号下相位误差的时间响应。这个时间响应既包括了暂态响应，也包括了时间趋于无限大时的稳态响应，即

$$\theta_e(\infty) = \lim_{t \to \infty} \theta_e(t)$$

因此，只要令前面分析得到的响应 $\theta_e(t)$ 中随时间指数衰减的暂态项为零，就可以得到环路的稳态相差。

此外，应用拉氏变换的终值定理，可以不经拉氏反变换，直接从 $\theta_e(s)$ 求出环路的稳态相差。

不论应用何种方法，分析所得稳态相差的结论是相同的。现将分析结果连同一阶环和采用两节理想比例积分滤波器的三阶环的结论一并列于表 2-4。再根据表 2-4 作一番讨论。

表 2-4 不同环路的稳态相差

稳态相差 ╲ 环路 ╲ 信号	一阶环 $F(s)=1$	二阶 1 型环 $F(s)=\frac{1}{1+s\tau_1}$	二阶 1 型环 $F(s)=\frac{1+s\tau_2}{1+s\tau_1}$	二阶 2 型环 $F(s)=\frac{1+s\tau_2}{s\tau_1}$	三阶 3 型环 $F(s)=\left(\frac{1+s\tau_2}{s\tau_1}\right)^2$
相位阶跃	0	0	0	0	0
频率阶跃	$\frac{\Delta\omega}{K}$	$\frac{\Delta\omega}{K}$	$\frac{\Delta\omega}{K}$	0	0
频率斜升	∞	∞	∞	$\frac{\tau_1 R}{K}$	0

讨论一：

对于同一种环路来说，输入信号变化得越快，跟踪性能就越差。例如，一阶环可以无误差地跟踪相位阶跃信号；跟踪频率阶跃（也就是相位斜升）时就出现了固定的相差 $\Delta\omega/K$；跟踪频率斜升信号（也就是相位加速度信号）时就出现无限大的稳态相差，说明这是不能跟踪的。又例如理想二阶环，它能无误差地跟踪相位阶跃和相位斜升信号，但在跟踪相位加速度时就出现了稳态相位误差 $\tau_1 R/K$。

讨论二：

同一信号加入不同的锁相环路，其稳态相差是不同的。对于相位阶跃信号，各种环路都能无误差地跟踪。对于频率阶跃信号，一阶环及采用 RC 积分滤波器或采用无源比例积

分滤波器的非理想二阶环，将有固定的稳定相差，而理想的二阶环和三阶环则能无误差地跟踪。对于频率斜升信号，一阶环以及采用 RC 积分滤波器或采用无源比例积分滤波器的非理想二阶环已无法跟踪，理想二阶环跟踪时有固定的稳态相差，理想三阶环则可无误差地跟踪。

讨论三：

关于环路的"阶"与"型"。从讨论二中我们看到，对于同一种信号而言，环路跟踪性能的好坏似乎并不取决于"阶"。例如，采用 RC 积分滤波器或采用无源比例积分滤波器的非理想二阶环，其跟踪稳态相差与没有环路滤波器的一阶环是一样的，而理想二阶环的跟踪稳态相差则与前不同。那么，同是二阶环，为何稳态跟踪性能会不同呢？

事实上，决定环路稳态跟踪相差的不是环路开环传递函数总极点的个数——"阶"，而是在原点处的极点个数——"型"。在原点处的极点个数也就是环路中理想积分环节的个数。"型"的作用很容易从通过拉氏变换终值定理求解稳态相差的过程中体现出来。

当输入频率阶跃时

$$\theta_1(s) = \frac{\Delta\omega}{s^2}$$

用终值定理求解

$$\theta_e(\infty) = \lim_{t \to \infty}\theta_e(t) = \lim_{s \to 0}s \cdot \theta_e(s) = \lim_{s \to 0}s \cdot H_e(s) \cdot \frac{\Delta\omega}{s^2} \tag{2-55}$$

一阶环具有一个理想积分环节，即压控振荡器的理想积分作用，其开环传递函数具有一个处于原点的极点

$$H_o(s) = \frac{K}{s}$$

误差传递函数

$$H_e(s) = \frac{1}{1+H_o(s)} = \frac{s}{s+K}$$

将此误差传递函数代入(2-55)式得

$$\theta_e(\infty) = \lim_{s \to 0}s\,\frac{s}{s+K} \cdot \frac{\Delta\omega}{s^2} = \frac{\Delta\omega}{K}$$

采用 RC 积分滤波器或无源比例积分滤波器的非理想二阶环，因环路滤波器未引入新的理想积分环节，故其开环传递函数中仍只有一个处于原点的极点，稳态跟踪性能仍得不到改善。以采用无源比例积分滤波器的二阶环为例，其开环传递函数

$$H_o(s) = \frac{K(1+s\tau_2)}{s(1+s\tau_1)}$$

误差传递函数

$$H_e(s) = \frac{1}{1+H_o(s)} = \frac{s(1+s\tau_1)}{s^2\tau_1 + s(1+K\tau_2) + K}$$

将此误差传递函数代入(2-55)式得

$$\theta_e(\infty) = \lim_{s \to 0}s\,\frac{s(1+s\tau_1)}{s^2\tau_1 + s(1+K\tau_2) + K} \cdot \frac{\Delta\omega}{s^2} = \frac{\Delta\omega}{K}$$

可见，因为环路滤波器不是理想积分环节，对改善稳态跟踪性能没有贡献。

对于理想二阶环,环中增加了一个理想积分环节,开环传递函数多了一个处于原点的极点,即

$$H_o(s) = \frac{K(1 + s\tau_2)}{s^2 \tau_1}$$

误差传递函数即为

$$H_e(s) = \frac{1}{1 + H_o(s)} = \frac{s^2 \tau_1}{s^2 \tau_1 + sK\tau_2 + K}$$

将此误差传递函数代入(2-55)式得

$$\theta_e(\infty) = \lim_{s \to 0} s \frac{s^2 \tau_1}{s^2 \tau_1 + sK\tau_2 + K} \cdot \frac{\Delta\omega}{s^2} = 0$$

理想三阶环的开环传递函数有三个处于原点的极点,它的稳态跟踪性能又将得到进一步的改善。

由上所述明显地看到,决定稳态相差的是开环传递函数中处于原点的极点个数,即环路的"型"数,而不是环路的"阶"数。因此,这里有必要在表明环路阶数的同时把它的型数也加以表明。例如:

没有环路滤波器的锁相环路是一阶 1 型环;

采用 RC 积分滤波器的锁相环路是二阶 1 型环;

采用无源比例积分滤波器的锁相环路是二阶 1 型环;

采用高增益有源比例积分滤波器的锁相环路是二阶 2 型环;

采用两节高增益有源比例积分滤波器的锁相环路是三阶 3 型环。

讨论四:

表 2-4 中有些情况下的稳态相差等于零,鉴相器输出的误差电压 $u_d(t) = 0$,那么环路的跟踪状态是如何得以维持的呢?

对于输入相位阶跃而言,因为在暂态过程中误差电压 $u_d(t) \neq 0$,压控振荡器的相位已得到调整,最终并不再要求压控振荡器的频率得到调整,可以允许控制电压 $u_c(t) = 0$,所以它的稳定状态还不难理解。

在输入频率阶跃的情况下,达到稳态时要求压控振荡器的频率调整到与输入频率相同,控制电压 $u_c(t)$ 是必不可少的。但是从表 2-4 看,二阶 2 型环的稳态相差等于零,意味着稳态时鉴相器输出的误差电压 $u_d(t) = 0$。这又如何理解呢?关键在于此时的环路滤波器是一个理想的比例积分滤波器,是理想积分环节。在跟踪的暂态过程中,误差电压 $u_d(t)$ 并不等于零,它将对滤波器充电,因而获得控制电压 $u_c(t)$。当达到稳态后,误差电压 $u_d(t)$ 消失,不再继续对环路滤波器充电。但是,对于一个理想积分环节来说,前面充电得到的控制电压 $u_c(t)$ 将永远保持下去,不会消失。正是这个在暂态过程中 $u_d(t)$ 对环路滤波器充电积累起来的控制电压 $u_c(t)$,维持了环路的稳态跟踪。

实际上,任何电路都不能实现真正的理想积分。例如有源比例积分滤波器,只要放大器增益 A 不等于无限大,它就只能是一个近似的理想比例积分滤波器。所以,上述控制电压 $u_c(t)$ 的保持作用(也就是记忆作用)在时间上是有限的,即只能保持一段时间。在这种情况下,稳态相差只是接近于零,而不是真正等于零。

第三节 环路稳态频率响应

一、环路对正弦相位信号的稳态频率响应

二阶锁相环路在同步状态下经线性化近似之后，作为一个二阶线性系统，不难求得它的频率响应。要着重指出的是，研究锁相环路的频率响应不是研究它对输入电压频谱的响应，而是研究它对输入相位频谱的响应。

输入正弦相位信号是指输入相位信号 $\theta_i(t)$ 是受正弦调制的，可以是调频信号也可以是调相信号。以输入正弦调相信号为例，输入信号的瞬时电压可表示为

$$u_i(t) = U_i \cos[\omega_o t + m_i \sin \Omega t]$$

式中：U_i 是信号的电压幅度；

$\quad$ ω_o 是信号的载波频率；

$\quad$ Ω 是调相的频率；

$\quad$ m_i 是调相指数。

就此电压信号 $u_i(t)$ 本身来说，其频谱分量是很复杂的，但以载波相位 $\omega_o t$ 为参考的瞬时相位

$$\theta_1(t) = m_i \sin\Omega t$$

却是单频 Ω 的相移量。

对于锁相环路来说，频率响应 $H(j\Omega)$ 表明了在频率为 Ω 的正弦输入相位 $\theta_1(t)$ 的作用之下，环路输出相位 $\theta_2(t)$ 的幅度、相位与输入相位 $\theta_1(t)$ 之间的关系，即

$$\theta_2(j\Omega) = H(j\Omega)\theta_1(j\Omega) \tag{2-56}$$

这里又一次看到，数学模型相同的二阶线性系统，其物理含义可以是不同的。本节要讨论的锁相环路频率响应，是指环路对输入信号相位频谱（即 $\theta_1(t)$ 的谱）的响应，而不是指环路对输入信号电压频谱的响应。

设锁相环路的输入电压为

$$u_i(t) = U_i \sin[\omega_o t + m_i \sin(\Omega t + \theta_i)]$$

其输入相位即为

$$\theta_1(t) = m_i \sin(\Omega t + \theta_i) \tag{2-57}$$

这是一个频率为 Ω 的正弦输入相位，此输入相位的幅度是 m_i，初相是 θ_i。

由于锁相环路已近似为线性系统，在此正弦输入相位作用之下，输出相位一定是同频的正弦相位，因此，它可表示为

$$\theta_2(t) = m_o \sin(\Omega t + \theta_o) \tag{2-58}$$

式中 m_o 是输出相位的幅度，它与输入相位幅度 m_i 之间的关系取决于闭环频率响应 $H(j\Omega)$ 的模，即

$$m_o = m_i |H(j\Omega)| \tag{2-59}$$

(2-58)式中的 θ_o 是输出相位的初相，它等于输入相位的初相再加上闭环频率响应 $H(j\Omega)$ 的相位，即

$$\theta_o = \theta_i + \text{Arg } H(j\Omega) \tag{2-60}$$

在单一频率的正弦输入相位作用之下，环路的误差相位 $\theta_e(t)$ 也必然是同频的正弦相位。它可表示为

$$\theta_e(t) = m \sin(\Omega t + \theta) \tag{2-61}$$

正弦误差相位 $\theta_e(t)$ 的幅度 m 以及相位 θ 与输入相位之间的关系取决于环路的误差频率响应 $H_e(j\Omega)$。它们之间的关系为

$$m = m_i |H_e(j\Omega)| \tag{2-62}$$

$$\theta = \theta_i + \text{Arg } H_e(j\Omega) \tag{2-63}$$

上述公式表明，输出相位 $\theta_2(t)$ 与误差相位 $\theta_e(t)$ 都是与输入相位 $\theta_1(t)$ 同频的正弦相位，其幅度 m_o、m 和相位 θ_o、θ 都已发生了变化。变化的大小取决于相应的频率响应。以输出相位为例，可作出图 2-9 所示的示意图。对误差相位也可以作出类似的图形。

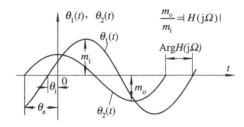

图 2-9　$\theta_2(t)$ 与 $\theta_1(t)$ 的关系

二、二阶锁相环的频率响应

下面讨论三种常用的二阶环的频率响应。

1. 理想的二阶环

用 $s = j\Omega$ 代入理想的二阶环路的闭环传递函数，可得到它的闭环频率响应为

$$H(j\Omega) = \frac{\omega_n^2 + j2\zeta\omega_n\Omega}{m_n^2 - \Omega^2 + j2\zeta\omega_n\Omega} \tag{2-64}$$

引入参量

$$x = \frac{\Omega}{\omega_n}$$

则可改写成

$$H(jx) = \frac{1 + j2\zeta x}{1 - x^2 + j2\zeta x} \tag{2-65}$$

其模和相位分别为

$$|H(jx)| = \sqrt{\frac{1 + 4\zeta^2 x^2}{(1 - x^2)^2 + 4\zeta^2 x^2}} \tag{2-66}$$

$$\text{Arg } H(jx) = \arctan 2\zeta x - \arctan \frac{2\zeta x}{1 - x^2} \tag{2-67}$$

据此作出闭环频率响应的伯德图，如图 2-10 和图 2-11 所示。前者为闭环对数振幅频率响应，后者是闭环相位频率响应。

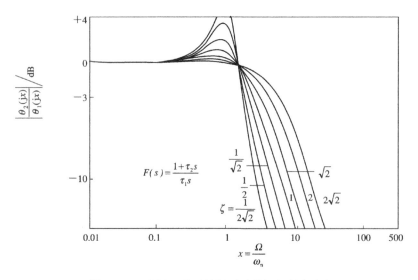

图 2-10 理想二阶环的闭环对数振幅频率响应

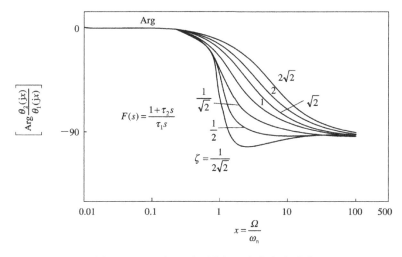

图 2-11 理想二阶环的闭环相位频率响应

由图可见,理想二阶环对输入相位来说,也相当于一个低通滤波器。在 $x<1$ 的频率范围内,对数振幅响应超过 0 dB,且阻尼系数越小,其峰值越高。所有曲线在 $x=\sqrt{2}$ 处相交于 0 dB。在 $x>\sqrt{2}$ 的范围以内,对数振幅响应急剧下降。下降的斜率随 ζ 的不同而不同,ζ 越小下降得越快。此低通滤波器的截止频率可据(2-66)式求得。令

$$|H(\mathrm{j}\Omega)|^2 = \frac{1+4\zeta^2 x^2}{(1-x^2)^2+4\zeta^2 x^2} = \frac{1}{2} \qquad (2-68)$$

得方程

$$x^4 - 2(2\zeta^2+1)x^2 - 1 = 0$$

从中可解出

$$x_\mathrm{c} = \frac{\Omega_\mathrm{c}}{\omega_\mathrm{n}} = \left[2\zeta^2+1+\sqrt{(2\zeta^2+1)^2+1}\right]^{1/2} \qquad (2-69)$$

用不同的 ζ 值代入,计算结果如表 2-5 所示。

表 2-5 计 算 结 果

ζ	0.500	0.707	1.000
$\dfrac{\Omega_c}{\omega_n}$	1.82	2.06	2.48

用类似的方法可求得误差频率响应

$$H_e(jx) = \frac{-x^2}{1 - x^2 + j2\zeta x} \qquad (2-70)$$

相应的振幅频率响应和相位频率响应分别为

$$\left| H_e(jx) \right| = \frac{x^2}{\sqrt{(1 - x^2)^2 + 4\zeta^2 x^2}} \qquad (2-71)$$

$$H_e(jx) = \pi - \arctan \frac{2\zeta x}{1 - x^2} \qquad (2-72)$$

据此作出误差频率响应的伯德图，如图 2-12 和图 2-13 所示。由图 2-12 看到，误差幅频响应具有高通特性。

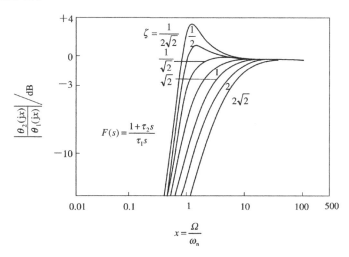

图 2-12 理想二阶环的误差对数振幅频率响应

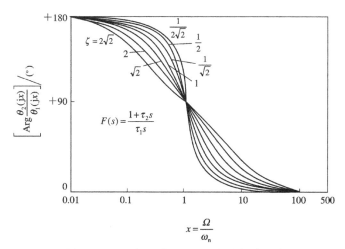

图 2-13 理想二阶环的误差相位频率响应

2. 采用 RC 积分滤波器的二阶环

用上面相同的方法，得到闭环频率响应

$$H(\mathrm{j}x) = \frac{1}{1 - x^2 + \mathrm{j}2\zeta x} \qquad (2-73)$$

$$|H(\mathrm{j}x)| = \frac{1}{\sqrt{(1 - x^2)^2 + 4\zeta^2 x^2}} \qquad (2-74)$$

$$\mathrm{Arg}\, H(\mathrm{j}x) = -\arctan \frac{2\zeta x}{1 - x^2} \qquad (2-75)$$

可见，它呈现低通特性。

误差频率响应为

$$H_{\mathrm{e}}(\mathrm{j}x) = \frac{-x^2 + \mathrm{j}2\zeta x}{1 - x^2 + \mathrm{j}2\zeta x} \qquad (2-76)$$

$$|H_{\mathrm{e}}(\mathrm{j}x)| = \left[\frac{x^4 + 4\zeta^2 x^2}{(1 - x^2)^2 + 4\zeta^2 x^2} \right]^{\frac{1}{2}} \qquad (2-77)$$

$$\mathrm{Arg}\, H_{\mathrm{e}}(\mathrm{j}x) = \pi - \arctan \frac{2\zeta}{x} - \arctan \frac{2\zeta x}{1 - x^2} \qquad (2-78)$$

作出伯德图，如图 2-14 和图 2-15 所示。可见，它呈现高通特性。

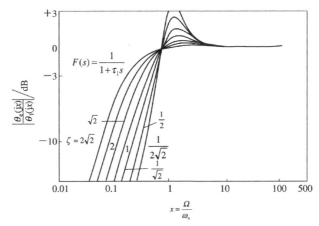

图 2-14 采用 RC 积分滤波器二阶环的误差对数振幅频率响应

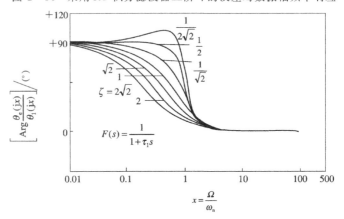

图 2-15 采用 RC 积分滤波器二阶环的误差相位频率响应

3. 采用无源比例积分滤波器的二阶环

闭环频率响应为

$$H(\mathrm{j}x) = \frac{1 + \mathrm{j}\left(2\zeta - \dfrac{\omega_{\mathrm{n}}}{K}\right)x}{1 - x^2 + \mathrm{j}2\zeta x} \tag{2-79}$$

$$|H(\mathrm{j}x)| = \left[\frac{1 + \left(2\zeta - \dfrac{\omega_{\mathrm{n}}}{K}\right)^2 x^2}{(1 - x^2)^2 + 4\zeta^2 x^2}\right]^{\frac{1}{2}} \tag{2-80}$$

$$\mathrm{Arg}\, H(\mathrm{j}x) = \arctan\left(2\zeta - \frac{\omega_{\mathrm{n}}}{K}\right)x - \arctan\frac{2\zeta x}{1 - x^2} \tag{2-81}$$

误差频率响应为

$$H_{\mathrm{e}}(\mathrm{j}x) = \frac{-x^2 + \mathrm{j}\dfrac{\omega_{\mathrm{n}}}{K}x}{(1 - x^2) + \mathrm{j}2\zeta x} \tag{2-82}$$

$$|H_{\mathrm{e}}(\mathrm{j}x)| = \left[\frac{x^4 + \dfrac{\omega_{\mathrm{n}}^2}{K^2}x^2}{(1 - x^2)^2 + 4\zeta^2 x^2}\right]^{\frac{1}{2}} \tag{2-83}$$

$$\mathrm{Arg}\, H_{\mathrm{e}}(\mathrm{j}x) = \pi - \arctan\frac{\omega_{\mathrm{n}}}{Kx} - \arctan\frac{2\zeta x}{1 - x^2} \tag{2-84}$$

将采用无源比例积分滤波器的二阶环的这些分析结果与理想二阶环的相应结果作一比较,可以得到一个有意义的结论。比较(2-80)式与(2-66)式、(2-83)式与(2-71)式可见,振幅频率响应只差了$(\omega_{\mathrm{n}}/K)x$这样一个因子。比较(2-81)式与(2-67)式、(2-84)式与(2-72)式可见,相位频率响应只差了$(\omega_{\mathrm{n}}/K)x$或ω_{n}/Kx这样一个因子。事实上环路增益K总是远大于环路自然频率ω_{n}的,因此在实用的x值范围之内,$(\omega_{\mathrm{n}}/K)x$和ω_{n}/Kx这两个因子都接近于零。所以,(2-80)式与(2-81)式的伯德图可用图2-10和图2-11来近似表示;(2-83)式与(2-84)式的伯德图可用图2-12和图2-13来近似表示。

综合以上的讨论,可见不论采用何种滤波器的二阶环路,其闭环频率响应都具有低通性质。也就是说,只要输入信号的相位调制频率Ω低于环路的自然频率ω_{n}(严格地说是截止频率),那么环路就可以良好地传递相位调制,压控振荡器的输出相位$\theta_2(t)$就可以良好地跟踪输入相位$\theta_1(t)$的变化,环路的误差相位$\theta_{\mathrm{e}}(t)$很小;而当相位调制频率Ω远高于环路自然频率ω_{n}时,环路就不能传递相位调制,压控振荡器的输出相位$\theta_2(t)$就不再能跟踪输入相位$\theta_1(t)$的变化,此时,环路的误差相位$\theta_{\mathrm{e}}(t)$就几乎与输入相位$\theta_1(t)$一样变化。以上性能反映在误差频率响应上就呈现高通性质。

上述两种响应在锁相环路的应用中有极其重要的作用。

三、调制跟踪与载波跟踪

由于锁相环路的闭环频率响应呈低通特性,因此输入正弦调相信号加到环路上之后,环路输出相位$\theta_2(t)$能否跟踪输入相位$\theta_1(t) = m_{\mathrm{i}}\sin(\Omega t + \theta_{\mathrm{i}})$就取决于调制频率$\Omega$与环路无

阻尼振荡频率 ω_n 之间的关系。

下面分两种情况讨论。

1. 调制跟踪

当 Ω 小于 ω_n，即处于闭环低通特性的通带之内时，$\theta_2(t)$ 将跟踪 $\theta_1(t)$ 的瞬时变化，压控振荡器的输出电压 $u_o(t)$ 也就成为一个正弦调相信号

$$u_o(t) = U_o \cos[\omega_o t + m_o \sin(\Omega t + \theta_o)]$$

这种情况下，环内压控振荡器的输出电压 $u_o(t)$ 跟踪了输入电压 $u_i(t)$ 的相位调制。这种跟踪状态称为调制跟踪。在调制跟踪状态，误差相位 $\theta_e(t) = \theta_1(t) - \theta_2(t)$ 一定是比较小的。

工作在调制跟踪状态的锁相环路称为调制跟踪环，它可用作调频信号的解调器。

设有一角频率为 Ω、初相为 θ_i 的正弦调制信号

$$u_\Omega(t) = U_\Omega \cos(\Omega t + \theta_i) \tag{2-85}$$

用它来调制一个角频率等于 ω_o 的载波，那么可以得到瞬时角频率为

$$\omega_i(t) = \omega_o + K_t U_\Omega \cos(\Omega t + \theta_i) = \omega_o + \Delta\omega \cos(\Omega t + \theta_i) \tag{2-86}$$

的已调波。式中 $K_t[\text{rad/s} \cdot \text{V}]$ 为调制器的灵敏度；$\Delta\omega = K_t \cdot U_\Omega$ 为峰值频偏。已调波的瞬时相位为

$$\theta_i(t) = \int_0^t [\omega_o + \Delta\omega \cos(\Omega\tau + \theta_i)]d\tau = \omega_o t + \int_0^t \Delta\omega \cos(\Omega\tau + \theta_i)d\tau$$

调频波的完整表达式为

$$u_i(t) = U_i \sin\left[\omega_o t + \int_0^t \Delta\omega \cos(\Omega\tau + \theta_i)d\tau\right]$$

$$= U_i \sin\left[\omega_o t + \frac{\Delta\omega}{\Omega} \sin(\Omega t + \theta_i)\right] \tag{2-87}$$

此信号加到调制跟踪锁相环路，环内压控振荡器的输出电压 $u_o(t)$ 将跟踪输入的相位调制，于是得到

$$u_o(t) = U_o \cos\left\{\omega_o t + \frac{\Delta\omega}{\Omega}|H(j\Omega)|\sin[\Omega t + \theta_i + \text{Arg } H(j\Omega)]\right\} \tag{2-88}$$

即输出相位

$$\theta_2(t) = \frac{\Delta\omega}{\Omega}|H(j\Omega)|\sin[\Omega t + \theta_i + \text{Arg } H(j\Omega)] \tag{2-89}$$

根据压控振荡器的控制特性

$$u_c(t) = \frac{1}{K_o}\frac{d\theta_2(t)}{dt} = \frac{\Delta\omega}{K_o}|H(j\Omega)|\cos[\Omega t + \theta_i + \text{Arg } H(j\Omega)] \tag{2-90}$$

用 $\Delta\omega = K_t U_\Omega$ 代入上式得

$$u_c(t) = \frac{K_t}{K_o}U_\Omega|H(j\Omega)|\cos[\Omega t + \theta_i + \text{Arg } H(j\Omega)] \tag{2-91}$$

比较 $(2-91)$ 式和 $(2-85)$ 式可见，两者幅值成比例，相位差了一个相移量 $\text{Arg } H(j\Omega)$，故 $u_c(t)$ 可作为解调输出。

锁相鉴频器的方框图如图 $2-16$ 所示。这只是调制跟踪环应用的一例，实际上，它的应用是非常广泛的，本书后面章节将会进一步介绍。

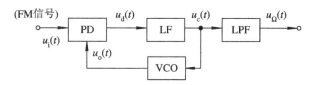

图 2-16　调制跟踪环用作鉴频器

2. 载波跟踪

当 Ω 大于 ω_n，即调制频率处于闭环低通特性的通带之外时，$\theta_2(t)$ 已不能跟踪 $\theta_1(t)$ 的变化。此时，压控振荡器就没有相位调制，是一个未调载波

$$u_o(t) = U_o \cos \omega_o t \tag{2-92}$$

当输入信号 $u_i(t)$ 的载频产生缓慢漂移时，由于环路要维持锁定，压控振荡器输出的未调载波的频率也会跟随着漂移。这种环路输出相位没有跟踪输入的相位调制，而是跟踪了输入信号载频的漂移，这也是一种跟踪状态，称为载波跟踪。工作在载波跟踪状态的环路称为载波跟踪环，显然，在载波跟踪状态下，环路自然频率 ω_n 很小，也即环路低通带宽很窄。

由于 $\theta_2(t)$ 未跟踪输入 $\theta_1(t)$ 的相位调制，据 $\theta_e(t) = \theta_1(t) - \theta_2(t)$ 的关系，显然此环路的相位误差一定比较大，恰恰就是 $\theta_e(t)$ 跟踪了 $\theta_1(t)$ 的相位调制。这就是误差频率响应的高通特性。

载波跟踪环可用于提取输入已调信号的载波，也可提取淹没在噪声中的载波信号。载波跟踪环的压控振荡器输出电压与输入信号载波在相位上差 $90°$，经 $90°$ 相移之后即可得到输入信号的相干载波，可用作输入信号的相干解调。根据上述原理可构成锁相同步检波器，如图 2-17 所示。同样，载波跟踪环也还有其更为广泛的应用领域。

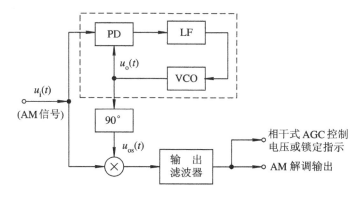

图 2-17　载波跟踪环用作同步检波

【计算举例】

设计一用作鉴频器的二阶调制跟踪环。信号载频 $f_o = 90 \sim 100$ MHz，最大调制角频率 $\Omega_m = 2\pi \times 3 \times 10^3$ rad/s，$K = 2\pi \times 10^4$ rad/s，$\zeta = 1/\sqrt{2}$。试计算环路滤波器参数。

选用有源比例积分滤波器的二阶环，其闭环频率响应低通特性的截止频率 Ω_c 可据 (2-69)式计算。按调制跟踪环设计，令

$$\Omega_c = \Omega_m$$

则

$$\omega_n = \frac{\Omega_m}{\left[2\zeta^2 + 1 + \sqrt{(2\zeta^2 + 1)^2 + 1}\right]^{1/2}} = \frac{2\pi \times 3 \times 10^3}{\sqrt{2 + \sqrt{5}}}$$

$$= 2\pi \times 1.46 \times 10^3 \ \text{rad/s}$$

据此可计算滤波器的时间常数

$$\tau_1 = \frac{K}{\omega_n^2} = \frac{2\pi \times 10^4}{4\pi^2 \times 1.46^2 \times 10^6} = 0.746 \times 10^{-3} \ \text{s}$$

$$\tau_2 = \frac{2\zeta}{\omega_n} = \frac{\sqrt{2}}{2\pi \times 1.46 \times 10^3} = 0.154 \times 10^{-3} \ \text{s}$$

选 $C = 0.22 \ \mu\text{F}$，则

$$R_1 = \frac{\tau_1}{C} = \frac{0.746 \times 10^{-3}}{0.22 \times 10^{-6}} = 3.39 \times 10^3 \ \Omega$$

$$R_2 = \frac{\tau_2}{C} = \frac{0.154 \times 10^{-3}}{0.22 \times 10^{-6}} = 0.7 \times 10^3 \ \Omega$$

取电阻标称值 $R_1 = 3.3 \ \text{k}\Omega$，$R_2 = 680 \ \Omega$。

第四节　环路稳定性与参数设计

一、稳定性问题及其判别方法

锁相环路是一个反馈控制系统，它一定存在是否稳定的问题。如本章第二节中所述的二阶线性系统那样，一旦阻尼系数 ζ 小于零，系统就变成了振荡系统，当然就不稳定了。前面讨论环路的各项跟踪性能时，都假设环路处于同步状态，不言而喻，有一个前提条件，系统是稳定的。那么，常用的二阶锁相环路是否都是稳定的呢？本节就来考虑一下这个问题。

一个负反馈控制系统，如果它的开环增益大于1，同时开环相移又超过 π，那么它就可能振荡起来，就是不稳定的。从闭环传递函数来看，假若至少有一个闭环极点位于 s 平面的右半平面，那么环路就是不稳定的。判定闭环极点是否落在 s 平面的右半平面的方法很多。知道了闭环特征方程可以直接解析求解；知道了闭环特征方程的系数可以用劳斯—霍尔维茨代数准则；知道了传递函数的解析式以及开环零点和极点的位置可以用根轨迹法。奈奎斯特准则是根据开环频率响应来判定闭环系统极点是否落在 s 平面的右半平面的一种方法。上述种种方法都可用来判别锁相环路的稳定性。

根据奈奎斯特准则，可以用锁相环路开环频率响应的伯德图来直接判定锁相环路闭环时的稳定性。这样，我们就无需知道开环传递函数的表达式，也无需知道它的零极点位置，只要有一套伯德图就足够了。在实际的锁相环路中，可能并不知道开环传递函数的确切表达式，但我们总可以用实验方法得到环路开环频率响应的伯德图，这也足以用于判定它的闭环稳定性。所以，用开环伯德图判定闭环稳定性是工程中常用的一种稳定性判别方法。

开环频率响应的伯德图包括对数振幅频率响应和相位频率响应，其中频率都用对数分度表示。

假如环路是闭环稳定的，那么在开环相移达到 π 之前，开环增益已小于1（0 dB），如图

$2-18(a)$所示。开环增益达到 0 dB 时的频率称为增益临界频率,用符号 Ω_T 表示;开环相移达到 π 的频率称为相位临界频率,用符号 Ω_K 表示。那么,对于稳定环路来说,必有 $\Omega_T < \Omega_K$。

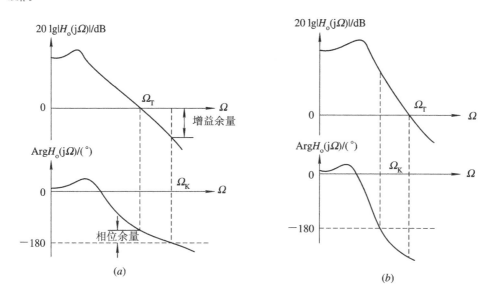

图 2-18 用开环伯德图判定闭环稳定性

(a) 闭环稳定;(b) 闭环不稳定

假若环路是闭环不稳定的,那么在开环相移达到 π 之时,其开环增益仍大于 1(0 dB),或者说当开环增益降至 0 dB 时,开环相移已超过 π,此时必有 $\Omega_T > \Omega_K$,如图 $2-18(b)$ 所示。

$\Omega_K = \Omega_T$ 则是一种临界情况。

闭环临界稳定的情况,在工程中实际上是不稳定的。因为实际电路中会有种种因素引起电路参数变化,或者因电路中的寄生因素引起附加相移,这些都会使一个临界稳定的环路变成不稳定的。所以,实际应用的环路,不但要求它是稳定的,而且要求它远离临界稳定的条件。这就是所谓"稳定余量"问题。稳定余量可分为相位余量和增益余量,它们同时说明了环路稳定的程度。

相位余量是指开环增益降至 0 dB 时,开环相移量与 π 的差值。增益余量是指开环相移达到 π 时,开环增益低于 0 dB 的 dB 数。相位余量与增益余量已示于图 $2-18(a)$。

为了确保环路稳定,通常要求相位余量在 $30°\sim60°$ 之间。

工程实践中总是用渐近伯德图来判别锁相环路的稳定性。下面就用这种方法来判定常用二阶锁相环路的稳定性。

二、常用二阶锁相环路的稳定性与参数设计

1. 理想二阶环

此种环路的开环频率响应为

$$H_o(j\Omega) = \frac{K(1 + j\Omega\tau_2)}{\tau_1(j\Omega)^2} \tag{2-93}$$

这里包括两个理想积分因子。其中一个是压控振荡器的理想积分作用，另一个是环路滤波器的理想积分作用。这两者引起开环相移达到 π 时，就有可能导致负反馈控制系统不稳定。好在式中还有一个相位超前校正因子 $(1+\mathrm{j}\Omega\tau_2)$，这就保证了开环相移不会达到 π，保证了环路的稳定。据(2-93)式作出伯德图如图 2-19 所示。由图可见，全部相位频率特性在 $-\pi$ 之上，环路是稳定的。为了保证具有足够的稳定余量，要适当选择环路参数。

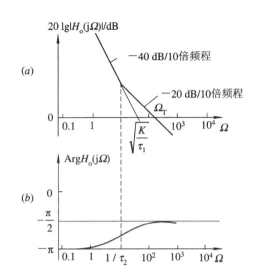

图 2-19　理想二阶环的开环伯德图
(a) 增益图；(b) 相位图

若选择

$$\frac{1}{\tau_2} < \sqrt{\frac{K}{\tau_1}} = \omega_n \qquad (2-94)$$

参看表 2-2，此环路有下列关系：

$$2\zeta = \omega_n\tau_2 \qquad (2-95)$$

据上两式可得

$$\zeta = 0.5 \qquad (2-96)$$

此时环路已相当稳定，具有 $\pi/4$ 以上的相位余量。

实际应用的锁相环路，环中寄生相移常常是不可避免的。如鉴相器输出端有倍频分量 $2\omega_o$，以及由于电路是非理想的，必然存在载频 ω_o 的泄漏。鉴相器输出端必有一个低通滤波器来滤除这些成分。假定这是一个最简单的单极点低通滤波器，时间常数为 τ。另一方面，压控振荡器是一个调频振荡器，它的控制信号输入端必有一个低通滤波器，让控制信号 $u_c(t)$ 得以通过，而高频信号则不能输出。假定这也是一个单极点的低通滤波器，时间常数为 τ'。考虑了这两个不可避免的寄生相移因素之后，(2-93)式的开环频率响应修正为

$$H_o(\mathrm{j}\Omega) = \frac{K(1+\mathrm{j}\Omega\tau_2)}{\tau_1(\mathrm{j}\Omega)^2(1+\mathrm{j}\Omega\tau)(1+\mathrm{j}\Omega\tau')} \qquad (2-97)$$

这两个寄生相移显然对环路的稳定是不利的。

【计算举例】

理想二阶环，鉴相器灵敏度 $K_d = 10$ V/rad，寄生时间常数 $\tau = 15.9$ μs(即 -3 dB 截止频率 $F_c = 1/(2\pi\tau) = 10$ kHz)，压控振荡器灵敏度 $K_o = 10$ kHz/V，其寄生时间常数 $\tau' = 31.8$ μs (即 -3 dB 截止频率 $F_c' = 1/(2\pi\tau') = 5$ kHz)，环路滤波器时间常数 $\tau_1 = 62.8$ s，$\tau_2 = 0.02$ s。

在未考虑寄生相移时，用(2-93)式可近似计算增益临界频率 Ω_T

$$H_o(\mathrm{j}\Omega) = \frac{K}{\tau_1}\frac{1+\mathrm{j}\Omega\tau_2}{(\mathrm{j}\Omega)^2} \approx \frac{K(\mathrm{j}\Omega\tau_2)}{\tau_1(\mathrm{j}\Omega)^2} = \frac{K\dfrac{\tau_2}{\tau_1}}{\mathrm{j}\Omega}$$

令 $|H_o(\mathrm{j}\Omega_T)| = 1$，可得

$$\Omega_T = K\frac{\tau_2}{\tau_1} = 2\pi \times 10^4 \times 10\frac{0.02}{62.8} = 200 \text{ rad/s}$$

用此代入(2-97)式，计算在此频率上的相移量

$$\text{Arg } H_o(j\Omega_T) = \arctan \Omega_c\tau_2 - 180° - \arctan \Omega_c\tau - \arctan \Omega_c\tau'$$
$$= \arctan 200 \times 0.02 - 180° - \arctan 200 \times 15.9 \times 10^{-6}$$
$$- \arctan 200 \times 31.8 \times 10^{-6}$$
$$= 76° - 180° - 0.18° - 0.36° = -104.54°$$

故相位余量为

$$180° - 104.54° = 75.46°$$

是足够稳定的。

由此例可见，在未考虑寄生相移时的相位余量为 $76°$，在考虑了寄生相移之后的相位余量为 $75.46°$，两者相差甚微。所以，合理设计的锁相环路，寄生相移对稳定性的影响是不大的，通常可以不予考虑。

2. 采用 RC 积分滤波器的二阶环

此种环路的开环传递函数为

$$H_o(j\Omega) = \frac{K}{j\Omega(1 + j\Omega\tau_1)} \tag{2-98}$$

显然开环相移不能达到 π，环路肯定是稳定的。但为了保证具有足够的相位余量，τ_1 不能选得过大。

据(2-98)式作出开环伯德图，如图 2-20。按表 2-2 知，此环具有下列关系：

$$\zeta = \frac{1}{2\sqrt{K\tau_1}} \tag{2-99}$$

故随 τ_1 加大，ζ 将会减小，导致稳定余量减小。

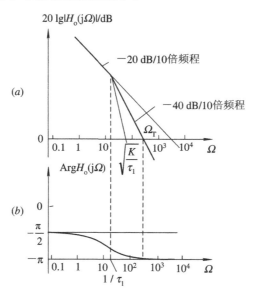

图 2-20 采用 RC 积分滤波器的二阶环的开环伯德图

(a) 增益图；(b) 相位图

【计算举例】

若环路增益 $K = 10^5 \text{ rad/s}$，RC 滤波器的时间常数 $\tau_1 = 10$ s，求环路的相位余量。据(2-98)式得

$$|H_o(j\Omega_T)| = \frac{K}{\Omega_T}\frac{1}{\sqrt{1+\Omega_T^2\tau_1^2}} = 1$$

$$\Omega_T = \sqrt{\frac{K}{\tau_1}} = 100 \text{ rad/s}$$

$$\text{Arg } H_o(j\Omega_T) = -90° - \arctan\Omega_T\tau_1 = -90° - \arctan 100\times10 = -179.94°$$

相位余量为 $180° - 179.94° = 0.06°$。显然相位余量过少。考虑了寄生相移之后，环路实际上是不稳定的。

　　所以采用 RC 积分滤波器的二阶环，时间常数 τ_1 不能选得过大，否则实际上是不稳定的。其原因就在于环路滤波器中没有相位超前校正因子，这是这种环路的一个缺点。若用一个相位超前校正因子来改善 RC 滤波器，就构成了无源比例积分滤波器。下面分析这种环路的稳定性。

　　3. 采用无源比例积分滤波器的二阶环

　　此种环路的开环频率响应为

$$H_o(j\Omega) = \frac{K(1+j\Omega\tau_2)}{j\Omega(1+j\Omega\tau_1)} \tag{2-100}$$

与(2-98)式相比多了一个相位超前校正因子 $(1+j\Omega\tau_2)$。所以这个环路更趋于稳定。

　　据(2-98)式作出的开环伯德图如图 2-21 所示。由图可见，增益临界频率 Ω_T 处的相移约为 $-\pi/2$，环路相位余量大约等于 $\pi/2$。不难理解，相位超前校正因子的时间常数 τ_2 越大，环路的稳定性越好。

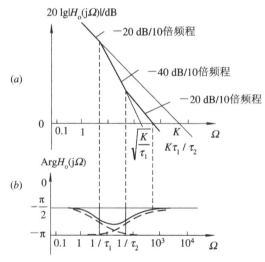

图 2-21　采用无源比例积分滤波器的二阶环的开环伯德图
(a) 增益图；(b) 相位图

【计算举例】

　　采用无源比例积分滤波器的二阶环，$K=10^5$ rad/s，$\omega_n=100$ rad/s，$\zeta=1$。应如何确定滤波器参数？

　　因为 $\omega_n^2 = K/\tau_1$，所以

$$\tau_1 = \frac{K}{\omega_n^2} = \frac{10^5}{10^4} = 10 \text{ s}$$

又据表 2-2

$$\tau_2 = \frac{2\zeta\omega_n\tau_1 - 1}{K} = \frac{2 \times 1 \times 100 \times 10 - 1}{10^5} = 2 \times 10^{-2} \text{ s}$$

增益临界频率 Ω_T 近似为

$$\Omega_T = \frac{K\tau_2}{\tau_1} = \frac{10^5 \times 2 \times 10^{-2}}{10} = 200 \text{ rad/s}$$

该处的相移量

$$\begin{aligned}
\text{Arg } H_o(j\Omega_T) &= -90° - \arctan \Omega_T\tau_1 + \arctan \Omega_T\tau_2 \\
&= -90° - \arctan 200 \times 10 + \arctan 200 \times 2 \times 10^{-2} \\
&= -90° - 89.97° + 75.96° \\
&= -104.01°
\end{aligned}$$

相位余量为 $180° - 104.01° = 75.99°$，相位余量足够大，即使有寄生相移也不会影响环路的稳定性。

　　以上讨论了三种二阶锁相环路的稳定性，从中可以看出：除理想二阶环（即二阶 2 型环）的开环相移有可能接近 π 之外，其它二阶 1 型环的开环相移都小于 π。所以，若不考虑寄生相移，二阶环总是无条件稳定的。进一步考察三阶 2 型以上的环路，可以看到它们的稳定性是有条件的，设计应用中应格外注意环路参数的设计。

三、三阶锁相环

　　三阶锁相环是一个有条件稳定的高阶环路，环路形式有三阶 3 型、三阶 2 型等多种形式。三阶 3 型能以零稳态相差跟踪相位加速度变化，在空间技术中，可用来跟踪多普勒频移信号，如全球定位系统（GPS）的接收机相对卫星的位移会产生多普勒频移，或在相位检测仪器中跟踪相位加速度变化的扫频信号。三阶 2 型环用于须进一步抑制杂波干扰，或优化环路对各类相位噪声源的过滤，常在二阶环基础上附加一节辅助低通滤波。下面就对这两种典型三阶环路运用伯德图作简单的分析。

　　1. 三阶 3 型环

　　设采用两节理想积分滤波器作环路滤波器，如图 2-22 所示。环路滤波器传递函数为

$$F(s) = \left(\frac{1 + s\tau_2}{s\tau_1}\right)^2 \tag{2-101}$$

对应的开环频率响应为

$$H_o(j\Omega) = \frac{K}{\tau_1^2} \frac{(1 + j\Omega\tau_2)^2}{(j\Omega)^3} \tag{2-102}$$

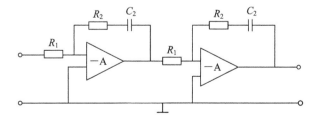

图 2-22　三阶 3 型环路滤波器电路图

由(2-102)式看出，环路包含三个理想积分因子、两个相位超前校正因子。做出的伯德图如图 2-23 所示。由图可以看出，相位特性在 $-3\pi/2$ 至 $-\pi/2$ 之间，环路是否稳定要看$1/\tau_2$ 的选择。显然，在 $\Omega=1/\tau_2$ 频点上，相移为 $-\pi$，所以 $1/\tau_2$ 是一个相位临界频率 Ω_k，应当保证在 Ω_k 上开环增益为

$$|H(j\Omega_k)| = \frac{K}{\tau_1^2}\frac{2}{\left(\dfrac{1}{\tau_2}\right)^3} < 1 \qquad (2-103)$$

才能保证环路是稳定的。由(2-103)式可得三阶 3 型环路稳定条件为

$$K < \frac{1}{2}\frac{\tau_1^2}{\tau_2^3} \qquad (2-104)$$

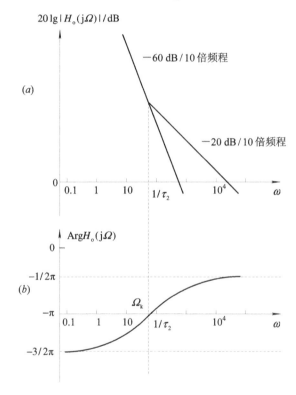

图 2-23　三阶 3 型环的伯德图
(a) 增益图；(b) 相位图

2. 三阶 2 型环

若采用图 2-24 所示的环路滤波器电路，其传输函数为

$$F(s) = \frac{1+s\tau_2}{s\tau_1(1+s\tau_3)} \qquad (2-105)$$

式中，$\tau_1 = R_1C_1$，$\tau_2 = R_2(C_1+C_2)$，$\tau_3 = R_2C_2$。

由(2-105)式，环路滤波器可以看做由两个环节组成，一个环节为理想积分滤波器，在环路中起主导作用，另一环节 $1/(1+s\tau_3)$ 为辅助滤波器。

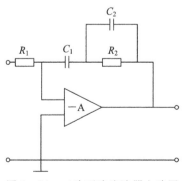

图 2-24　二阶环路滤波器电路图

环路开环频率响应为

$$H_o(j\Omega) = \frac{K}{(j\Omega)^2\tau_1}\frac{1+j\Omega\tau_2}{1+j\Omega\tau_3} \tag{2-106}$$

在 $\tau_1 > \tau_2 > \tau_3$ 下，由（2-106）式可做出相应的伯德图。通常设计上，增益临界频率 Ω_T 处在零点（$1+j\Omega\tau_2$）转折频率 $\Omega_2 = 1/\tau_2$ 与极点（$1+j\Omega\tau_3$）转折频率 $\Omega_3 = 1/\tau_3$ 之间，其伯德图如图2-25所示。而且 Ω_3 与 Ω_2 之间间隔愈大，得到的相位余量也愈大。

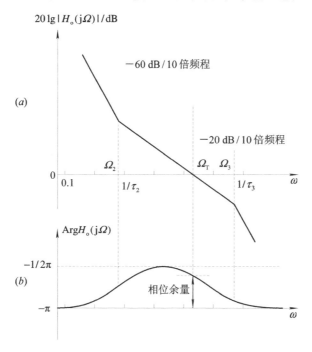

图 2-25　三阶 2 型环开环伯德图
(a) 增益图；(b) 相位图

分析表明，用 Ω_2 与 Ω_3 表示的最佳增益临界频率 $\Omega_{Topt} = \sqrt{\Omega_2\Omega_3}$。为在 Ω_T 上得到足够的相位余量，通常选择 $\Omega_3 = 10\Omega_2$，从而有

$$\Omega_T = \sqrt{10}\Omega_2, \quad \Omega_3 = \sqrt{10}\Omega_T \tag{2-107}$$

【计算举例】

若已知三阶 2 型环路的环路增益 $K = 2\pi\times10^4$ rad/s，试设计环路滤波器的参数，使得环路的 3 dB 带宽 $\Omega_c = 2\pi\times220$ rad/s。

由于在三阶 2 型环路中，起主导作用的是理想积分滤波器。因此可根据理想二阶环 Ω_T 值来选择 Ω_2 与 Ω_3。在理想二阶环中，$\Omega_T = K\tau_2/\tau_1$，在 $\zeta = 0.707$ 时，环路 3 dB 带宽 $\Omega_c = 2.06\omega_n$，所以 $\omega_n = \dfrac{\Omega_c}{2.06}$，从而有

$$\Omega_T = 1.414\omega_n \approx \frac{\Omega_c}{1.46} \tag{2-108}$$

选择 $\Omega_3 = 10\Omega_2$，则由（2-107）式有

$$\Omega_2 = \frac{\Omega_T}{\sqrt{10}} \approx 2\pi\times46 \text{ rad/s}, \quad \Omega_3 = \sqrt{10}\Omega_T \approx 2\pi\times460 \text{ rad/s}$$

又由 $\Omega_2 = \dfrac{1}{\tau_2}$ 得 $\tau_2 \approx 0.0035$ s，由 $\Omega_3 = \dfrac{1}{\tau_3}$ 得 $\tau_3 \approx 0.000\ 35$ s。

由于 $\Omega_3 > \Omega_T$，在环路中起辅助滤波作用的 $\dfrac{1}{1+j\Omega\tau_3}$ 因子对 Ω_T 的影响可以忽略，但对相位余量的影响不能忽略。

由 $\Omega_T = \dfrac{K\tau_2}{\tau_1}$ 得到

$$\Omega_T = K\,\frac{\tau_2}{\tau_1} = \frac{\sqrt{10}}{\Omega_T^2} \approx 0.23 \text{ s}$$

相位余量

$$r = \arctan(\Omega_T\tau_2) - \arctan(\Omega_T\tau_3) \approx 72.6° - 17.3° = 55.3°$$

可见，由辅助滤波器引起的相移为 $17.3°$，对环路的稳定余量影响不太大。

第五节　环路非线性跟踪性能

前面的分析都假设在跟踪过程中，环路相差 $\theta_e(t)$ 始终很小，环路工作在正弦鉴相特性的线性工作区域，因此可将原来是非线性的环路动态方程线性化，用线性系统的传递函数来求解系统的时域和频域响应。实际上，如果跟踪过程中相差 $\theta_e(t)$ 比较大，前面的线性分析就会带来比较大的误差。如果相差再加大，直至环路失锁，线性化的分析方法就不再适用了，这就涉及到环路的非线性跟踪问题。在非线性跟踪状态，环路的稳态相差、暂态响应、频率响应等都将与线性跟踪状态有所不同。当然，要确切分析非线性跟踪状态的性能，需求解非线性微分方程，除了一阶环以外这是很困难的。这里仅就其中的几个问题作一简单的介绍。

一、锁定时的稳态相差

非线性跟踪的稳态相差不能再用线性化方程(2-1)式来求解，而必须从动态方程的一般形式出发，即

$$\dot{\theta}_e(t) = \dot{\theta}_1(t) - KF(p)\sin\theta_e(t) \tag{2-109}$$

在输入固定频率的条件下

$$\theta_1(t) = \Delta\omega_0 t$$
$$\dot{\theta}_1(t) = \Delta\omega_0 \tag{2-110}$$

在环路锁定的条件之下，瞬时频差等于零。即

$$\dot{\theta}_e(t) = 0 \tag{2-111}$$

将(2-111)和(2-110)式代入(2-109)式可求出锁相环路锁定条件下稳态相差的表达式

$$KF(p)\sin\theta_e(t) = \Delta\omega_0 \tag{2-112}$$

据此即可求出常用二阶环非线性跟踪的稳态相差。

对于理想二阶环，则用 $F(p) = \dfrac{1+p\tau_2}{p\tau_1}$ 代入(2-112)式，得

$$K(1+p\tau_2)\sin\theta_e(t) = 0$$

所以

$$\theta_e(t) = 0 \tag{2-113}$$

即锁定后稳态相差为零。

对于采用 RC 积分滤波器的二阶环，则用 $F(p) = \dfrac{1}{1 + p\tau_1}$ 代入(2-112)式，得

$$K \sin \theta_e(t) = \Delta\omega_o$$

所以

$$\theta_e(t) = \arcsin \frac{\Delta\omega_o}{K} \tag{2-114}$$

即存在稳态相差，且随着 $\Delta\omega_o$ 的加大而加大。由(2-114)式可见，当 $\Delta\omega_o > K$ 时方程无解，此时环路就失锁。

对于采用无源比例积分滤波器的二阶环，则用 $F(p) = \dfrac{1 + p\tau_2}{1 + p\tau_1}$ 代入方程(2-112)式，得

$$K(1 + p\tau_2) \sin \theta_e(t) = \Delta\omega_o$$

$$\sin \theta_e(t) + \tau_2 p \cos \theta_e(t) \dot{\theta}_e(t) = \frac{\Delta\omega_o}{K}$$

因为锁定时 $\dot{\theta}_e(t) = 0$，故上式可化简为

$$\sin \theta_e(t) = \frac{\Delta\omega_o}{K}$$

所以

$$\theta_e(t) = \arcsin \frac{\Delta\omega_o}{K} \tag{2-115}$$

此结果与(2-114)式相同，说明这两种环路同是二阶 1 型环，稳态相差也就相同。

二、同步带

前面已证明，理想二阶环锁定时的稳态相差为零。这就是说，在锁定条件之下，缓慢加大固有频差，直至 $\Delta\omega_o$ 到达无限大，环路相差一直是零。这样就可导出环路的同步带等于无限大，即

$$\Delta\omega_H = \infty \tag{2-116}$$

从环路方程(2-109)出发，确实可以得到同步带为无限大的结论。事实上，这当然是不可能的。因为在建立方程(2-109)时只考虑了鉴相器的非线性，而认为其它部件如压控振荡器和环路滤波器都具有无限大的线性工作范围，这是不符合实际的。环内的压控振荡器有一定的控制范围，其最大频偏是有限的。假如环内有放大器，放大器输出的最大电压又是有限的，所以，实际上理想二阶环的同步带也是有限的，往往受限于压控振荡器的最大控制范围。

采用 RC 积分滤波器和采用无源比例积分滤波器的环路同属于二阶 1 型环，锁定时的稳态相差如(2-114)和(2-115)式。从这两式可以看到，允许 $\Delta\omega_o/K$ 的最大值为 1。当 $\Delta\omega_o/K > 1$ 时，$\theta_e(t)$ 就无解。所以，这两种环路的同步带为

$$\Delta\omega_H = K \tag{2-117}$$

这里研究的同步带都是以采用正弦鉴相器为例计算的。第一章中介绍过，鉴相特性还有三角形、锯齿形等等。这些鉴相器的线性工作范围宽，输出最大电压变大，相应的同步

带也会大些。在 $\theta_e = 0$ 处，鉴相斜率相同的条件下，它们的同步带扩展系数如表2-6所示。

表 2-6　不同鉴相器的同步带扩展系数

鉴相器类型	正 弦	三 角	锯 齿	鉴频鉴相
同步带扩展系数	1	$\dfrac{\pi}{2}$	π	2π

三、最大同步扫描速率

从表2-4看到，理想二阶环可以跟踪频率斜升信号（即频率线性扫描信号），具有固定的相位差。这个固定的稳态相位差与扫描速率 R 成正比。可以想象，加大扫描速率 R，稳态相位差随之加大，就可能进入非线性跟踪状态。再加大 R，还会造成失锁。在非线性跟踪的条件之下，究竟允许扫描速率的极限是多大呢？

在输入频率斜升的条件下

$$\theta_1(t) = \frac{1}{2}Rt^2$$

$$\dot{\theta}_1(t) = Rt$$

代入环路方程的一般形式(2-109)式，再考虑同步条件 $\dot{\theta}_e(t) = 0$，于是得到

$$KF(p)\sin\theta_e(t) = Rt$$

将理想比例积分滤波器的条件 $F(p) = \dfrac{1+p\tau_2}{p\tau_1}$ 代入上式，得

$$K(1+p\tau_2)\sin\theta_e(t) = R\tau_1$$

$$\sin\theta_e(t) + \tau_2\cos\theta_e(t)\cdot\dot{\theta}_e(t) = \frac{R\tau_1}{K}$$

同步条件下 $\dot{\theta}_e(t) = 0$，故上式简化为

$$\sin\theta_e(t) = \frac{R\tau_1}{K} = \frac{R}{\omega_n^2} \qquad (2-118)$$

由此可见，扫描速率 R 是有限制的。当 $R > \omega_n^2$ 时，(2-118)式无解，意味着环路失锁。所以，最大同步扫描速率为

$$R = \omega_n^2 \qquad (2-119)$$

这里分析的条件是环路原来处于同步状态，在此初始条件之下输入信号以速率 R 扫描，看环路能否维持跟踪，这就是所谓"最大同步扫描速率"问题。如果环路原来是失锁的，以多大的扫描速率才能使环路进入锁定，这就是所谓"最大捕获扫描速率"的问题，这将在第四章中介绍。

四、最大频率阶跃量与峰值相差

从线性跟踪的暂态响应分析中看到，输入频率阶跃时，如果环路的 ζ 小于1，相位误差 $\theta_e(t)$ 的响应将出现过冲。过冲引起的峰值暂态相差的大小与频率的阶跃量 $\Delta\omega$ 成正比。如果阶跃量过大，引起的峰值暂态相差过大，超过了一定大小就不可避免地会造成环路失锁。究竟最大允许多大的频率阶跃量才能保证环路不失锁，这就是"最大频率阶跃量"的含意。

精确求解最大频率阶跃量与峰值暂态相差需求解非线性微分方程，工程上用相平面法

的图解方法（第四章中将作介绍）来求解，这里介绍主要的分析结果，可供工程应用时参考。

采用正弦鉴相器的理想二阶环，其最大频率阶跃量与环路参数之间的关系为

$$\Delta\omega_{max} = 1.8\omega_n(\zeta + 1) \tag{2-120}$$

此式适用于 $0.5 < \zeta < 1.4$，是工程实用范围。根据（2-120）式所描绘的图形示于图 2-26。

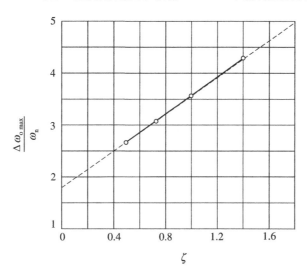

图 2-26　理想二阶环的最大频率阶跃量

频率阶跃所引起的峰值相位误差与阻尼系数 ζ 密切相关。以采用正弦鉴相器的理想二阶环为例，在 $\zeta = 0.707$ 时峰值相位误差如图 2-27 所示。

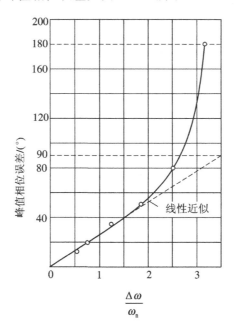

图 2-27　理想二阶环的峰值相位误差

【习　题】

2-1　图 p2-1 为锁相环路频率特性测试电路，输入为音频电压 $u_\Omega(t)$，从 VCO 输入端输出电压 $u'_\Omega(t)$，LF 采用 $F(s)=(1+s\tau_2)/(1+s\tau_1)$。要求：

（a）画出此电路的线性相位模型；

（b）写出电路的传递函数：$H(s)=U'_\Omega(s)/U_\Omega(s)=$?

（c）指出环路为几阶几型，为什么？

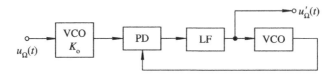

图　p2-1

2-2　设一非理想二阶环，使用有直流反馈的有源滤波器作环路滤波器，如图 p2-2 所示。已知环路 $K_o K_d=5800$ Hz。要求：

（a）确定环路滤波器传递函数 $F(s)$；

（b）找出 τ_1、τ_2、ω_n 和 ζ；

（c）写出闭环传递函数 $H(s)$ 的表达式。

2-3　采用 RC 积分滤波器的二阶环，其输入单位相位阶跃的响应如图 p2-3。试求其开环传递函数。

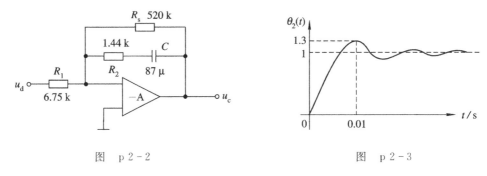

图　p2-2　　　　　　　　　　　　　　　图　p2-3

2-4　采用有源比例积分滤波器的二阶环，当输入频率斜升信号 $\Delta\omega(t)=8\times10^6 t$(rad/s) 时，要求环路稳态相差 $\theta_e(\infty)\leqslant0.5$ rad。问环路参数 ζ、ω_n 应如何选择？

2-5　已知 $F(s)=(1+s\tau_2)/(1+s\tau_1)$ 的锁相环，其参数为 $K=2\pi\times10^5$ rad/s，$\omega_n=10^2$ rad/s，$\zeta=0.5$，$f_o=10$ MHz。当 $t<0$ 时，环路对 $f_i=10$ MHz 的输入信号锁定，从 $t=0$ 起，输入信号以 $R=2\pi\times10^3$ rad/s^2 频率斜升。问：

（a）当 $t\rightarrow\infty$ 时，环路能否跟踪输入信号？

（b）若能跟踪，$\theta_e(\infty)=$?

（c）若不能跟踪，t 为多少起环路失锁？

（d）暂态过程中 $\theta_{emax}=$?

2-6　设 $H_o(s)=10/s(s+1)$ 的环路，求输入相位 $\theta_1(t)$ 为 $\Delta\theta$、$\Delta\omega t$ 和 $Rt^2/2$ 时的稳态

相差 $\theta_e(\infty)=?$

2-7　采用 RC 积分滤波器的二阶环，已知 $K=10^3$ rad/s，$\omega_n=10$ rad/s。要求：

（a）用伯德图确定环路的稳定性；

（b）其相位余量为多大？稳定是否可靠？应如何改变参数才能使环路可靠稳定？

2-8　若一锁相环路的截止频率 $\Omega_c=10^3$ rad/s，输入信号为 $u_i(t)=U_i\sin[10^6 t+2\sin(10^2 t+\theta_i)]$，问：

（a）环路处于调制跟踪还是载波跟踪状态？为什么？

（b）若 Ω_c 降至 10 rad/s，环路处于什么状态？

2-9　采用有源比例积分滤波器的二阶环，其 $\zeta=0.5$，$\omega_n=2\pi\times10^3$ rad/s，试计算：

（a）环路带宽 $\Omega_c=?$

（b）误差谐振频率 $\omega_{er}=?$

（c）误差谐振峰值 $M_{er}=?$

第三章 环路噪声性能

锁相环路无论工作在哪种应用场合，都不可避免地要受噪声与干扰的作用。噪声与干扰的来源主要有两类：一类是与信号一起进入环路的输入噪声与谐波干扰（输入噪声包括信号源或信道产生的白高斯噪声、环路作载波提取用时信号调制形成的调制噪声）；另一类是环路部件产生的内部噪声与谐波干扰，以及压控振荡器控制端感应的寄生干扰等，其中压控振荡器内部噪声是主要的噪声源。

噪声与干扰的作用必然会增加环路捕获的困难，降低跟踪性能，使环路输出相位产生随机的抖动。若环路用作频率合成信号源与微波固态信号源，则输出频谱不纯，短期频率稳定度变差；若环路用作调制解调器，则输出信噪比下降，较强的干扰与噪声还会使环路发生跳周与失锁的概率加大，以至出现门限效应。因此，分析噪声与干扰对环路性能的影响是很有必要的，它对工程上进行环路的优化设计与性能估算是不可缺少的。

由于噪声与干扰的随机性，在噪声与干扰作用下环路的动态方程是多个随机函数驱动的非线性随机微分方程，数学上目前还无法处理。但是基于下面两点，我们仍然可对环路噪声性能进行一定的近似分析，获得一些有用的结果，用来指导工程实践。这两点是：

(1) 认为各种噪声与干扰源是统计独立的，在噪声与干扰的强度都比较弱，不足以超出环路线性作用区域的情况下，可使用叠加原理，分别求出每个噪声源对环路的响应，然后用功率或方差相加的方法，近似求得它们共同作用的结果。

(2) 环路在不同应用场合，各种噪声与干扰的强度有很大的不同。例如，环路作信号源用时，输入环路通常是低噪声的标准信号源，因此，主要噪声源是压控振荡器内部噪声与鉴相器的泄漏；环路用于接收、作载波提取的解调器用时，则输入端的信道白高斯噪声是主要的噪声源。

本章主要讲述环路对输入白高斯噪声和压控振荡器内部噪声的线性过滤及环路的最佳参数选择问题，同时也对输入白高斯噪声作用下，环路的非线性门限与跳周性能作一些简单的介绍。

第一节 环路的加性噪声相位模型

图 3-1 为仅计及输入白高斯噪声 $n(t)$ 作用的锁相环路的基本组成。图中 $u_i(t)$ 为环路输入信号电压，其表示式为

$$u_i(t) = U_i \sin[\omega_0 t + \theta_i(t)] \tag{3-1}$$

经环路前置带通滤波器的作用，$n(t)$ 为一个窄带白高斯噪声电压，可表示为（见附录一）

$$n(t) = n_c(t)\cos \omega_0 t - n_s(t)\sin \omega_0 t \tag{3-2}$$

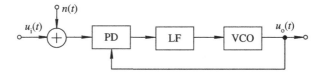

图 3-1　有输入噪声时环路的基本组成

这样，加在环路输入端的电压是信号与噪声之和，即

$$u_i(t) + n(t) = U_i \sin[\omega_o t + \theta_1(t)] + [n_c(t)\cos \omega_o t - n_s(t)\sin \omega_o t]$$

压控振荡器输出电压为

$$u_o(t) = U_o \cos[\omega_o t + \theta_2(t)] \tag{3-3}$$

$u_i(t) + n(t)$ 与 $u_o(t)$ 经鉴相器相乘作用，并略去二次谐波项后，其输出为

$$u_d(t) = \frac{1}{2} K_m U_i U_o \sin[\theta_1(t) - \theta_2(t)]$$

$$+ \frac{1}{2} K_m U_o [n_c(t) \cos \theta_2(t) + n_s(t) \sin \theta_2(t)]$$

$$= U_d \sin\theta_e(t) + N(t) \tag{3-4}$$

式中

$$\theta_e(t) = \theta_1(t) - \theta_2(t)$$

为瞬时相位误差；

$$N(t) = \frac{U_d}{U_i}[n_c(t)\cos \theta_2(t) + n_s(t)\sin \theta_2(t)] = \frac{U_d}{U_i} n'(t) \tag{3-5}$$

为等效相加噪声电压；

$$U_d = \frac{1}{2} K_m U_i U_o$$

为误差电压的幅度。

（3-4）式表示在输入噪声作用下鉴相器的数学模型。鉴相器输出电压由两项组成：一项由瞬时相位误差 $\theta_e(t)$ 决定，它主要体现了信号相位的作用；另一项为等效相加噪声电压 $N(t)$，它是噪声的作用项。

显然，$u_d(t)$ 经环路滤波器处理后加至压控振荡器输入端，压控振荡器的输出相位 $\theta_2(t)$ 则为

$$\theta_2(t) = \frac{K_o F(p)}{p}[U_d \sin \theta_e(t) + N(t)] \tag{3-6}$$

或表示为

$$\frac{d\theta_e}{dt} = \frac{d\theta_1}{dt} - K_o F(p)[U_d \sin \theta_e(t) + N(t)] \tag{3-7}$$

（3-7）式就是考虑输入白高斯噪声时环路的非线性随机微分方程，与之对应的环路噪声相位模型如图 3-2 所示。与无噪声时环路相位模型相比，在鉴相器输出端增加了相加项 $N(t)$。按照（3-5）式，$N(t)$ 也是一个随机的变化量，其统计特性同 $n_c(t)$、$n_s(t)$ 及 $\theta_2(t)$ 有关。在环路带宽比输入信号带宽窄得多时，则仅由输入噪声作用引起的环路输出相位 $\theta_2(t)$ 的变化要比 $n_c(t)$、$n_s(t)$ 慢得多，因而可认为 $\theta_2(t)$ 与 $n_c(t)$、$n_s(t)$ 互不相关。在这个前提下，根据 $n_c(t)$、$n_s(t)$ 的性质，不难证明 $N(t)$ 也是均值为零、自相关函数与 $n_c(t)$、$n_s(t)$ 的自相关函数相同的窄带白高斯噪声，而且方差值为

$$\overline{N^2(t)} = \frac{U_{\mathrm{d}}^2}{U_{\mathrm{i}}^2} N_{\mathrm{o}} B_{\mathrm{i}} \tag{3-8}$$

式中　B_{i} 为环路前置输入带宽；

　　　N_{o} 为输入噪声 $n(t)$ 在 B_{i} 带宽内均匀分布的单边功率谱密度（W/Hz）。

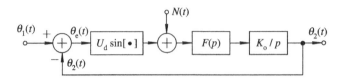

图 3-2　有输入噪声时环路相位模型

由于 $N(t)$ 是一个反映 $n(t)$ 变化的随机函数，因此（3-7）式是一个随机函数驱动的高阶非线性微分方程。目前，数学上仅对一阶环有较为精确的分析，二阶以上的环路，大都根据噪声的强弱，即相位差 $\theta_{\mathrm{e}}(t)$ 的均方根抖动值 $\sigma_{\theta_{\mathrm{e}}}$ 的大小，对非线性作适当的近似处理，以求得一些对工程实践有用的结果。常用的处理方法有：

（1）线性化近似。在弱噪声作用下，经统计分析表明，当 $\sigma_{\theta_{\mathrm{e}}} \leqslant 13°$ 时，环路方程中的正弦非线性项可进行线性近似，即把图 3-2 与方程式（3-6）、（3-7）中的 $U_{\mathrm{d}}\sin[\cdot]$ 近似用 K_{d} 代替（在数值上 $K_{\mathrm{d}}=U_{\mathrm{d}}$，但单位不同）。这样得到的就是线性化噪声相位模型与方程，可用它对环路噪声性能进行线性分析。这是最常用的一种近似方法，近似结果对环路设计与估价环路跟综性能都很有用处。下面将进行较为详细的分析。

（2）波顿（Booton）准线性近似法。随着噪声的增强，使 $\sigma_{\theta_{\mathrm{e}}} > 13°$ 时，可将环路模型中的 $K_{\mathrm{d}}\sin[\cdot]$ 用一个与环路相位差方差 $\sigma_{\theta_{\mathrm{e}}}^2$ 有关的等效增益 $K_{\mathrm{A}} = K_{\mathrm{d}} \exp(-\sigma_{\theta_{\mathrm{e}}}^2/2)$ 代替。可以看出，K_{A} 不是 θ_{e} 的非线性函数，而是其统计量 $\sigma_{\theta_{\mathrm{e}}}^2$ 的非线性函数，因而对 θ_{e} 而言就可进行线性运算。这种方法简单、实用，可用于分析环路的门限。

（3）求解福克-布朗克（Fokker-Planck）方程。考虑到噪声的随机性与环路方程的非线性理论分析可知，环路相位误差 $\theta_{\mathrm{e}}(t)$ 的一维概率密度函数 $p(\theta_{\mathrm{e}1}, t)$ 服从福克-布朗克方程。对于一阶环，这是一个一阶偏微分方程。通过一定近似，可求得相位差 $\theta_{\mathrm{e}}(t)$ 的稳态概率密度分布，以用来分析环路处于跟踪状态下的失锁概率、平均跳周时间以及门限效应等性能。

对于工程实践，一阶环的分析结果还可推广到二阶环。本章对上述（2）、（3）种处理方法将作一些简单介绍，给出能用于工程实践的理论结果。

第二节　对输入白高斯噪声的线性过滤特性

在线性近似下，输入噪声等效为 $N(s)$ 的环路的线性化噪声相位模型如图 3-3(a) 所示。对线性系统，运算上可使用拉氏变换，故图 3-3 中使用了拉氏算符 s。由于环路已近似为线性系统，研究环路对噪声电压 $N(t)$ 的响应就成为环路对噪声的线性过滤问题。此外，对于线性系统，若只研究噪声的过滤问题，可令输入信号相位 $\theta_{\mathrm{i}}(s)=0$，这不影响分析的结果。按照图 3-3(a) 所示模型，可列出环路方程式为

$$\left.\begin{array}{l} \theta_{\mathrm{e}}(s) = -\theta_2(s) \\[2mm] \dfrac{[N(s) + \theta_{\mathrm{e}}(s)K_{\mathrm{d}}]F(s)K_{\mathrm{o}}}{s} = \theta_2(s) \end{array}\right\}$$

因此得

$$\theta_2(s) = \frac{\dfrac{N(s)F(s)K_o}{s}}{1 + \dfrac{KF(s)}{s}} = \frac{KF(s)}{s + KF(s)} \cdot \frac{N(s)}{K_d} = H(s)\frac{N(s)}{K_d} \qquad (3-9)$$

若将(3-9)式中 $N(s)/K_d$ 看做等效输入相位噪声 $\theta_{ni}(s)$，则有

$$\theta_2(s) = H(s)\theta_{ni}(s) \qquad (3-10)$$

（3-10）式是表示环路与输入噪声过滤特性的基本公式，根据（3-10）式，输入噪声等效为 $\theta_{ni}(s)$ 的线性化噪声相位模型如图 3-3(b)所示。下面由此式出发，分几个方面来进一步阐述环路的噪声过滤性能。

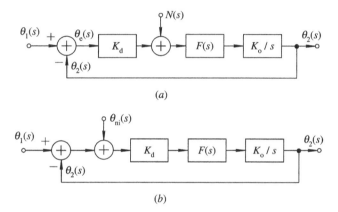

图 3-3　有输入噪声时环路线性化噪声相位模型
(a) 等效为 $N(s)$；(b) 等效为 $\theta_{ni}(s)$

一、环路输出噪声相位方差

前面已经谈到，等效相加噪声电压 $N(t)$ 是一个功率谱在 $[\,0, B_i/2\,]$ 区域内均匀分布的白高斯噪声电压，其单边功率谱密度为 $2(U_d^2/U_i^2)N_o$，故等效输入相位噪声 $\theta_{ni}(t)$ 的单边功率谱密度为

$$S_{\theta_{ni}}(F) = \begin{cases} \dfrac{2N_o}{U_i^2}(\mathrm{rad}^2/\mathrm{Hz}), & 0 \leqslant F \leqslant B_i/2 \\[2mm] 0, & F > B_i/2 \end{cases} \qquad (3-11)$$

对应地，环路等效输入相位噪声方差则为

$$\sigma_{\theta_{ni}}^2 = \frac{N_o}{U_i^2}B_i(\mathrm{rad}^2) \qquad (3-12)$$

按照（3-10）式，可获得经环路过滤后的输出相位噪声的单边功率谱密度 $S_{\theta_{no}}(F)$ 为

$$S_{\theta_{no}}(F) = \begin{cases} \dfrac{2N_o}{U_i^2}|H(\mathrm{j}2\pi F)|^2, & 0 \leqslant F \leqslant B_i/2 \\[2mm] 0, & F > B_i/2 \end{cases} \qquad (3-13)$$

环路输出相位噪声方差

$$\sigma_{\theta_{no}}^2 = \int_0^{B_i/2} \frac{2N_o}{U_i^2}|H(\mathrm{j}2\pi F)|^2 \mathrm{d}F \ (\mathrm{rad}^2) \qquad (3-14)$$

通常，环路带宽比 $B_i/2$ 小得多，且有较强的阻带衰减，即在 $F>B_i/2$ 时，可认为 $|H(j2\pi F)|^2\approx 0$，这样

$$\sigma^2_{\theta_{no}} \approx \frac{2N_o}{U_i^2}\int_0^\infty |H(j2\pi F)|^2 dF = \frac{2N_o}{U_i^2}B_L \tag{3-15}$$

式中

$$B_L = \int_0^\infty |H(j2\pi F)|^2 dF \text{ (Hz)} \tag{3-16}$$

为环路单边噪声带宽。

将(3-15)式与(3-12)式相比，可得

$$\sigma^2_{\theta_{no}} = \sigma^2_{\theta_{ni}} \cdot \frac{B_L}{\dfrac{B_i}{2}} \tag{3-17}$$

通常，$B_L \ll B_i/2$，因此 $\sigma^2_{\theta_{no}} \ll \sigma^2_{\theta_{ni}}$，反映了环路对噪声的抑制作用。显然 B_L 值愈小，即环路带宽愈窄，环路对输入噪声的抑制能力愈强。

各种环路的 B_L 是不相同的，下面将讨论 B_L 的含义与计算。

必须指出，在线性近似与假设 $\theta_1(t)=0$ 的情况下，环路输出噪声相位差方差与环路相位差方差是相等的，即有

$$\sigma^2_{\theta_{ne}} = \sigma^2_{\theta_{no}}$$

这是一个有用的结论，在进一步分析环路的非线性噪声性能时也将要用到。而且，输出噪声相位差方差也就是通常所指的环路输出均方相位抖动 $\overline{\theta^2_{no}}$。

二、环路噪声带宽 B_L

由(3-16)式 B_L 的定义不难看出 B_L 的物理含义。功率谱密度 $S_{\theta_{ni}}(F)$ 为常数的等效输入相位噪声经功率响应为 $|H(j2\pi F)|^2$ 的环路过滤后，其输出相位噪声功率与让 $S_{\theta_{ni}}(F)$ 通过一个宽度为 B_L、功率响应为 $|H(j2\pi F)|^2 = |H(j0)|^2 = 1$ 的矩形响应过滤后的输出相等效，如图 3-4 所示。这样就有

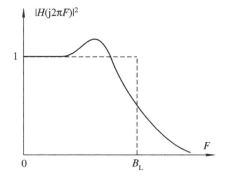

图 3-4　环路 B_L 的含义说明

$$S_{\theta_{ni}}(F)\int_0^\infty |H(j2\pi F)|^2 dF$$
$$= S_{\theta_{ni}}(F)|H(j0)|^2 B_L$$

因此，等效矩形滤波器的带宽为

$$B_L = \int_0^\infty |H(j2\pi F)|^2 dF$$

B_L 的大小很好地反映了环路对输入噪声的滤除能力。B_L 越小，$\sigma^2_{\theta_{no}}$ 也越小，说明环路对噪声的滤波能力越强。

采用不同滤波器的环路，其闭环频率响应 $H(j2\pi F)$ 是不同的，因此计算出的 B_L 也不同。计算 B_L 可采用下面的定积分：

$$I_n = \int_0^\infty \left| \frac{c_{n-1}(j\Omega)^{n-1} + \cdots + c_0}{d_n(j\Omega)^n + \cdots + d_0} \right|^2 dF \tag{3-18}$$

当 $n=1\sim3$ 时，可得积分结果为

$$I_1 = \frac{c_0^2}{4d_0 d_1} \quad (3-19)$$

$$I_2 = \frac{c_1^2 d_0 + c_0^2 d_2}{4d_0 d_1 d_2} \quad (3-20)$$

$$I_3 = \frac{c_2^2 d_0 d_1 + (c_1^2 - 2c_0 c_2)d_0 d_3 + c_0^2 d_2 d_3}{4d_0 d_3 (d_1 d_2 - d_0 d_3)} \quad (3-21)$$

下面分别推导出几种环路的 B_L 表达式。

1. 一阶环

一阶环的闭环频率响应为

$$H(j\Omega) = \frac{K}{j\Omega + K}$$

对照(3-18)式，有 $c_0=d_0=K$，$d_1=1$，因而有

$$B_L = \frac{K}{4} = \frac{K_o K_d}{4} \tag{3-22}$$

可见，B_L 与 K 成正比。若为了改善环路其它性能而增大 K 时，B_L 也随之增大，结果对噪声的滤除性能变坏，所以一阶环应用较少。

2. 采用简单 RC 积分滤波器的二阶环

环路的闭环频率响应

$$H(j\Omega) = \frac{\omega_n^2}{(j\Omega)^2 + 2\zeta\omega_n(j\Omega) + \omega_n^2}$$

对照(3-18)式，有 $c_0=d_0=\omega_n^2$，$d_1=2\zeta\omega_n$，$d_2=1$，将其代入(3-20)式得

$$B_L = \frac{\omega_n}{8\zeta} \tag{3-23}$$

由于

$$\omega_n = \sqrt{\frac{K}{\tau_1}} \quad 与 \quad \zeta = \frac{1}{2}\sqrt{\frac{1}{\tau_1 K}}$$

因此

$$B_L = \frac{K}{4} \tag{3-24}$$

可见，当 K 相同时，它与一阶环有完全相同的 B_L。显然，对于上述二阶环，τ_1 趋于零，其闭环响应与一阶环相同；而随 τ_1 增大，闭环响应 $|H(j\Omega)|^2$ 的峰值升高，且向低频率端移动，如图 3-5 所示。由图可知，各种 τ_1 的响应曲线所围面积并不改变，所以它们的 B_L 相同。因此，这种二阶环路往往也难以满足多方面性能要求，应用也较少。

3. 采用有源比例积分滤波器的二阶环

这种二阶环的闭环响应为

$$H(j\Omega) = \frac{2\zeta\omega_n(j\Omega) + \omega_n^2}{(j\Omega)^2 + 2\zeta\omega_n(j\Omega) + \omega_n^2}$$

对照(3-18)式，有 $c_0=d_0=\omega_n^2$，$c_1=d_1=2\zeta\omega_n$ 及 $d_2=1$，代入(3-20)式可得

$$B_L = \frac{\omega_n}{8\zeta}(1 + 4\zeta^2) \tag{3-25}$$

必须注意：上式中 ω_n 的单位为 rad/s，而 B_L 的单位为 Hz。

按(3-25)式，将 $B_L/\omega_n \sim \zeta$ 的关系作成曲线，如图 3-6 所示。由图可见，在窄带白高

斯噪声的作用下，理想二阶环的 B_L 有一最小值 $B_{L\,min}=0.5\omega_n$，此时 $\zeta=0.5$。因此，从抑制白高斯噪声的角度来说，选择 $\zeta=0.5$ 为最佳。但考虑到暂态响应不宜太长，以 $\zeta=0.7$ 最好，此时 $B_L=0.53\omega_n$，与最小值也相差不多。由图可见，在 $0.25<\zeta<1$ 的范围内，B_L 不超过它最小值的 25%。通常 $0.25<\zeta<1$ 就是供选用的数值范围。

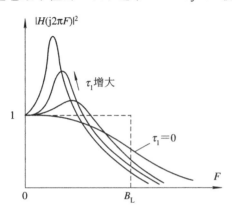

图 3-5 采用简单 RC 积分滤波器二阶
环的 $|H(j2\pi F)|^2$ 曲线族

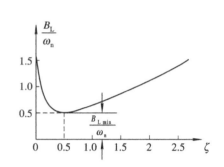

图 3-6 理想二阶环的 $B_L/\omega_n\sim\zeta$
关系曲线

4. 采用无源比例积分滤波器的二阶环

采用与有源比例积分滤波器的二阶环相同的方法，可得

$$B_L = \frac{\omega_n}{8\zeta}\left[1+\left(2\zeta-\frac{\omega_n}{K}\right)^2\right] \tag{3-26}$$

当环路增益很高，即 $K\gg\omega_n$ 时，上式近似为

$$B_L \approx \frac{\omega_n}{8\zeta}(1+4\zeta^2)$$

与理想二阶环 B_L 相同。

三、环路信噪比

在定义环路信噪比之前，先看看环路输入信噪比。所谓输入信噪比 $(S/N)_i$，指的是输入信号载波功率 $U_i^2/2$ 与通过环路前置带宽 B_i 的噪声功率 N_0B_i 之比，即

$$\left(\frac{S}{N}\right)_i = \frac{\dfrac{U_i^2}{2}}{N_0B_i} = \frac{U_i^2}{2N_0B_i} \tag{3-27}$$

按照 (3-12) 式，$(S/N)_i$ 与 $\sigma_{\theta_{ni}}^2$ 之间有对应的单值关系，即

$$\left(\frac{S}{N}\right)_i = \frac{1}{2\sigma_{\theta_{ni}}^2} \tag{3-28}$$

显然，输入信噪比 $(S/N)_i$ 的物理含义是清楚的，它呈现在输入端上，可以测量。

按照前面的分析我们可以看出，输入噪声对输出噪声相位方差起作用的，仅是处于输入中心频率两旁 $\pm B_L$ 宽度内的那部分噪声，其余噪声皆被环路滤除了。因此我们可以定义一个"环路信噪比"来反映环路对噪声的抑制能力，用 $(S/N)_L$ 表示环路信噪比，其定义为环路输入端的信号功率 $U_i^2/2$ 与可通过单边噪声带宽 B_L 的噪声功率 N_0B_L 之比，即

$$\left(\frac{S}{N}\right)_{\mathrm{L}} = \frac{\dfrac{U_{\mathrm{i}}^2}{2}}{N_{\mathrm{o}}B_{\mathrm{L}}} = \frac{U_{\mathrm{i}}^2}{2N_{\mathrm{o}}B_{\mathrm{L}}} \tag{3-29}$$

考虑到

$$\sigma_{\theta_{\mathrm{no}}}^2 = \frac{2N_{\mathrm{o}}B_{\mathrm{L}}}{U_{\mathrm{i}}^2}$$

所以

$$\left(\frac{S}{N}\right)_{\mathrm{L}} = \frac{1}{\sigma_{\theta_{\mathrm{no}}}^2} \tag{3-30}$$

同样，$(S/N)_{\mathrm{L}}$ 与 $\sigma_{\theta_{\mathrm{ne}}}^2$ 也有单值对应关系。

环路信噪比 $(S/N)_{\mathrm{L}}$ 无法在环路任何一点上测量得到，但是用它却能很方便地说明环路对噪声的抑制能力。比较 $(3-29)$ 式与 $(3-27)$ 式，有

$$\left(\frac{S}{N}\right)_{\mathrm{L}} = \left(\frac{S}{N}\right)_{\mathrm{i}} \frac{B_{\mathrm{i}}}{B_{\mathrm{L}}} \tag{3-31}$$

通常，$B_{\mathrm{i}} \gg B_{\mathrm{L}}$，故而 $(S/N)_{\mathrm{L}} \gg (S/N)_{\mathrm{i}}$。因此 $(S/N)_{\mathrm{L}}$ 高，反映了环路对输入噪声的抑制能力强。环路信噪比 $(S/N)_{\mathrm{L}}$ 在环路噪声性能分析与工程设计中是一个相当重要的量。

【 计算举例 】

在一部接收机的中频部分，使用了锁相环作载波提取设备。已知接收机输入端等效噪声温度 $T_{\mathrm{eq}} = 600$ K，输入信号功率 $P_{\mathrm{s}} = 10^{-13}$ mW。单边噪声功率谱密度 N_{o} 为

$$N_{\mathrm{o}} = kT_{\mathrm{eq}} = 1.38 \times 10^{-23} \times 600 = 8.3 \times 10^{-21} \text{ W/Hz}$$

式中 k 是波尔兹曼常数，也即 $N_{\mathrm{o}} = 8.3 \times 10^{-18}$ mW/Hz。

锁相环为一高增益二阶环，环路增益 $K = 2 \times 10^5$ rad/s，自然谐振角频率 $\omega_{\mathrm{n}} = 200$ rad/s，阻尼系数 $\zeta = 0.707$。由于 $\omega_{\mathrm{n}}/K = 10^{-3}$ 比 2ζ 小得多，因此按照 $(3-26)$ 式，近似地有

$$B_{\mathrm{L}} \approx \frac{\omega_{\mathrm{n}}}{8\zeta}[1 + 4\zeta^2] \approx 106 \text{ Hz}$$

再根据 $(3-29)$ 式，有

$$\begin{aligned}
\left(\frac{S}{N}\right)_{\mathrm{L}} &= 10 \lg \frac{P_{\mathrm{s}}}{N_{\mathrm{o}}B_{\mathrm{L}}} \\
&= 10 \lg 10^{-13} - [10 \lg 8.3 + 10 \lg 10^{-18} + 10 \lg 106] \\
&\approx 20.5 \text{ dB}
\end{aligned}$$

及

$$\sigma_{\theta_{\mathrm{no}}}^2 = \sigma_{\theta_{\mathrm{ne}}}^2 = \frac{1}{\left(\dfrac{S}{N}\right)_{\mathrm{L}}} \approx 0.01 \text{ rad}^2$$

第三节　环路对压控振荡器相位噪声的线性过滤

压控振荡器的内部噪声可以等效为一个无噪的压控振荡器在其输出端再叠加了一个噪声相位 $\theta_{\mathrm{nv}}(t)$。$\theta_{\mathrm{nv}}(t)$ 的功率谱即为附录二中介绍的幂律谱 $S_{\theta_{\mathrm{nv}}}(F)$。这样一来，考虑了压控振荡器噪声之后的环路线性化噪声相位模型如图 $3-7$ 所示。

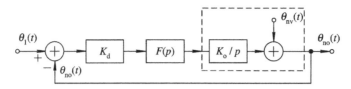

图 3-7 考虑了 VCO 噪声的环路线性化噪声相位模型

环路对压控振荡器相位噪声的线性过滤，即在图 3-7 所示的线性化模型上计算压控振荡器的相位噪声 $\theta_{nv}(t)$ 对环路输出相位噪声 $\theta_{no}(t)$ 的响应，可令 $\theta_1(t)=0$。此时，$\theta_{no}(t)$ 与 $\theta_e(t)$ 实际是一样的，图中相加器起反相作用，对噪声没有意义。因此可以得到

$$\frac{\theta_e(s)}{\theta_{nv}(s)} = \frac{\theta_{no}(s)}{\theta_{nv}(s)} = H_e(s) \tag{3-32}$$

可见，$\theta_{nv}(s)$ 对 $\theta_e(s)$ 和 $\theta_{no}(s)$ 的作用均通过环路误差传递函数的高通过滤。

据此，可用下式计算 $\theta_{no}(t)$ 和 $\theta_e(t)$ 的功率谱密度和方差。

$$S_{\theta_{no}}(F) = S_{\theta_e}(F) = \left| H_e(j2\pi F) \right|^2 \cdot S_{\theta_{nv}}(F) \tag{3-33}$$

$$\sigma_{\theta_{no}}^2 = \sigma_{\theta_e}^2 = \int_0^\infty S_{\theta_{nv}}(F) \cdot \left| H_e(j2\pi F) \right|^2 dF \tag{3-34}$$

上式的精确运算往往是比较困难的。这里，我们介绍一种工程上适用的近似图解法。

由(3-33)式可见，根据 $S_{\theta_{nv}}(F)$ 的谱形图和 $\left| H_e(j2\pi F) \right|^2$ 的伯德图就不难作出 $S_{\theta_{no}}(F)$ 和 $S_{\theta_e}(F)$ 的谱形图。

例如，采用有源比例积分滤波器的二阶环，其 $\left| H_e(j2\pi F) \right|^2$ 的伯德图如图 3-8 所示，并假设 LC 压控振荡器的中心频率 $f_o=100\ \text{MHz}$，回路品质因素 $Q=158$，代入附录二中的 (II-18)式得压控振荡器归一化相位噪声功率谱密度为

$$\frac{S_{\theta_{nv}}(F)}{f_o^2} = \frac{1}{F^3} \times 10^{-16} + \frac{1}{F^2} \times 10^{-20} + \frac{1}{F} \times 10^{-27} + 10^{-31}$$

据此可作出 $S_{\theta_{nv}}(F)/f_o^2$ 的谱形图，如图 3-9 实线所示。若选择 $f_n=5\times10^4\ \text{Hz}$，经环路过滤后的输出相位噪声谱如图 3-9 中虚线所示。由图可看出，在 $F>f_n$ 的高频段内，由于 $\left| H_e(j2\pi F) \right|^2=0\ \text{dB}$，噪声未受到抑制，全部输出；在 $F<f_n$ 的低频段内，噪声则受到 $\left| H_e(j2\pi F) \right|^2$ 高通特性的抑制，故(3-33)式的相乘关系可按对数的相加进行作图，最后得到过滤后的相位噪声输出。

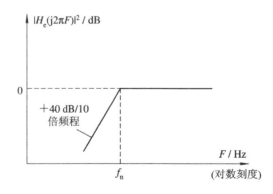

图 3-8 采用有源比例积分滤波器二阶环的 $\left| H_e(j2\pi F) \right|^2$ 伯德图

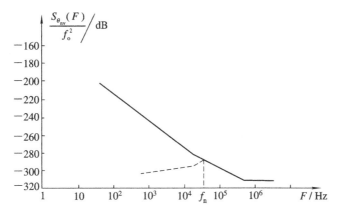

图 3-9　环路对压控振荡器噪声线性过滤示意图

可见，压控振荡器相位噪声的功率主要集中在低频部分，锁相环路 $|H_e(\mathrm{j}2\pi F)|^2$ 的高通过滤作用是相当显著的。仅从过滤压控噪声来说，应选择 f_n 越大越好。但是，假若同时存在输入噪声，环路对它是低通过滤作用，放宽环路带宽显然是有害的。因此，在同时存在输入噪声和环内压控噪声的条件之下，环路带宽应适中选择，f_n 存在一个最佳值。这个问题将在本章第四节中讨论。

第四节　环路对各类噪声与干扰的线性过滤

一、环路输出的总相位噪声功率谱密度

前面已经谈到，实际环路存在着各种来源的噪声与干扰。在线性近似下，运用线性分析方法，可求得环路对各类噪声与干扰的总过滤特性。为了分析方便，设基本环路存在着三个主要噪声源，标出噪声与干扰的环路线性相位模型如图 3-10 所示。

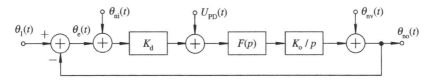

图 3-10　计及多个噪声源的环路线性相位模型

图中：　$\theta_{ni}(t)$ 为输入白高斯噪声形成的等效输入相位噪声；

$\qquad U_{PD}(t)$ 为输出谐波或鉴相器本身的输出噪声电压；

$\qquad \theta_{nv}(t)$ 为压控振荡器内部噪声形成的相位噪声。

运用线性分析方法，并设输入信号相位 $\theta_1(t)=0$，可得环路方程

$$\left.\begin{aligned}\theta_e(s) &=-\theta_{no}(s)\\[2mm]\theta_{no}(s) &=\left\{[\theta_{ni}(s)+\theta_e(s)]K_d+U_{PD}(s)\right\}F(s)\frac{K_o}{s}+\theta_{nv}(s)\end{aligned}\right\}$$

经合并运算后，可得环路总输出相位噪声

$$\theta_{no}(s)=\left[\theta_{ni}(s)+\frac{U_{PD}(s)}{K_d}\right]H(s)+\theta_{nv}(s)[1-H(s)] \tag{3-35}$$

上式右边第一项为括号内噪声通过环路闭环响应(低通特性)的过滤,故将这类噪声称为低通型噪声;第二项为 $\theta_{\mathrm{nv}}(s)$ 经过环路误差响应(高通特性)的过滤,故称之为高通型噪声。

无论何种类型的噪声,噪声源皆是相互独立的,故可采用各自的噪声功率谱密度表示。若设: $S_{\theta_{\mathrm{ni}}}(F)$ 为 $\theta_{\mathrm{ni}}(t)$ 的相位噪声功率谱密度, $S_{U_{\mathrm{PD}}}(F)$ 为 $U_{\mathrm{PD}}(t)$ 的电压噪声功率谱密度, $S_{\theta_{\mathrm{nv}}}(F)$ 为 $\theta_{\mathrm{nv}}(t)$ 的相位噪声功率谱密度,则环路输出的总相位噪声功率谱密度 $S_{\theta_{\mathrm{no}}}(F)$ 为

$$S_{\theta_{\mathrm{no}}}(F) = \left[S_{\theta_{\mathrm{ni}}}(F) + \frac{S_{U_{\mathrm{PD}}}(F)}{K_{\mathrm{d}}^2} \right] |H(\mathrm{j}2\pi F)|^2 + S_{\theta_{\mathrm{nv}}}(F) |1 - H(\mathrm{j}2\pi F)|^2$$

$$(3-36)$$

上式右边第一项为环路的低通输出相位噪声谱,第二项为高通输出相位噪声谱。

显然,有了输出相位功率谱的表示式,通过积分不难求得总的输出噪声相位方差。而且,只要适当选择环路的低通响应 $|H(\mathrm{j}2\pi F)|$,即适当设计环路的参数 ζ 与 ω_{n} ,可使总的输出噪声相位方差减至最小,实现环路的最佳化设计。

二、环路带宽的最佳选择

现以锁相式频率合成器为例,如图 3-11 所示,来说明环路带宽的选择。设参考晶振 $f_{\mathrm{r}}=5$ MHz,代入附录二中(Ⅱ-19)式得参考晶振的归一化相位噪声功率谱密度为

$$\frac{S_{\theta_{\mathrm{nr}}}(F)}{f_{\mathrm{r}}^2} = \frac{1}{F^3} \times 10^{-23.85} + \frac{1}{F^2} \times 10^{-26} + \frac{1}{F} \times 10^{-25.55} + 10^{-28.30}$$

压控振荡器的归一化相位噪声仍如图 3-9 所示。在忽略鉴相器本身噪声的条件下,环路输出的归一化总相位噪声功率谱密度可写成

$$\frac{S_{\theta_{\mathrm{no}}}(F)}{f_{\mathrm{o}}^2} = \frac{S_{\theta_{\mathrm{nr}}}(F)}{f_{\mathrm{r}}^2} |H(\mathrm{j}2\pi F)|^2 + \frac{S_{\theta_{\mathrm{nv}}}(F)}{f_{\mathrm{o}}^2} |H_{\mathrm{e}}(\mathrm{j}2\pi F)|^2 \qquad (3-37)$$

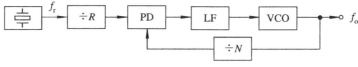

图 3-11　锁相式频率合成器原理方框图

若环路滤波器采用有源比例积分滤波器,在 $\zeta = 0.5$ 的条件下,环路闭环频率响应 $|H(\mathrm{j}2\pi F)|^2$ 的伯德图如图 3-12 所示。

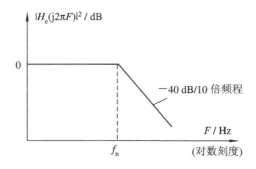

图 3-12　采用有源比例积分滤波器二阶环的 $|H(\mathrm{j}2\pi F)|^2$ 的伯德图($\zeta = 0.5$)

将 $S_{\theta_{nr}}(F)/f_r^2$ 与 $S_{\theta_{nv}}(F)/f_o^2$ 一起画到图 3-13(a)中，可见两噪声谱相交于 $F=2\times10^4$ Hz 附近。由于环路对晶振噪声呈低通过滤，故希望将 f_n 选低，对滤除晶振噪声有利，但是 f_n 选低了就不能抑制压控振荡器噪声的低频分量。综上考虑，选择在两谱线相交频率处显然是有利的，即 $f_n=2\times10^4$ Hz。分别过滤后的相位噪声如图 3-13(a)虚线所示。由图可见，晶振噪声经低通过滤之后，在 $F>f_n$ 的高频段内的噪声谱已等于或低于压控振荡器噪声；压控振荡器噪声经高通过滤之后，在 $F<f_n$ 的低频段内的噪声谱已低于晶振的噪声。图 3-13(a)是归一化的输出相位噪声，实际的输出相位噪声则应乘以 f_o^2，如图 3-13(b) 所示。

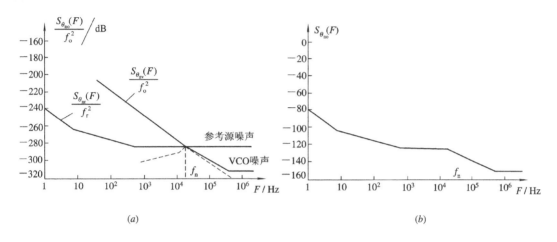

图 3-13　最佳 f_n 选择示意图

(a) $S_{\theta_{no}}(F)/f_o^2$ 曲线；(b) $S_{\theta_{no}}(F)$ 曲线

不同噪声源情况下，最佳 f_n 的选择可能是不同的，但在一般情况之下，选择 f_n 在两噪声源谱密度线的交叉点频率附近总是比较接近于最佳状态的，这可作为工程上适用的一种方法。

第五节　环路跳周与门限

随着噪声增强，环路信噪比下降，环路相位方差也随之增大。在低环路信噪比下，环路相差有时会发生 2π 的周期跳跃，当环路信噪比足够低时，会导致环路失锁，最终破坏环路的正常工作。本节首先说明环路跳周与门限的概念，然后介绍相差非线性分析的若干结果。

一、环路跳周与门限的概念

观察实验中的锁相环发现，当 $(S/N)_L$ 降低到 4 dB 附近时，压控振荡器的相位抖动比由(3-15)式和(3-30)式计算的结果大得多，如图 3-14 中测试点 a 所连接成的曲线。

实验结果与理论计算有这种偏差并不意外，这是因为线性分析是以小的环路相差假设为前提的，但是在低 $(S/N)_L$ 时，环路实际相差并不是很小，故而线性分析在这种条件下是失效的。

在低 $(S/N)_L$ 时，出现的另一个现象是环路相差可能跳越一个 2π 或几个 2π 周期才能重新稳定下来，这种现象叫跳周。发生跳周也就是环路出现短暂的失锁，跳周的次数就是环路的失锁次数。显然，在一定时间间隔内，频繁短暂失锁的环路是不能令人满意的。分析表明，归一化跳周平均时间 $B_L T_{AV}$ 是 $(S/N)_L$ 的递增函数，如图 3-15 所示。

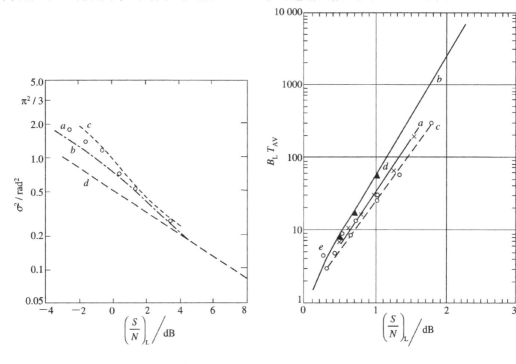

图 3-14　$\sigma^2 \sim (S/N)_L$ 关系曲线

 a 为高增益二阶环($\zeta=0.707$)实测数据；

 b 为一阶环精确的非线性分析结果；

 c 为二阶环($\zeta=0.707$)近似非线性分析结果；

 d 为线性近似分析结果

图 3-15　$B_L T_{AV} \sim (S/N)_L$ 关系曲线

 a 为二阶环($\zeta=0.707$)实测数据；

 b 为一阶环的精确分析结果；

 c 为二阶环模拟结果($\zeta=0.707$)；

 d 为二阶环模拟结果($\zeta=1.4$)；

 e 为二阶环模拟结果($\zeta=0.35$)

  如果 $(S/N)_L$ 足够低，出现的第三个现象是环路将失锁。即压控振荡器失去控制，它的频率离开输入信号频率而自由漂移。导致环路失锁的典型 $(S/N)_L$ 值大约在 0 dB 附近。严格来说，跳周和失锁的性质是不同的，前者经过若干个 2π 周期跳越后，还可能在一个新的平稳状态上稳定下来，而后者除非将 $(S/N)_L$ 提高到 $3\sim6$ dB 以上，否则重新捕获是不可能的。由于 $(S/N)_L$ 的降低使环路失锁的现象，产生了环路噪声门限的概念，即当 $(S/N)_L$ 低于这个门限电平时，环路将失锁。实际上仅仅维持环路不失锁是远远不够的。通常保证环路可靠工作的 $(S/N)_L$ 必须大于使环路失锁的 $(S/N)_L$。准线性分析结果表明，目前以 $(S/N)_L \geqslant +6$ dB($\sigma_{\theta_e}^2 < 0.3$ rad^2)作为环路门限标准是合理的，它能更好地保证环路正常工作。

二、相差的非线性分析

  用环路信噪比作为环路门限标准，虽然是工程上衡量有噪环路非线性跟踪性能的一种可行方法，但由于噪声的随机性，对于某个瞬间出现的较强噪声使环路相差有可能产生一个或多个 2π 周期的跳越，跳周的次数就是环路失锁的次数，因此用环路"平均跳周时间"、

"跳周概率"和"失锁概率"等统计量能更好地衡量有噪环路的非线性跟踪性能。为此，必须首先求得环路在非线性条件下相差的概率密度函数及其相位差方差，然后才能研究跳周的统计特性。

众所周知，在线性系统中，若输入高斯噪声，则其输出噪声也是高斯的，这就意味着压控振荡器的相位抖动同样服从高斯分布。正如在本章第二节分析中看到的对高斯噪声的线性过滤可用线性系统的传递函数来进行研究。但在非线性系统中，高斯激励的响应一般是非高斯的，并且传递函数的分析方法已不适用了，必须严格求解高阶非线性微分方程，这在数学上是十分困难甚至是不可能的。目前，对于一阶环的非线性随机微分方程有精确的分析结果，而对于二阶环的非线性随机微分方程还没有精确的解析解，只能借助于某些近似的方法和实验给出若干对工程计算有用的结果或经验公式。

一般来说，在强噪声作用下环路发生跳周，其相差 θ_e 是随时间增长的、无界的，即 θ_e 的取值范围为 $-\infty \sim +\infty$，故 θ_e 的瞬态概率密度函数 $p(\theta_e, t)$ 属于无边界分布。但考虑到正弦非线性 $\sin \theta_e$ 是 θ_e 的周期函数，因而在起始时刻 $[t=0, \theta_e(0)=0]$ 条件下得到的方程解与 $\theta_e(0)=0 \pm 2n\pi$（n 为任意整数）条件下得到的解是相同的。即在 $\theta_e(0)=0 \pm 2n\pi$，n 取不同数值的各个起始点上，瞬态概率密度函数 $p(\theta_e, t)$ 的分布与 $\theta_e(0)=0$ 为起始点的分布完全一样。为此可以限制在 2π 区域内（称为模 2π）来研究相差的概率密度函数分布。

考虑到实用，时间 t 趋于无穷大的稳态概率密度分布对分析环路的失锁性能是最有用的。稳态分布的特点是概率密度与时间 t 无关。通过求解所谓福克—布朗克方程，在 $\theta_e(0)=0$ 的初始条件下得到模 2π 内一阶环相差的稳态概率密度为

$$P(\theta_e) = \frac{\exp(\rho_L \cos \theta_e)}{2\pi J_0(\rho_L)} \qquad (3-38)$$

式中　　$\rho_L = (S/N)_L$ 为环路信噪比；

$J_0(\rho_L)$ 是宗数为 ρ_L 的零阶贝塞尔函数。按 (3-38) 式，给定不同的环路信噪比 ρ_L 值，作出 $P(\theta_e)$ 曲线如图 3-16 所示。

θ_e 的均值为零，方差值为

$$\sigma^2 = \int_{-\pi}^{\pi} \theta_e^2 P(\theta_e) \mathrm{d}\theta_e$$
$$= \frac{\pi^2}{3} + 4 \sum_{K=1}^{\infty} (-1)^K \frac{J_K(\rho_L)}{K^2 J_0(\rho_L)} \qquad (3-39)$$

根据 (3-39) 式，作出 $\sigma^2 \sim \rho_L$ 曲线如图 3-14 中曲线 b 所示。

由图 3-16 与图 3-14 可见，当 ρ_L 较大时，$P(\theta_e)$ 接近于高斯分布。

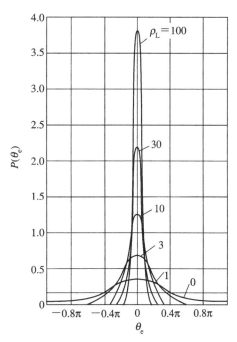

图 3-16　一阶环相差的稳态概率密度分布

$$P(\theta_e) \approx \frac{1}{\sqrt{2\pi \frac{1}{\rho_L}}} \exp\left[-\frac{\theta_e^2}{2\left(\frac{1}{\rho_L}\right)}\right] \qquad (3-40)$$

σ^2 与线性近似分析结果一致。当 ρ_L 很高时，则 $P(\theta_e)$ 接近于 δ 函数分布。反之，当 ρ_L 趋于零时，$P(\theta_e)$ 接近于均匀分布，即

$$P(\theta_e) \approx \frac{1}{2\pi} \qquad\qquad (3-41)$$

而相位差方差

$$\sigma^2 \approx \frac{\pi^2}{3} \qquad\qquad (3-42)$$

利用福克—布朗克方程并进行某种变换，同样可求得一阶环从 $\theta_e(0)=0$ 开始，首次出现 θ_e 达到 $\pm 2\pi$ 的平均时间 T_{AV}，即平均跳周时间为

$$T_{AV} = \frac{\pi^2 \rho_L J_0^2(\rho_L)}{2B_L} \qquad\qquad (3-43)$$

对应的平均跳周频率为

$$F_{AV} = \frac{1}{T_{AV}} = \frac{2B_L}{\pi^2 \rho_L J_0^2(\rho_L)} \qquad\qquad (3-44)$$

当 ρ_L 比较高时，则得

$$T_{AV} \approx \frac{\pi \exp(2\rho_L)}{4B_L} \qquad\qquad (3-45)$$

和

$$F_{AV} \approx \frac{4B_L}{\pi \exp(2\rho_L)} \qquad\qquad (3-46)$$

根据 (3-43) 式画出的归一化平均跳周时间 $B_L T_{AV}$ 与环路信噪比 ρ_L 的关系曲线如图 3-15 中曲线 b 所示，直线部分表明 (3-45) 式对全部实际的 ρ_L 都是适用的。

环路从 $\theta_e(0)=0$ 开始，经过时间 T 后，至少发生一次跳周的概率，可用下面的经验公式来计算：

$$P(T) = 1 - \exp\left(-\frac{T}{T_{AV}}\right) \qquad\qquad (3-47)$$

二阶环是实用中最重要的环路，可以证明，上述结果对于使用 RC 积分滤波器的二阶环完全适用。在 $\Delta\omega_o = 0$ 的条件下，对于理想二阶环，其相差 $\theta_e(t)$ 的稳态概率密度 $P(\theta_e)$ 同一阶环的相类似，在 ρ_L 较大的条件下，也与 (3-38) 式相同。所以二阶环的相位方差、跳周平均时间及跳周频率等，都类似于一阶环的结果。不过在计算环路信噪比 ρ_L 时，要注意用相应的二阶环路等效噪声带宽 B_L 代入。当在 (3-47) 式中代入二阶环的 T_{AV} 时，同样适用于二阶环。

由图 3-15 可知，曲线 b 是由一阶环的精确分析结果 (3-43) 式和 (3-45) 式画出的，而曲线 c 则是 $\zeta = 0.707$ 的二阶环的模拟结果，曲线 c 与经验公式

$$B_L T_{AV} = \exp(\pi \rho_L) \qquad\qquad (3-48)$$

是一个很好的吻合。显然 (3-43) 式和 (3-48) 式作为 T_{AV} 的上限和下限是合理的。

最后，为了说明跳周平均时间和跳周概率与门限的关系，举例如下。

【计算举例】

设二阶环等效噪声带宽 $B_L = 5 \times 10^2$ Hz，求当输入信噪功率密度比 $P_s/N_0 = 5000$ Hz 时，环路从 $\theta_e(0)=0$ 开始经过 10 s 后，至少发生一次跳周的概率为多大，当

$P_s/N_o = 2500$ Hz 时，又为多大。

（1）根据(3-29)式，环路信噪比为

$$\rho_L = 10 \lg \frac{P_s}{N_o B_L} = 10 \text{ dB}$$

由(3-45)式，跳周平均时间为

$$T_{AV} \approx \frac{\pi \exp(2\rho_L)}{4B_L} \approx 7.62 \times 10^5 \text{ s}$$

即 212 h。

根据(3-47)式，得到 10 s 内至少发生一次跳周的概率

$$P(10) = 1 - \exp\left(-\frac{10}{7.62 \times 10^5}\right) \approx 1.3 \times 10^{-5}$$

故环路在 10 s 期间处于锁定的概率是

$$1 - P(10) = 0.999\,987$$

（2）当 $P_s/N_o = 2500$ Hz 时，算得

$$\rho_L = 10 \lg \frac{2.5 \times 10^3}{5 \times 10^2} \approx 7 \text{ dB}$$

$$T_{AV} = \frac{\pi e^{10}}{4 \times 5 \times 10^2} \approx 34.6 \text{ s}$$

$$P(10) = 1 - \exp\left(-\frac{10}{34.6}\right) \approx 0.25$$

$$1 - P(10) = 0.75$$

由于 T_{AV} 正比于 $1/B_L$，当 B_L 下降时，T_{AV} 增加，所以在一般或较小的 B_L 下，选 $\rho_L \geqslant 4(+6$ dB$)$ 作为环路的门限还是合理的。当 $\rho_L = 10(10$ dB$)$ 时，环路的噪声性能就非常不错了。

现将一、二阶环噪声性能的结论列于表 3-1 中。

表　3-1

环 路 阶 型	等效噪声带宽 B_L	环路信噪比 $(S/N)_L$	平均跳周时间 T_{AV}	跳周概率 $P(T)$
一阶 （无滤波器）	$\dfrac{K}{4}$	$\left(\dfrac{S}{N}\right)_i \dfrac{B_i}{B_L}$ 或 $\dfrac{1}{\sigma_{\theta_{no}}^2}$	$\dfrac{\pi^2 \rho_L J_0^2(\rho_L)}{2B_L}$ 或 $\dfrac{\pi \exp(2\rho_L)}{4B_L}$	$1 - \exp\left(-\dfrac{T}{T_{AV}}\right)$
二阶 1 型 （RC 滤波器）	$\dfrac{K}{4}$ 或 $\dfrac{\omega_n}{8\zeta}$	同上	同上	同上
二阶 1 型 （无源比例 积分滤波器）	$\dfrac{\omega_n}{8\zeta}\left[1 + \left(2\zeta - \dfrac{\omega_n}{K}\right)^2\right]$	同上	同上	同上
二阶 2 型 （有源比例 积分滤波器）	$\dfrac{\omega_n}{8\zeta}(1 + 4\zeta^2)$	同上	同上	同上

【习　题】

3-1　在深空中用于跟踪飞船的测试设备使用一窄带载波跟踪环路,假定环路使用有源比例积分滤波器,设计环路噪声带宽 $B_L = 18$ Hz, $\tau_1 = 2630$ s 和 $\tau_2 = 0.0834$ s,试确定:

(1) 环路阻尼系数与自然谐振频率;

(2) 环路增益 K;

(3) 选择电容 C 值,并确定 R_1 与 R_2 之值。

3-2　一个二阶锁相环路,环路滤波器由无源比例积分滤波器组成,并已知环路参数 $\zeta = 0.707$, $\omega_n = 59.5$ rad/s,压控振荡器的增益系数为 1.13×10^4 rad/(s·V),鉴相器的增益系数为 1 V/rad。设输入到锁相环的信号为一正弦波,并已知信号功率与噪声功率谱密度之比 $P_s / N_o = 1000$ Hz。试求环路信噪比。

3-3　设一非理想二阶环,使用有直流反馈的有源比例积分滤波器作环路滤波器,如图 p3-1 所示。已知环路 $K_o K_d = 5800$ Hz。要求:

(1) 确定环路滤波器传递函数;

(2) 确定 τ_1、τ_2、ω_n、ζ 及 B_L;

(3) 写出闭环传递函数的表示式。

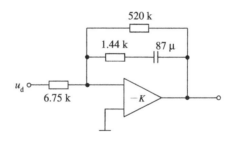

图　p3-1

3-4　一锁相环路输入端信号总功率对噪声功率谱密度之比是 $P_s / N_o = 2060$ Hz。而其中信号载波功率对总功率之比是 $P_c / P_s = 0.685$。假定环路为载波跟踪环, $B_L = 10$ Hz。试运用线性理论确定其相位差方差。

3-5　若将线性化环路噪声相位模型上的等效相加噪声电压 $N(t)$ 再等效为输入相位噪声 $\theta_{ni}(t)$,据此是否可以认为环路噪声产生的相差 $\theta_e(t)$ 为 $\theta_e(t) = \theta_{ni}(t) - \theta_2(t)$? 试加以简要说明。

3-6　若一锁相环路的前置输入噪声带宽 $B_i = 1000$ Hz,输入噪声功率 $P_N = 10 \times 10^{-14}$ mW,输入信号电压 $U_i = 0.5$ V。现已知环路参数: $K_d = 100$ mV/rad,环路噪声带宽 $B_L = 100$ Hz,试求线性化环路鉴相器输出端均方电压抖动。

3-7　一部数字通信接收机中,使用锁相环路作载波提取设备。已知载波提取环路的输入端载波信号噪声功率谱密度之比 $P_s / N_o = 10$ kHz,若要求环路平均跳周时间超过 200 h,试设计此环路,选择与计算环路参数 B_L、ζ 与 ω_n。

3-8　现有一台锁相接收机,输入端噪声温度 $T_{eq} = 650$ K,能接收到卫星信号功率 $P_i = 1 \times 10^{-17}$ W。若采用有源比例积分滤波器的维纳最佳环路, $A = 10^3$、$\tau_1 = 10^8$、环路增

益 $K = 1 \times 10^4$ rad/s，试确定此环路参数 B_L、ρ_L 和 $\sigma_{\theta_{no}}$（提示：$\zeta = 0.707$）。

3 - 9　　有一有源比例积分滤波器的二阶环路，已知环路参数 $K_d = 1.3$ V/rad、$K_o = 100$ rad/s · V，滤波器参数 $\tau_1 = 0.35$ s、$\tau_2 = 0.1$ s、输入信噪比 $(S/N)_i = -25$ dB、$B_i = 20$ kHz，试问此环路能接收到有用信号吗？（即要求确定 B_L 和 ρ_L。）

第四章　环路捕获性能

第一节　捕获的基本概念

1. 捕获

在前面各章的分析中，都是在假定环路已经锁定的前提下来讨论环路的跟踪和过滤性能，因为失锁的环路是不可能表现出这些性能的。但是在实际工作中，例如开机、换频或由开环到闭环，一开始环路总是失锁的，因此环路需经由失锁进入锁定的过程。通常把使环路进入锁定的过程称为捕获。

2. 相位捕获与频率捕获

如前所述，在一阶环中，没有环路滤波器，只有压控振荡器一个固有积分环节，所以一阶环只有相位捕获，即在捕获过程中，相位差没有 2π 的周期跳越。二阶环是应用最多的一种环路，环路中除有一个压控振荡器固有积分环节外，还包含有一个接近理想的（有源滤波器）或非理想的（无源滤波器）一阶环路滤波器，共有两个积分环节。环路滤波器可以对差拍电压中的直流分量进行积分。不断增长的直流控制电压，牵引着压控振荡器的平均频率，朝减小与信号频差的方向变化，最终使环路进入锁定。因此，在二阶环中就存在相位捕获和频率捕获两个捕获过程。目前，对频率捕获研究较多，但相位捕获也是重要的，有时甚至是关键的。

3. 自捕获与辅助捕获

如果环路依靠自己的控制能力达到捕获锁定，称这种捕获过程为自捕获。若环路借助于辅助电路才能实现捕获锁定，则称这种捕获过程为辅助捕获。

通常，自捕获比较慢，范围小，不太可靠（即有可能产生延滞、错锁或假锁等现象）。而且在实际环路中，跟踪、过滤与捕获性能对环路参数的要求总是矛盾的。因此，为了发挥环路跟踪的优越性能，宁愿牺牲环路的自捕获性能，而借助辅助捕获电路，来改善环路的捕获性能。所以，在实际的环路装置中，辅助捕获电路往往占有不小的部分。既然有相位捕获与频率捕获之分，也就有辅助相位捕获与辅助频率捕获两种电路。有时一种辅助捕获电路同时能完成相位和频率捕获两种作用。

4. 捕获性能的分析方法

在捕获过程中，瞬时相差将在大范围内变化，甚至有多个 2π 的周期跳越。由于环路中有鉴相特性的固有非线性，使捕获过程表现为一种非线性现象。显然，环路动态方程的线性近似已不能再给出环路非线性捕获性能的有关信息。要想获得环路捕获性能的全部结果，必须将鉴相特性的非线性考虑进去，严格求解环路非线性动态方程（1-30）式。但是除去一阶环路非线性微分方程（1-36）式外，二阶以上环路的非线性微分方程还难于用解析

法求解,工程上常用近似方法来处理。在研究环路捕获性能时,常用的近似方法有:

(1)相平面法。这是一种图解分析二阶非线性微分方程的方法。其基本做法是,根据环路非线性微分方程,作出$\dot{\theta}_e \sim \theta_e$的关系图形,以取得环路非线性稳定性、时间响应曲线等有关信息。这种方法的优点是比较精确、形象。相平面用于一、二阶环路还是比较方便的。

(2)准线性法。它基于环路中含有低通滤波环节的事实,鉴相器输出的任何形式的差拍周期信号,经过低通滤波器以后,都可近似为直流与正弦信号的和。这一合成电压作用到压控振荡器上,通过环路反馈控制的结果,可使鉴相器输出的直流成分朝着使环路平均频差减小的方向增长,而差拍频率则逐渐下降。然后,根据环路中直流平衡与基波平衡的条件,可分析环路的捕获性能。这种方法能适用于任何阶次的环路,而且阶次越高,分析结果越精确,便于工程计算。

本章后面几节将分别讨论二阶环的捕获过程、捕获带与捕获时间和辅助捕获方法等内容。

第二节 捕获过程与捕获特性

一阶环的捕获过程与特性在第一章中已作过详细讨论。结果表明,当固有频差$\Delta\omega_o > K$时,一阶环不能捕获锁定,出现稳定的差拍状态,如图1-17(b)所示。差拍波中的直流成分会使压控振荡器的平均频率$\bar{\omega}_v$向输入信号频率ω_i靠近一些,即使得环路的平均频差,$\overline{\Delta\omega} = (\omega_i - \bar{\omega}_v) < \Delta\omega_o$。当$\Delta\omega_o \leqslant K$时,如图1-14所示,环路在相差$2\pi$内会立即锁定。所以,一阶环在捕获过程中不产生相位差的2π周期跳越,即只有相位捕获过程。

在二阶环中,当$\Delta\omega_o > \Delta\omega_p$时,也会产生稳定的差拍状态,环路不能入锁。当$\Delta\omega_o \leqslant \Delta\omega_L$时,只有相位捕获过程。以上两点与一阶环是类似的。但是,当$\Delta\omega_L < \Delta\omega_o \leqslant \Delta\omega_p$时,压控振荡器的频率将逐渐被牵引,向输入频率靠拢,最终导致环路进入锁定,这一过程通常称为频率捕获过程或频率牵引过程。下面我们来进一步讨论二阶环的捕获过程和特性。

一、捕获过程

为了理解环路的捕获性能,必须先了解环路的捕获过程。为此我们借助于非理想二阶环的相平面图来作出其捕获过程的时间图。所谓相平面图是指环路相差θ_e与其导数$\dot{\theta}_e$的关系图形。

在环路非线性微分方程的一般形式(1-30)式中,将

$$F(p) = \frac{p\tau_2 + 1}{p\tau_1 + 1}$$

和

$$\frac{d\theta_1}{dt} = \Delta\omega_o$$

代入,可得

$$\frac{d^2\theta_e}{dt^2} = \frac{\Delta\omega_o}{\tau_1} - \left(\frac{1}{\tau_1} + K\frac{\tau_2}{\tau_1}\cos\theta_e\right)\frac{d\theta_e}{dt} - \frac{K}{\tau_1}\sin\theta_e \tag{4-1}$$

再将上式两边除以 $\mathrm{d}\theta_e/\mathrm{d}t=\dot{\theta}_e$，得相轨迹方程

$$\frac{\mathrm{d}\dot{\theta}_e}{\mathrm{d}\theta_e} = -\frac{1}{\tau_1}(1+K\tau_2\cos\theta_e) + \frac{1}{\tau_1\dot{\theta}_e}(\Delta\omega_o - K\sin\theta_e)$$

或

$$\frac{1}{K_H}\cdot\frac{\mathrm{d}\dot{\theta}_e}{\mathrm{d}\theta_e} = -\left(\frac{1}{K_H\tau_1}+\cos\theta_e\right) + \frac{1}{\dot{\theta}_e}\left(\frac{\Delta\omega_o}{K_H\tau_1}-\frac{\sin\theta_e}{\tau_2}\right) \qquad (4-2)$$

式中 $K_H=K_dK_o\dfrac{\tau_2}{\tau_1}=K\dfrac{\tau_2}{\tau_1}$，为环路高频总增益。

根据(4-2)式，给定环路参数 $K_H\tau_1=10$，$K_H\tau_2=2$，$\Delta\omega_o/K_H=2$，用计算机辅助作出的非理想二阶环的相平面图如图4-1所示(只画出了相平面图的两个周期)。所以图4-1实际上是具有无源比例积分滤波器的二阶环在给定环路参数的条件下环路方程的图解表示。图中实际的纵坐标为

$$\dot{\theta}_e' = \frac{1}{K_H}\cdot\frac{\mathrm{d}\theta_e}{\mathrm{d}t}$$

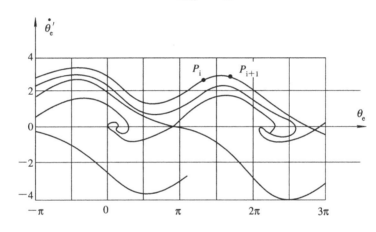

图 4-1 非理想二阶环相平面图
($K_H\tau_1=10$，$K_H\tau_2=2$，$\Delta\omega_o/K_H=2$)

由图4-1可以看出：

(1) 相轨迹是有方向的曲线。在上半平面，$\dot{\theta}_e>0$，故随着时间的增加相点($\dot{\theta}_e$，θ_e)从左向右运动；在下半平面，$\dot{\theta}_e<0$，故随着时间的增加相点从右向左运动。

(2) 在 θ_e 的每个 2π 周期内，横轴上有两个特殊的点(又称奇点)，其中一个点许多相轨迹都卷向它，这就是环路的稳定平衡点(即锁定点)。另一个点有两条轨迹趋向它，还有两条相轨迹离开它，这就是环路的不稳定平衡点(又称鞍点)。令方程(4-1)式中 $\mathrm{d}\theta_e/\mathrm{d}t=0$，$\mathrm{d}^2\theta_e/\mathrm{d}t^2=0$，可得

稳定平衡点：

$$\theta_e = \arcsin\frac{\Delta\omega_o}{K} \pm 2n\pi \qquad (4-3)$$

不稳定平衡点：

$$\theta_e = \pi - \arcsin\frac{\Delta\omega_o}{K} \pm 2n\pi \qquad (4-4)$$

式中 $n = 0，1，2，\cdots$ 。由(4-3)式可以看出，当 $n = 0$ 时，

$$\theta_e = \arcsin \frac{\Delta \omega_o}{K} \tag{4-5}$$

这就是在考虑了鉴相特性非线性后，环路稳态剩余相差的表示式。由(4-3)、(4-4)式还看出，若 $\Delta \omega > K$，则稳定平衡点消失，环路不存在锁定的可能性，所以 $\Delta \omega_o \leqslant K$ 是环路存在锁定点，即能维持锁定的必要条件，故环路同步带 $\Delta \omega_H = K$。这与在第二章中分析得到的结论是一致的。

尽管在相平面图上没有明显地表示出时间，但是却隐含着 θ_e 与 $\dot{\theta}_e$ 随时间运动的信息。因此，根据相平面图描绘出 $\theta_e \sim t$ 与 $\dot{\theta}_e \sim t$ 曲线，首先必须把 θ_e 或 $\dot{\theta}_e$ 变化对应的时间间隔计算出来：

$$\Delta t_i = t_{i+1} - t_i = \frac{1}{K_H} \cdot \frac{\theta_{ei+1} - \theta_{ei}}{\dot{\theta}'_{ei+1} - \dot{\theta}'_{ei}} \ln \frac{\dot{\theta}'_{ei} + 1}{\dot{\theta}'_{ei}} \tag{4-6}$$

(4-6)式就是计算时间间隔的近似公式。计算的精确度取决于每段相轨迹接近直线的程度。把用(4-6)式计算出来的所有时间间隔加起来，标在横坐标轴上，而把与每一时刻相对应的 θ_e 与 $\dot{\theta}_e$ 值标在纵坐标轴上，最后把由这些坐标所决定的平面上的点连起来，即可得到 $\theta_e \sim t$ 和 $\dot{\theta}_e \sim t$ 曲线，如图 4-2(a)、(b)所示。

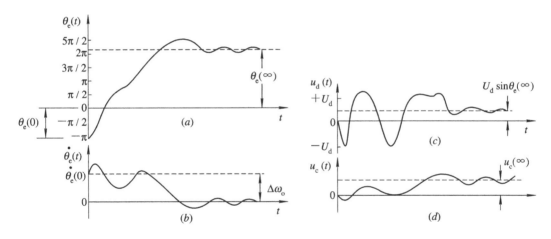

图 4-2　固定频率输入下，具有无源比例积分滤波器的二阶环捕获过程时间图
(a) $\theta_e(t)$ 曲线；(b) $\dot{\theta}_e(t)$ 曲线；(c) $u_d(t)$ 曲线；(d) $u_c(t)$ 曲线

注意，在应用(4-6)式时，$\dot{\theta}'_{ei}$ 不要取为零，否则将得到 $\Delta t = \infty$ 的不合理结果。

根据 $\theta_e \sim t$ 曲线，由关系式

$$u_d(t) = U_d \sin \theta_e(t) \tag{4-7}$$

可画出鉴相器输出电压随时间的变化曲线，如图 4-2(c)所示。

又从第一章的分析知道，在固定频率输入的情况下，存在关系

$$\dot{\theta}_e(t) + K_o u_c(t) = \Delta \omega_o$$

所以环路滤波器输出的控制电压为

$$u_c(t) = -\frac{\dot{\theta}_e(t) - \Delta \omega_o}{K_o} \tag{4-8}$$

可见，只要将图 4-2(b)的纵坐标向上移动 $\Delta \omega_o$，然后使 $\dot{\theta}_e(t)$ 曲线的起伏缩小为 $1/K_o$ 并倒

相，所画出的就是控制电压 $u_c(t)$ 的曲线，如图 $4-2(d)$ 所示。

图 $4-2(a)$、(b)、(c)、(d) 就是在固定频率输入下，具有无源比例积分滤波器的二阶环（$K_H\tau_1=10$，$K_H\tau_2=2$，$\Delta\omega_o/K_H=2$），当 $\theta_e(0)=-\pi$，$\dot\theta_e(0)=\Delta\omega_o<\Delta\omega_p$ 时，环路捕获过程中各点的时间波形。

应当指出，按照上面的计算方法，描绘这组曲线是十分麻烦的。由于我们无需精确地从图上计算捕获过程的时间，只要能直观地看出捕获的全过程就可以了，所以这里描绘的仅是一组示意图，没有严格的定量关系，仅供理解捕获过程的特性作参考。

二、捕获过程的特性

从图 $4-2$ 这组曲线可以清晰地看到环路从起始到锁定的捕获全过程。下面我们将对捕获全过程作进一步说明。

在固定频率的输入信号和压控振荡器反馈的调频信号作用下，鉴相器输出差拍电压。由于差拍电压上下是不对称的，其平均分量（即直流分量）不为零，通过环路滤波器的积分作用，使控制电压 $u_c(t)$ 中的直流分量不断增加，从而牵引着压控振荡器的平均频率 $\overline{\omega_v(t)}$，使它不断地向信号频率 $\omega_i(t)$ 靠拢，因而使平均频差 $\overline{\dot\theta_e(t)}$ 不断地减小。经过一定的时间以后，当平均频差 $\overline{\dot\theta_e(t)}$ 减小到进入快捕带 $\Delta\omega_L$ 时，频率捕获过程即告结束。此后进入相位捕获过程，$\theta_e(t)$ 变化不再超越 2π，最终趋于稳态值 $\theta_e(\infty)$。同时，$u_d(t)$、$u_c(t)$ 亦分别趋于它们的稳态值 $u_d\sin\theta_e(\infty)$、$u_c(\infty)$，压控振荡器的频率被锁定在输入信号频率 ω_i 上，使 $\dot\theta_e(\infty)=0$，捕获的全过程即告结束。

通过图 $4-2$ 及对它的定性说明，我们可以看出二阶环路的捕获过程有如下特点：

（1）由于二阶环中存在环路滤波器，在捕获过程中，环路滤波器起到对差拍电压中的交流分量进行按比例衰减的作用，同时对其中的直流分量进行积分。因此二阶环的牵引模型如图 $4-3$ 所示。

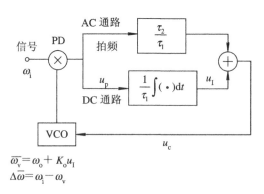

$$\overline{\omega_v}=\omega_o+K_o u_I$$
$$\Delta\overline\omega=\omega_i-\omega_v$$

图 $4-3$　二阶环的牵引模型

（2）只要 $\Delta\omega_o\leqslant\Delta\omega_p$，直流分量不断积分的结果，将牵引着 $\overline{\omega_v(t)}$ 向 ω_i 方向靠拢。当 $\overline{\dot\theta_e(t)}$ 减小到小于 $\Delta\omega_L$ 时，频率捕获过程即告结束，并进入相位捕获过程，$\theta_e(t)$ 的变化不再超越 2π，最终达到锁定。一阶环由于没有环路滤波器，故不可能对差拍波中的直流分量进行积分，因此没有频率捕获过程，只有相位捕获过程。在相位捕获过程中，环路频差仍在向减小的方向变化，等到环路锁定时，才为零。

（3）交流分量被比例衰减后，对压控振荡器进行调频。但随着控制电压直流分量的不断增长，交流分量的频率和幅度都不断减小，到环路进入锁定时，交流分量消失。所以二阶环的捕获过程是一个牵引过程，而一阶环的捕获过程则是一个渐近稳定过程。

（4）当 $\Delta\omega_o > \Delta\omega_p$ 时，一阶和非理想二阶环都不能锁定，而是出现稳定的差拍状态。差拍波中的直流分量会牵引 $\overline{\omega_v(t)}$ 向 ω_i 靠拢一些，但不能使之相等，即存在牵引效应。必须指出，对于具有理想积分滤波器的二阶环，无论 $\Delta\omega_o$ 多么大，亦即差拍波中的直流分量多么小，经过长时间的积分，直流控制电压可增到任意大，而使环路进入锁定。

第三节　捕获带与捕获时间

如前所述，在固定频率输入下，视固有频差 $\Delta\omega_o$ 的大小，二阶环路有产生稳定的差拍状态和进入锁定两种可能性。保证环路必然进入锁定的最大固有频差值称为捕获带。由于二阶环的捕获全过程包含频率捕获与相位捕获两个过程，通常又把保证环路只有相位捕获一个过程的最大固有频差值称为快捕带。频率捕获过程所需要的时间，称为频率捕获时间（或频率牵引时间）。相位捕获过程所需要的时间，称为快捕时间（或相位捕获时间）。通常，频率捕获时间总是远大于相位捕获时间，所以一般所说的捕获时间，就是指频率捕获时间，而不考虑相位捕获时间的影响。但在频率捕获时间很短或要求快速相位捕获的情况下，计算相位捕获时间也是必要的。

捕获带和捕获时间的精确分析必须严格求解环路非线性微分方程，目前看来是不可能的。多年来，许多学者用近似分析的方法，取得了若干在工程应用上有意义的结果。它们都有着相近的表示形式。这里我们将用准线性近似方法所得到的结果，来分析实际二阶环的捕获带与捕获时间。

一、二阶环的快捕带与快捕时间

在失锁状态下，鉴相器的输出是一个差拍电压。由于环路滤波器对差拍电压按比例衰减，使控制电压减小。这样，对于使用有源或无源比例积分滤波器的二阶环路来说，环路高频增益为

$$K_H = K_d K_o \frac{\tau_2}{\tau_1} = K \frac{\tau_2}{\tau_1} \tag{4-9}$$

因此，在失锁状态下，控制频差起码可以达到

$$\Delta\omega_c = K \frac{\tau_2}{\tau_1} \tag{4-10}$$

那么大。如果固有频差 $\Delta\omega_o \leqslant \Delta\omega_c$，则环路相差可以不经周期跳越而快捕锁定，故快捕带 $\Delta\omega_L$ 为

$$\Delta\omega_L = \Delta\omega_c = K \frac{\tau_2}{\tau_1} = 2\zeta\omega_n \tag{4-11}$$

快捕时间 T_L 受起始相差的影响很大，精确计算有困难，具有正弦鉴相器的二阶环的最大快捕时间可用

$$T_{L\,max} \approx \frac{10\tau_1}{K\tau_2} = \frac{5}{\zeta\omega_n} \tag{4-12}$$

作为一个粗略的工程估算。

二、二阶环的捕获带与捕获时间

如前所述，捕获带是保证环路必然进入锁定的最大固有频差值。换句话说，也就是保证环路不出现稳定的差拍状态所允许的最大固有频差值。基于这种考虑，使用准线性近似的方法可求得捕获带的一般表达式为

$$\Delta\omega_p = K\sqrt{2\mathrm{Re}\left[F\left(\mathrm{j}\,\frac{\Delta\omega_p}{2}\right)\right]F(\mathrm{j}0)} \tag{4-13}$$

这个公式适用于采用正弦形鉴相特性的环路，而环路滤波器可以是任意的形式和阶次。因此，(4-13)式是目前计算捕获带的通用公式，甚至在环路滤波器频率特性不知道时，只要能测出 $\mathrm{Re}[F(\mathrm{j}\Delta\omega)]$ 曲线，也可以用作图或数字计算的方法把捕获带求出来。当环路滤波器的阶次增高时，(4-13)式是一个高阶代数方程。因此，从这个角度来看，准线性近似法把求解高阶非线性微分方程的任务简化为求解高阶代数方程，使问题易于解决，便于工程应用。

下面我们用(4-13)式来计算几种二阶环路的捕获带。

1. 使用有源比例积分滤波器的二阶环

环路滤波器的传递函数为

$$F(s) = \frac{1+s\tau_2}{s\tau_1}$$

可求得

$$\begin{cases} \mathrm{Re}\left[F\left(\mathrm{j}\,\frac{\Delta\omega_p}{2}\right)\right] = \dfrac{\tau_1\tau_2(\Delta\omega_p/2)^2}{\tau_1^2(\Delta\omega_p/2)^2} = \dfrac{\tau_2}{\tau_1} \\ F(\mathrm{j}0) = \infty \end{cases}$$

代入(4-13)式，得理想二阶环的捕获带为

$$\Delta\omega_p = \infty$$

与前面定性分析的结果完全一致。

2. 使用无源比例积分滤波器的二阶环

环路滤波器的传递函数为

$$F(s) = \frac{1+s\tau_2}{1+s\tau_1}$$

可求得

$$\begin{cases} \mathrm{Re}\left[F\left(\mathrm{j}\,\frac{\Delta\omega_p}{2}\right)\right] = \dfrac{1+\tau_1\tau_2(\Delta\omega_p/2)^2}{1+\tau_1^2(\Delta\omega_p/2)^2} \approx \dfrac{\tau_2}{\tau_1} \\ F(\mathrm{j}0) = 1 \end{cases}$$

将此式代入(4-13)式，得到非理想二阶环的捕获带为

$$\Delta\omega_p \approx K\sqrt{\frac{2\tau_2}{\tau_1}} \tag{4-14}$$

由于 $\tau_1 = \dfrac{K}{\omega_n^2}$，$\tau_2 = \dfrac{2\zeta}{\omega_n} - \dfrac{1}{K}$，代入上式得到

$$\Delta\omega_p \approx 2\sqrt{K\xi\omega_n - \frac{\omega_n^2}{2}} \tag{4-15}$$

进一步满足 $K \gg \omega_n$ 时，又可简化成

$$\Delta \omega_p \approx 2 \sqrt{K \xi \omega_n} \qquad (4-16)$$

这一结果与用相平面法分析得到的结果完全一致。

3. 使用 RC 积分滤波器的二阶环

环路滤波器的传递函数为

$$F(s) = \frac{1}{1 + s\tau_1}$$

可求得

$$\begin{cases} \text{Re}\left[F\left(j\,\dfrac{\Delta \omega_p}{2} \right) \right] = \dfrac{1}{1 + \tau_1^2 (\Delta \omega_p/2)^2} \\ F(j0) = 1 \end{cases}$$

代入(4-13)式，在 $K \gg \dfrac{1}{\sqrt{2}\tau_1}$ 的条件下，得到该二阶环的捕获带为

$$\Delta \omega_p \approx 1.68 \sqrt{\frac{K}{\tau_1}} \qquad (4-17)$$

由于 $1/\tau = 2\xi\omega_n$，上式又可写成

$$\Delta \omega_p \approx 2.37 \sqrt{K \xi \omega_n} \qquad (4-18)$$

可见与(4-16)式近似，只是系数稍有差别。

此外，(4-13)式还可用来计算高阶环的捕获带，读者可自行推导。

在捕获状态下，我们把频差 $\Delta \omega$ 从 $\Delta \omega_o$ 下降到 $\Delta \omega_L$ 所需的时间定义为捕获时间 T_p。在 $K \gg \Delta \omega_o \gg \Delta \omega_L$ 的条件下，利用准线性近似法同样可求得使用有源比例积分滤波器二阶环的捕获时间为

$$T_p \approx \frac{\Delta \omega_o^2}{2\zeta \omega_n^3} \qquad (4-19)$$

用同样的方法，可求得采用无源比例积分滤波器二阶环的捕获时间为

$$T_p \approx \frac{\Delta \omega_o^2}{K^2 \dfrac{\tau_2}{\tau_1^2}} \qquad (4-20)$$

在高增益条件下，用 $K\tau_2/\tau_1 \approx 2\xi\omega_n$ 代入(4-20)式得到的结果与(4-19)式完全相同，因此(4-19)式可作为高增益二阶环捕获时间的通用工程计算式。上述捕获时间的准线性近似分析结果与用相平面法分析得到的结果也是一致的。

【计算举例】

具有环路滤波器传递函数 $F(s) = (1 + s\tau_2)/(1 + s\tau_1)$ 的二阶环路，其参量为：$\zeta = \sqrt{2}/2$，$\omega_n = 100$ rad/s，$K = 2 \times 10^5$ rad/2，$\Delta f_o = 600$ Hz。计算 $\Delta \omega_H$，$\Delta \omega_L$，$T_{L\,max}$，$\Delta \omega_p$ 和 T_p 值。

解　　　　　$\Delta \omega_H = K = 2 \times 10^5$ rad/s

$$\Delta \omega_L \approx 2\zeta \omega_n = 2 \times \frac{\sqrt{2}}{2} \times 100 \approx 1.41 \times 10^2 \text{ rad/s}$$

$$T_{L\,max} \approx \frac{5}{\zeta \omega_n} = \frac{5}{\dfrac{\sqrt{2}}{2} \times 100} = 0.07 \text{ s}$$

而

$$\Delta\omega_o = 2\pi \times 600 \text{ rad/s}$$

可见 $\Delta\omega_o \gg \Delta\omega_L$，$\Delta\omega_o \ll K$，满足(4-16)式和(4-19)式的近似条件。因此利用(4-16)式和(4-19)式，可算得

$$\Delta\omega_p \approx 2\sqrt{K\zeta\omega_n} = 2\sqrt{2\times10^5 \times \frac{\sqrt{2}}{2} \times 100} \approx 7.5\times10^3 \text{ rad/s}$$

$$T_p \approx \frac{\Delta\omega_o^2}{2\zeta\omega_n^3} = \frac{(2\pi\times600)^2}{2\times\frac{\sqrt{2}}{2}\times100^3} \approx 10 \text{ s}$$

从上面的例题可以看出，在非理想二阶环中，总是满足 $\Delta\omega_H > \Delta\omega_p > \Delta\omega_L$ 和 $T_p \gg T_{L\max}$ 的。$\Delta\omega_p > \Delta\omega_L$，$T_p > T_{L\max}$ 是很显然的，不必多说。下面我们来解释 $\Delta\omega_H > \Delta\omega_p$ 的原因。

同步时，环路处于锁定状态，鉴相器输出为直流电压，环路滤波器对直流电压的传递函数 $F(j0)$ 最大(即衰减最小)。随着同步时固有频差的加大，环路稳态相差 $\theta_e(\infty)$ 也加大，当 $\theta_e(\infty) = |\pi/2|$ 时，正弦鉴相器所能输出的最大直流电压为 U_d，则加到压控振荡器上的最大控制电压等于 $U_d F(j0)$，故同步带为 $U_d K_o F(j0) = K$。

捕获时，环路处于失锁状态，鉴相器输出幅度为 U_d 的上下不对称差拍波。由于环路滤波器对差拍波的衰减大于对直流电压的衰减，因而在 $\Delta\omega_o = \Delta\omega_H$ 的条件下，实际加到压控振荡器上的控制电压振幅小于 $U_d F(j0)$，致使压控振荡器的瞬时角频偏小于 $\Delta\omega_o$，环路不能锁定，必须进一步减小 $\Delta\omega_o$ 才行。随着 $\Delta\omega_o$ 的减小，平均差拍频率 $\overline{\Delta\omega}$ 也减小，环路滤波器对差拍波的衰减也随之减小，使压控振荡器的角频偏加大。直到 $\Delta\omega_o$ 下降到使 $\overline{\omega_v}(t)$ 能达到 ω_i 才能捕获，与之相应的 $\Delta\omega_o$ 即为 $\Delta\omega_p$。故 $\Delta\omega_p < \Delta\omega_H$。

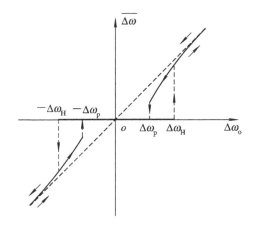

图4-4 二阶环路同步与捕获时 $\overline{\Delta\omega} \sim \Delta\omega_o$ 关系曲线

二阶环路同步与捕获时，$\overline{\Delta\omega} \sim \Delta\omega_o$ 关系曲线如图4-4所示。

第四节 辅助捕获方法

从前面的分析我们已经看到，依靠环路的自身捕获，捕获时间长，捕获带窄，另外还可能出现延滞、假锁等不能可靠捕获的现象。因此，研究各种有效的辅助捕获方法，在实际环路中增加相应的辅助捕获装置，就显得十分重要了。

为改善环路捕获性能，总希望捕获带越宽越好，捕获时间越短越好。为了加大环路的捕获带，应提高环路的增益 K 或者增加滤波器的带宽。为缩短环路的捕获时间，除采用与前者相同的措施外，还可设法减小作用到环路上的起始频差。但是加大环路增益或滤波器带宽往往是与提高环路的跟踪性能和滤波性能(如对噪声的滤除)的要求相矛盾的。一般在

设计环路时，总是优先考虑环路的跟踪性能和滤波性能，而对捕获性能的要求，则采用一些辅助捕获的办法来得到满足。此外，为了有效地克服延滞与假锁，在环路中也往往要求加入辅助捕获装置。

辅助频率捕获方法很多，由于环路使用场合不同，辅助捕获设备的复杂程度是大不一样的。辅助频率捕获的基本出发点是：

（1）减小作用到环路上的起始频差，使之尽快地落入快捕带内，达到快捕锁定。属于这方面的有辅助扫描、辅助鉴频和鉴频鉴相等；

（2）使用两种不同的环路带宽或增益，捕获时使环路具有较大的带宽或增益，锁定以后使环路带宽或增益减小。这就是所谓变带宽和变增益法。

一、起始频差控制

当环路起始频差较大时，若给压控振荡器提供一个控制电压，改变压控振荡器的固有振荡器，以便减小起始频差。当起始频差减小到进入快捕带时，可通过环路本身的牵引作用，使环路立即快捕锁定。

自动扫描是控制起始频差的常用方法。

其基本原理是，当环路尚未锁定时，在压控振荡器控制端加一个周期性线性扫描电压，使它的频率在足够宽的范围内摆动，等到环路进入频率锁定时，扫描发生器停止工作，然后通过环路本身的控制作用，使环路快捕锁定。基本方案如图 4－5 所示，其自动扫描部分由失锁检测电路和扫描发生器组成。前者主要包括交流检波器和直流放大器两部分，当起始频差较大环路处于捕获状态时，鉴相器输出差拍波。交流检波器将差拍波变换成直流电压。当直流电压经放大到一定值时，触发扫描信号发生器工作，输出锯齿波电压。锯齿波电压加到压控振荡器上，使频率发生扫描摆动，一旦环路进入频率锁定，扫描发生器停止工作，环路立即快捕锁定。

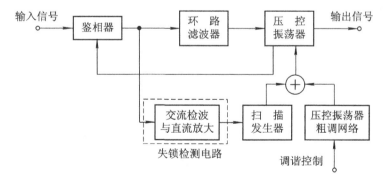

图 4－5　具有交流检波器和扫描发生器的锁相环方框图

图 4－6 示出了扫描方式的一种实际电路，它由 90°移相器、模拟相乘器、低通滤波器与施密特触发器组成失锁检测电路和由 RC 积分器产生扫描电压的锁相环方框图。当环路锁定时，环路输入信号 u_1 与压控振荡器输出信号 u_2 之间的相差近似为 90°，此时模拟相乘器输出电压的平均值 $u_M = u_1' u_2$ 是正的，经低通滤波器和施密特触发器后产生的开关信号使模拟开关 S 处于"保持"位置，积分器输出调谐电压 u_s 不变，环路维持锁定。当环路失锁时，由于 u_1' 与 u_2 不相干，u_M 的平均值为零，施密特触发器输出的开关信号使 S 处于"扫

描"位置，u_s 为正斜升电压，牵引着压控振荡器的中心频率朝输入信号频率靠拢，最终使环路进入锁定。

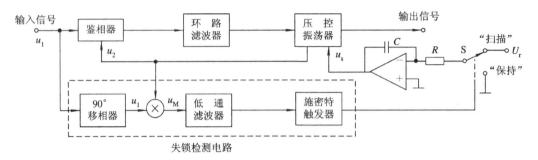

图 4-6　具有相干检测电路和积分扫描电路的锁相环方框图

图 4-7 示出了另一种环路滤波器正反馈扫描电路。这种扫描电路省略了失锁检测电路。当环路失锁时，环路滤波器输出的差拍信号通过反馈网络反馈到运放同相输入端。由于这是正反馈，环路滤波器就变成了一个低通扫描振荡器。当扫描使 $\omega_v = \omega_i$，环路进入锁定时，整个环路负反馈作用将抵消运放的正反馈，使运放停止振荡。

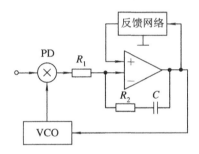

图 4-7　环路滤波器的积分扫描电路

为了缩短捕获时间，应尽量提高扫描速率，但过高的扫描速率可能会扫过信号频率而不能锁定。关于这个问题，下面作进一步的论述。

从前面第二章的分析知道，环路在跟踪斜升信号（即线性扫描信号）时，确保环路同步所允许的最大扫描速率为

$$R = \frac{K}{\tau_1} = \omega_n^2 \qquad (4-21)$$

用相平面法研究环路捕获时发现，在无噪声条件下，即使 $R < \omega_n^2$，也不一定能捕获入锁。锁定与否取决于频率相位的初始随机条件。用图解法计算 $\zeta = 0.707$ 的高增益二阶环路的锁定概率，得出锁定概率与扫描速率的关系曲线如图 4-8 所示，由图可以看出，要保证可靠的扫描捕获入锁，必须要求捕获扫描速率

$$R \leqslant \frac{1}{2}\omega_n^2 \qquad (4-22)$$

影响扫描捕获的另一个参数是环路的阻尼系数 ζ。如图 4-9 所示，当 ω_n 和 R 不变时，锁定概率随 ζ 的增加而增加。这是不难理解的。因此，从增大锁定的概率考虑，应尽量加大 ζ。由于 ζ 与环路噪声带宽有关，ζ 又不宜选得过大。从保证较小的 B_L 和较大的入锁概率考虑，ζ 还应满足

$$0.7 < \zeta < 1 \tag{4-23}$$

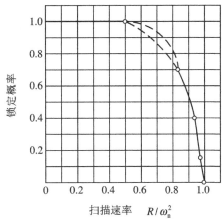

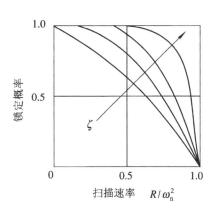

图 4-8　无噪二阶环路的扫描捕获　　　图 4-9　阻尼系数对扫描捕获概率的影响
　　　　概率曲线($\zeta = 0.707$)

当环路有噪时，可预料到噪声将使得捕获信号变得更困难。实验表明，如果存在噪声，要保持一个合适的高捕获概率，则扫描速率应减小$[1-\rho_L]^{-\frac{1}{2}}$倍。这说明当$\rho_L = 0$ dB 时，捕获是不可能的。综合各种研究结果，可以得到在有噪声条件下，$0.7 < \zeta < 1$ 时，允许的最大捕获扫描速率的经验公式为

$$R = \frac{1}{2}\omega_n^2\left[1 - 2\rho_L^{-\frac{1}{2}}\right] \tag{4-24}$$

从(4-24)式看出，当$\rho_L < 6$ dB 时，扫描捕获是不可能的。

二、辅助鉴频

利用附加的模拟鉴频环路可以加宽整个环路的捕获范围。其组成如图 4-10 所示。图中鉴频器与鉴相器并联连接，其输出相加后通过环路滤波器加到压控振荡器上。当起始频差很大时，主要依靠鉴频器输出的误差电压把压控振荡器的频率向锁定的方向牵引。当频差被减小到进入环路快捕带时，鉴相器的输出将起显著作用，并取代鉴频器工作，使环路最终达到锁定。环路锁定后，频差为零，鉴频器输出也为零，控制作用消失。

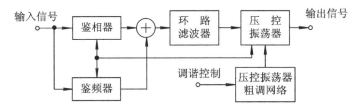

图 4-10　具有模拟鉴频环路的锁相环方框图

当要用到大量的离散调谐电压时，就需要把数字鉴频器、数-模(D/A)转换器连同粗调网络一起使用，如图 4-11 所示。粗调网络产生几档差值很大的粗调电压，而数字鉴频器和 D/A 转换器的联合作用形成差值较小的中间电压增量。数字鉴频器对鉴相器两输入

信号的频率进行计数，并以二进制数码的方式输出其差频，再由 D/A 转换器把差频转换成电压。这个电压与粗调网络所产生的电压相加，只有当鉴频器测出新的差频时，二进制数码才能变化。因此，在鉴频器和 D/A 转换器的共同作用下，总是把一个合适的调谐电压输送给压控振荡器，以达到辅助数字鉴频捕获的目的。

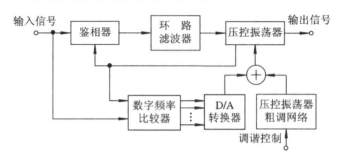

图 4-11 具有数字鉴频环路的锁相环方框图

辅助鉴频环路法的优点是：由于鉴频器带宽较宽，因此频率捕获范围较大，适当选择鉴频器增益 K_f，可使频差减小到 $\Delta\omega_o/K_fK_o$。不足的地方在于鉴频器门限较高（大于 $10\sim$ 12 dB），故不适用于信噪比低的场合。

随着数字集成电路技术的发展，为简化设备，降低成本，目前在数字式频率合成器中广泛采用数字式鉴频-鉴相器。在频率牵引的过程中，电路呈现鉴频功能，在相位辅获过程中，电路呈现鉴相功能。因此，同一个电路能同时完成辅助鉴频与环路鉴相作用，这就大大改善了环路的捕获性能。有关这种电路的详细讨论将在第八章进行。

三、变带宽

变带宽法是利用两种不同的环路带宽来加宽捕获带。变带宽法的基本原理是在捕获过程中使环路具有较大的带宽，以扩大捕获带，在锁定之后，则使环路带宽变窄，以保证跟踪和滤波性能。当然，加大环路带宽还必须保证环路工作于门限之上，否则捕获将是不可能的。所以这种方法仅在输入信噪比较高时才适用。

环路滤波器采用非线性滤波器，可实现变带宽，如图 4-12 所示。起非线性电阻作用的两个二极管与环路滤波器串臂电阻 R_1 并联，利用失锁时的差拍电压来控制两个二极管

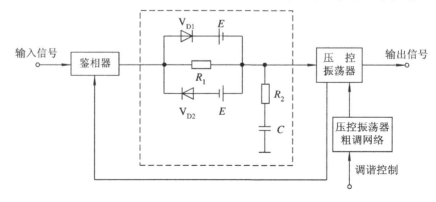

图 4-12 具有非线性环路滤波器的锁相环方框图

的通断。当环路失锁时，差拍电压使两个二极管交替导通，环路滤波器的串臂等效电阻变小，因此带宽加大。当 R_1 被完全短路时，二阶环变成了一阶环，其捕获带就等于同步带。环路锁定时，尽管鉴相器还可能有干扰电压输出，但由于振幅很小，不足以超过偏置电压 E，故二极管截止，环路带宽恢复到原来的值，保证了环路性能不变。由于差拍电压控制的二极管非线性电阻是逐渐变化的，因此环路带宽也是渐变的，避免了带宽突然变化造成环路重新失锁的可能性。

开关控制环路滤波器带宽的变化是实现环路自适应滤波器的一种较好方法，如图 4－13 所示，当环路锁定时，失锁检测电路输出的控制信号使模拟开关 S 接到高电阻 R_2 上，环路带宽变窄，保证了环路对噪声的过滤性能。反之，当环路失锁时，S 接到低电阻 R_1 上，环路带宽变宽，实现宽带捕获。若 $R_1＝0$，则为一阶环，捕获带最宽。

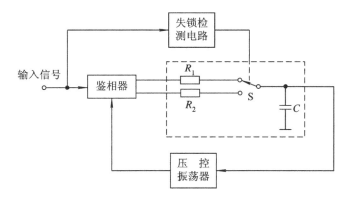

图 4－13　具有开关环路滤波器的锁相环方框图

四、变增益

提高环路增益，同样可以扩大捕获带，实现方法如图 4－14 所示。辅助鉴相器的输出经过低通滤波器加到直流放大器上（或衰减器），用以控制其增益（或衰减量）的变化。当环路失锁时，辅助鉴相器输出差拍电压中的直流分量最小，甚至接近于零。适当设计开关电路，使得此时直流放大器的增益最大（或衰减量最小），因此捕获带最宽。

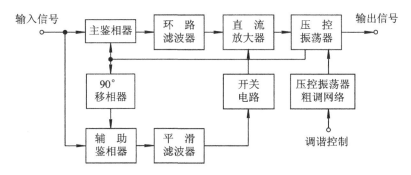

图 4－14　具有增益控制的锁相环方框图

【习　　题】

4-1　推导固定频率输入下的理想二阶环相轨迹方程。

4-2　推导频率斜升输入下的非理想二阶环相轨迹方程，并据此求出稳态相差和允许的同步扫描速率表达式。

4-3　一理想二阶环，已知 $\zeta=\sqrt{2}/2$，$\omega_n=100$ rad/s，计算起始频差为 150 kHz 时的捕获时间 T_p。

4-4　一环路滤波器传递函数为 $F(s)=(1+s\tau_2)/(1+s\tau_1)$ 的二阶环，其 $\zeta=\sqrt{2}/2$，$B_L=200$ Hz，若要求允许的最大的 $\theta_e(\infty)\leqslant5°$，最大捕获范围为 25 kHz，试确定：

（a）环路增益 K；

（b）环路滤波器时常数 τ_1、τ_2（注：因 B_L 较小，K 较大，故可按 $K\gg\omega_n$ 近似）；

（c）捕获带 $\Delta\omega_p$，看是否满足提出的要求；

（d）捕获时间 T_p；

（e）快捕带 $\Delta\omega_L$；

（f）快捕时间 T_L。

4-5　在题4-4环路 ξ 及最大捕获范围要求不变的条件下，若环路输入信噪功率密度比 $P_s/N_o=2500$ Hz，当要求捕获时间减小为 $T_p/2$ 时，采用扫描辅助捕获，试计算允许的捕获扫描速率。

4-6　设计一个无源比例积分滤波器二阶锁相环路，$R_1=100$ kΩ、$R_2=5.1$ kΩ、$C=47$ μF、$K=1/s$，试确定：

（a）时间常数 τ_1 和 τ_2；

（b）环路自然角频率 ω_n 和环路阻尼系数 ξ；

（c）环路同步带、捕获带、快捕带；

（d）如果起始频差 $\Delta\omega_o/2\pi=50$、100、150 Hz，试确定捕获时间。

4-7　设计一个有源比例积分滤波器二阶锁相环，$R_1=20$ kΩ、$R_2=2$ kΩ、$C=0.47$ μF、调整开环增益 $K_o=80\,000(1/s)$、$A=10^3$，环路用作载波提取，因此噪声带宽是很小的，试求：

（a）τ_1 和 τ_2；

（b）环路自然角频率 ω_n 和环路阻尼系数 ξ；

（c）环路同步带、捕获带、快捕带；

（d）初始频差 $\Delta\omega_o/2\pi=500$、10^4、300×10^3 Hz 时的捕获时间。

4-8　在一个二阶锁相环路中，在环路滤波器与压控振荡器之间插入一直流放大器，放大倍数为 10，试分析插入此直流放大器后对环路参数 ξ、ω_n、$\Delta\omega_H$、$\Delta\omega_p$、$\Delta\omega_i$ 有什么影响。

第五章 数字锁相环

随着数字电路技术的发展，尤其是大规模集成电路及微处理机的广泛应用，使得通信与控制方面一些复杂的、灵敏的信号处理方法能在数字域付诸实施。锁相环是相干数字通信系统中的关键部件，为了与数字系统兼容，吸收数字电路固有的可靠性高、体积小、价格低等优点，人们在发展模拟锁相环的同时，亦致力于发展数字锁相环。数字锁相环除具有数字电路的优点外，还解决了若干模拟环遇到的难题，如直流零点漂移、部件饱和、必须进行初始校准等。此外还具有对离散样值的实时处理能力。这些都表明，数字锁相环的发展是必然的。锁相环是一个相位反馈控制系统，在数字锁相环中，由于误差控制信号是离散的数字信号而不是模拟电压，因而受控的输出相位的改变是离散的而不是连续的；此外，环路组成部件也全用数字电路实现，故而这种锁相环就称之为全数字锁相环（简称DPLL）。当然，还有一类锁相环，部分环路部件为数字电路，但是环路控制仍是模拟形式，这类锁相环只能称为部分数字环。例如频率合成器环路，鉴相器是数字电路；CMOS 单片集成锁相环 5G4046，其鉴相器与压控振荡器为数字电路，这类锁相环大都使用模拟的环路滤波器，因此控制电压仍是模拟的。部分数字环的分析，大都沿用模拟锁相环的方法。对全数字环，目前还没有一种统一的性能分析方法，不同的数字环组成，尤其数字鉴相器的形式不同，性能分析差别较大。

本章着重介绍全数字环，首先叙述全数字环的分类、一般组成与部件电路，然后重点介绍有代表性的正过零检测式数字环的原理与性能，单片集成全数字环 SN54LS297/SN74LS297 的电路、原理、性能与应用。

第一节 全数字环概述

一、一般构成与分类

全数字环一般组成如图 5-1 所示。它由数字鉴相器、数字滤波器与数字压控振荡器（DCO）三个数字电路部件组成。其中数字鉴相器有多种样式，样式不同对环路性能有很大影响。因此目前比较统一的做法是按数字鉴相器的实现方式来对数字锁相环进行分类。通常分为如下所述四类。

1. 触发器型数字锁相环（FF-DPLL）

该环路利用一双稳态触发器作数字鉴

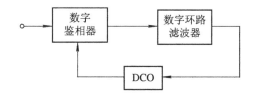

图 5-1 数字锁相环的一般组成

相器，其状态分别受输入信号与本地受控时钟信号的正向过零点触发，产生的置位与复位脉冲状态变化之间的间隔就反映着两信号之间的相位误差。利用异或门逻辑功能检测两输入数字脉冲信号前沿位移的异或门数字鉴相器也属于这种类型。

2. 奈奎斯特型数字锁相环(NR - DPLL)

在输入信号进入数字鉴相器之前,先以奈奎斯特速率(固定速率的时钟脉冲)进行抽样,然后再与本地受控时钟信号进行数字相乘,产生数字式相位误差。

3. 过零检测式数字锁相环(ZC - DPLL)

环路用本地受控时钟脉冲对输入信号的过零点抽样,非零的实际抽样值大小就反映着相位误差,用该相位误差来调节本地时钟信号的相位。

4. 超前滞后型数字锁相环(LL - DPLL)

这种锁相环的鉴相器将逐周地比较输入信号与本地时钟信号的相位,根据相位的超前或滞后输出相应的超前或滞后脉冲,再变换成加脉冲或减脉冲,对应地调节本地时钟相位。

显然,若按取样或等效取样观点来看,在第 1、3、4 类中输入信号相位是以受控的本地时钟相位为基准而确定的,本地时钟在受控过程中是变化的,因此属非均匀取样的形式。而在第 2 类中则不同,鉴相器输入信号相位是以固定速率的时钟信号为基准来确定的,属均匀取样的形式。

二、数字环部件电路与原理

下面介绍上述 4 类数字环中比较典型的部件电路及其工作原理。

1. 数字鉴相器

(1)触发器型鉴相器。图 5 - 2 是该型鉴相器的组成示意图。当检测到输入信号正向过零点时,触发器置"1",而本地参考信号的正向过零点使触发器置"0"复位。两正向过零点之间间隔可控制高速时钟计数。时钟频率为 $2^m f_0$,f_0 为输入信号的中心频率。显然 2^m 为

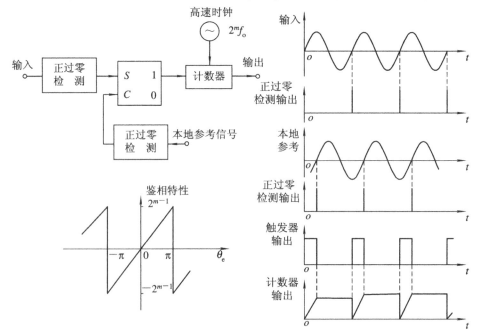

图 5 - 2 触发器型鉴相器

2π 相差区间间隔内的计数值,也称为相位误差在 2π 区间内的状态数。设触发器输出由"0"变"1"开始计数,由"1"回到"0"则停止计数,计数值的大小表示相位误差的大小,其准确程度可达 $\pm\pi/2^{m-1}$。

(2)奈奎斯特速率抽样鉴相器。该型鉴相器组成如图 5-3 所示。模数变换器(A/D)的抽样率按带通信号的取样定理选择,以使取样后信号含有充分的输入信号相位信息。通常,抽样率大于或等于 A/D 前置带通滤波器的带宽的两倍。抽样量化后信号与本地受控时钟信号进行数字相乘,产生数字相差信号。低速运用时也可用微处理器作数字相乘器,并兼备数字环路滤波器与数字钟(DCO)的功能。

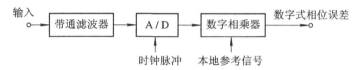

图 5-3　奈奎斯特速率抽样鉴相器

(3)过零取样鉴相器。这种鉴相器有两种形式,一种是正过零点取样,如图 5-4 所示。这种正过零点取样鉴相器是所有数字鉴相器中最简单的,而且易于实现。另一种则在正负过零点都取样,如图 5-5 所示。为保证取样后信号有正确的极性,后接的取样换向选择器会按被检测信号是朝正向还是朝负向过零来翻转取样的符号,从而增强相位误差控制能力。

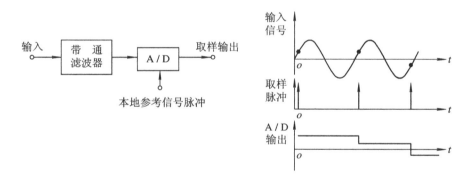

图 5-4　正过零取样鉴相器

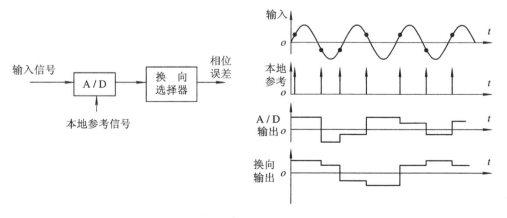

图 5-5　双向过零取样鉴相器

　　（4）超前滞后取样鉴相器。图 5-6 是用一个简单二元鉴相器表示的这种鉴相器。通过输入信号与本地参考信号（或受控钟脉冲信号）之间的比相，形成超前或滞后脉冲输出。超前脉冲意味着本地参考信号相位落后，$\theta_e > 0$，故超前脉冲的作用将使本地参考信号相位提前；滞后脉冲表示 $\theta_e < 0$，其作用是使本地参考信号相位推后。

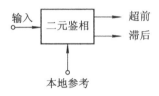

图 5-6　简单二元鉴相器

　　典型的二元鉴相器电路是用同相与中相积分来实现的，电路组成方框图如图 5-7 所示。同相积分器的积分区间与每个输入码元区间重合，而中相积分器的积分区间则跨在两个码元之间。

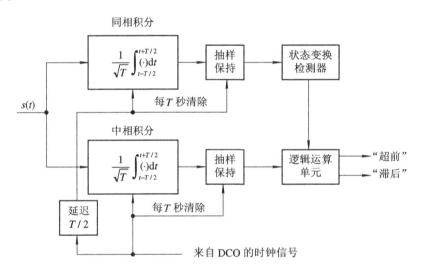

图 5-7　用同相、中相积分实现的二元鉴相器

　　图 5-7 上的同相积分-抽样-清除电路的输出可检测出信号脉冲符号，加到状态变换检测器，可判断这一码元对上一码元是否发生码元变换。如果发生从正到负的转换，检测器输出 +1；如果发生从负到正的转换，检测器输出 -1；如果不发生转换，检测器输出为零。状态检测器三态输出加到逻辑运算单元上可控制逻辑运算通路。

　　图 5-7 上的中相积分-抽样-清除电路是用来判断 DCO 输出与码元转换边沿之间相位关系的。例如，中相积分区间跨在从正到负的两个码元之间，而积分结果为正，说明 DCO 时钟超前；积分结果为负，说明 DCO 时钟滞后；积分结果为零，相位准确对准。但是，积分区间若跨在从负到正的两个码元之间，结论正好同上面的相反。说明中相积分只能判断定时误差的大小，无法判断极性。故其结果也加到逻辑运算单元上，结合状态变换检测器输出来产生正确控制极性的相差脉冲。

　　逻辑运算单元在状态检测器输出 +1，而中相积分结果为正，则对应输出"超前"脉冲；若积分结果为负，则输出"滞后"脉冲。若状态检测器输出 -1，则逻辑运算结果刚好相反，负的中相积分结果输出"超前"脉冲；正的积分结果输出"滞后"脉冲。若状态检测器输出为零，则不输出超前与滞后脉冲，表示环路相位同步或无码元转换。

由于鉴相器输出是二值脉冲，常后接一种序列滤波器来平滑其中的起伏，以此消除噪声起伏造成的环路误动作比较方便。有两种形式的序列滤波器，一种叫"N先于M"序列滤波器。如图 5-8 所示；另一种叫"随机徘徊"序列滤波器，如图 5-9 所示。

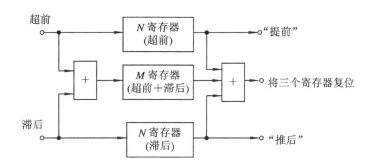

图 5-8 "N先于M"序列滤波器

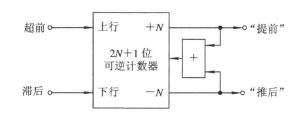

图 5-9 随机徘徊序列滤波器

"N先于M"序列滤波器工作原理如下：鉴相器输出的超前或滞后脉冲分别储存在上下两个 N 寄存器内，而它们的"和"则储存在长度为 $M(N<M<2N)$ 的寄存器中。设开始时三个寄存器都已复位，随着二元的随机序列不断输入，三个寄存器分别计数储存，直至下列两个条件之一得到满足为止：① 若某一路 N 寄存器在 M 寄存器存满以前或存满的同时就存满数了，则相应地输出一个"提前"或"推后"脉冲，并使三个寄存器同时复位；② 若 M 寄存器先于任何一个 N 寄存器存满，则使所有寄存器复位，不产生"提前"或"推后"脉冲输出。后一种情况在相位差较小而输入信噪比又较低时是很容易发生的，因这时输入的超前与滞后脉冲数差不多相同。

随机徘徊序列滤波器的主体是一个可逆计数器。当有超前脉冲输入时，计数器上行计数，当有滞后脉冲输入时，计数器下行计数。如果超前脉冲超过滞后脉冲的数目达到计数容量 N 时，就输出"提前"脉冲，同时使计数器复位。反之，如果滞后脉冲多于超前脉冲的数目达到计数容量 N 时，就输出"推后"脉冲，同时计数器复位。显然，在环路进入锁定后，很少有由同步误差引起的超前或滞后脉冲进入滤波器，而噪声起伏引起的超前或滞后脉冲是零星的，而且是相间出现的，不会是连续很多个超前或滞后脉冲，因此它们的差值达到计数容量 N 的可能性极小，滤波器不产生输出，从而减少了噪声对环路的干扰作用。

应该指出，序列滤波器不是环路滤波器，它是无惰性的，加在环路中不影响环路的阶数。

2. 数字环路滤波器

数字环中使用的数字环路滤波器与模拟环中使用的环路滤波器作用一样，都对噪声及高频分量起抑制作用，并且控制着环路相位校正的速度与精度。适当选择滤波器参数，可以改善环路的性能。数字环路滤波器的一般构成形式如图 5-10 所示，它由 A/D、数字计算器和 D/A 三部分组成。A/D 将输入的样值变换为相应的二进制数字代码序列；数字计算器按照要求的滤波性能对输入数字代码进行数字计算与处理；D/A 再将运算处理后的代码变换为样值输出。当然，实时处理要在取样值间隔内完成。

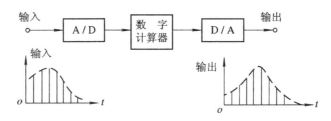

图 5-10　数字环路滤波器的一般形式

通常，也可不用 A/D 与 D/A，数字计算器可直接对输入样值进行存储与计算，即所谓数字滤波器的模拟实现形式。图 5-11(a)、(b) 分别为一阶、二阶数字滤波器，其中一阶的有一个数字累加器，二阶的有两个数字累加器。显然用同样的方法还可以组成更高阶的数字环路滤波器。

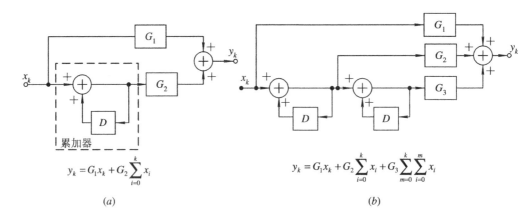

图 5-11　数字环路滤波器的模拟实现形式
(a) 一阶；(b) 二阶

3. 数字压控振荡器(DCO)

数字压控振荡器的基本组成如图 5-12 所示。它由频率稳定的信号钟、计数器与比较器组成，其输出是一取样脉冲序列，脉冲周期受数字环路滤波器送来的校正电压控制。前一个取样时刻的校正电压将改变下一个取样时刻的脉冲时间的位置。DCO 在环路中又被称为本地受控时钟或本地参考时钟信号。

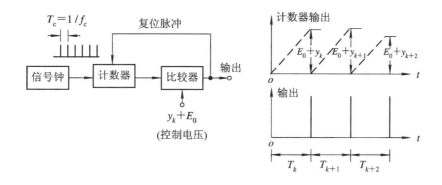

图 5-12 数字压控振荡器的基本组成方案

计数器记录信号钟的脉冲数目，直至记录到其总数与加到比较器的控制电压 $y_k + E_0$ 相对应，比较器才产生一个复位脉冲输出，使计数器复位，重新计数。复位脉冲也送至取样器，作为数字压控振荡器的取样脉冲输出。E_0 是固定偏压，y_k 为校正电压，当 y_k 等于零时，E_0 控制输出复位脉冲的周期等于 T_0。y_k 是数字环路滤波器输出的校正电压，它将控制输出取样脉冲的周期。

显然，数字压控振荡器的含义可用数学式子表示。对于第 k 个取样周期 T_k，有

$$T_k = T_0 - \frac{T_0}{N} y_{k-1} \tag{5-1}$$

式中 T_0/N 为 DCO 周期相对于中心周期 T_0 变化的最小单位。当无控制时，$y_{k-1}=0$，$T_k = T_0$；有控制时周期以 $\pm T_0/N$ 或其倍数的量相对于 T_0 作阶跃式的改变。与 T_0/N 相对应的相位改变量为

$$\Delta = \frac{2\pi}{N} \text{（rad）} \tag{5-2}$$

所以 N 是表示 2π 弧度内相位受控变化大小的一个量，也叫做模 2π 内状态数。这就是说，数字压控振荡器输出脉冲的瞬时相位 $\theta_0(k)$，在 2π 弧度内只能以 Δ 或其倍数离散地变化。显然，在这里 $T_0/N = T_c$，T_c 为信号钟的周期。因此有

$$N = \frac{T_0}{T_c} \tag{5-3}$$

另一种比较典型的数字压控振荡器如图 5-13(a) 所示。其中信号钟产生频率 $f_c = mf_0$ 的窄脉冲序列。经控制器加至分频比为 m 的分频器上，分频后输出频率为 f_0，即是 DCO 的输出频率。输入输出的脉冲波形如图 5-13(b) 所示。当环路输入信号比 DCO 信号相位落后时，鉴相器经环路滤波器将输出一个"推后"脉冲到控制器上，扣除一个通过它的时钟脉冲，使实际由信号钟加至分频器的脉冲数少一个，因而分频后的输出脉冲相位推后 $1/m$ 周期，如图 5-13(d) 所示。反之，如果 DCO 输出信号相位滞后输入信号相位，则数字环路滤波器输出一个"提前"脉冲到控制器，控制器向信号钟输入的脉冲序列中插入一个脉冲，加到分频器经 m 次分频后，可使相位提前 $1/m$ 周期，如图 5-13(c) 所示。显然，在这里模 2π 状态数

$$N = m \tag{5-4}$$

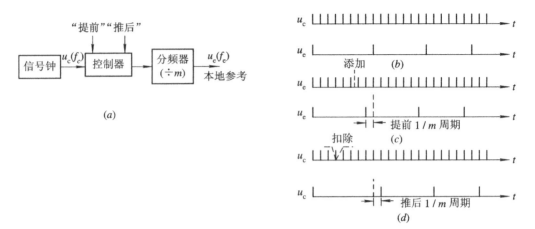

图 5-13　另一种常用的 DCO 方案

（a）方框图；（b）分频脉冲图；（c）添加脉冲分频图；（d）扣除脉冲分频图

三、数字环的工作速率

数字压控振荡器（DCO）中可变计数器用 ECL 电路，时钟频率可达 350 MHz；A/D 变换器可做到 50 MHz/s 的取样速率，有 8 bit 分辨率；环路滤波器、乘法器与累加器可做到每组合运算 40 ns；合成的 DCO/LF 运用微处理器，可用 8 MHz 时钟频率，做到 1～2 μs/指令。

前面已介绍过数字环受控相位的最小变化量为 Δ，因此环路对固定相位差作用下的稳态量化相差不会超过 Δ。这样，若要设计一个受 350 MHz 时钟控制的 DCO，而为得到小于 $7.5°$ 的环路量化相差，输入信号最高工作频率 f_o 应按下式计算：

$$\Delta = \frac{2\pi}{N} = \frac{360° \cdot f_o}{f_c} < 7.5°$$

所以有

$$f_o < \frac{7.5°}{360°} \cdot f_c = \frac{7.5°}{360°} \cdot 350 \approx 7.29 \text{ MHz}$$

显然，A/D 与环路滤波器工作频率均可高于最高频率 f_o，所以关键是要设法提高 DCO 的逻辑速度。若用微处理器把 DCO 与 LF 结合在一起，其工作频率还将降低。因此，如何使 DPLL 高速应用仍是一个有待进一步探讨的问题。

第二节　奈奎斯特型数字锁相环（NR – DPLL）

如前所述，该型环路是以 Nyquist 速率

$$f_s \geqslant 2B \tag{5-5}$$

式中，B 为环路输入信号的前置带宽。

对正弦输入信号均匀采样，经 A/D 变换成 N 比特数字信号，然后同 DCO 输出 $U(k)$ 相乘形成数字相位误差信号，误差信号经 N 比特数字滤波器后输出控制算法型 DCO 的信号周期，如图 5-14 所示。

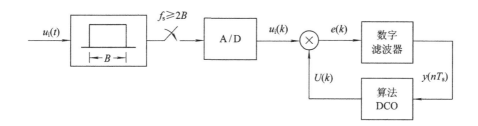

图 5 - 14 NR - DPLL 的组成

算法型 DCO 是由模拟 VCO 基本概念构成的。模拟 VCO 输出

$$u_o(t) = U_o \cos\left[\omega_o t + K_o \int_{-\infty}^{t} y(\tau)\, d\tau\right] \tag{5-6}$$

(5 - 6)式的离散域表示则为

$$u_o(k) = U_o \cos\left[\frac{2\pi k f_o}{f_s} + K_o \sum_{n=0}^{k-1} y(n)\right] \tag{5-7}$$

式中 $y(n) = y(nT_s)$，$T_s = 1/f_s$ 为取样周期。

由于(5 - 7)式含有时间变量不易运算，故将正弦函数 $u_o(k)$ 变换成方波 $U(k)$，即

$$U(k) = \mathrm{Sq}\left[\frac{2\pi k f_o}{f_s} + K_o \sum_{n=0}^{k-1} y(n)\right] \tag{5-8}$$

式中

$$\mathrm{Sq}[x] = \begin{cases} +1, & 0 \leqslant x \leqslant \pi \\ -1, & \pi \leqslant x \leqslant 2\pi \end{cases} \tag{5-9}$$

令

$$U_k = \mathrm{Sq}[q(k)] \tag{5-10}$$

式中

$$q(k) = \frac{2\pi k f_o}{f_s} + K_o \sum_{n=0}^{k-1} y(n) \tag{5-11}$$

而

$$q(k-1) = \frac{2\pi(k-1)f_o}{f_s} + K_o \sum_{n=0}^{k-2} y(n) \tag{5-12}$$

从而有

$$q(k) - q(k-1) = \frac{2\pi k f_o}{f_s} + K_o y(k-1)$$

所以

$$q(k) = q(k-1) + \frac{2\pi k f_o}{f_s} + K_o y(k-1) \tag{5-13}$$

基于(5 - 13)式，算法型 DCO 模型如图 5 - 15 所示。

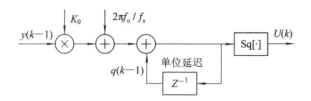

图 5-15　算法型 DCO 数学模型

第三节　超前-滞后型位同步数字环

对于超前-滞后数字锁相环，我们结合一个位同步提取加以说明。超前-滞后数字锁相环组成如图 5-16 所示。

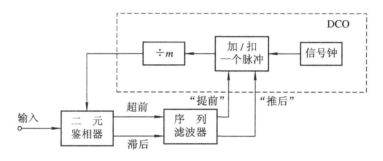

图 5-16　超前-滞后数字锁相环基本组成

一、电路组成与说明

电路实例是数字通信中常用的一种简单的超前-滞后位同步环路，未用序列滤波器，电路组成如图 5-17 所示。

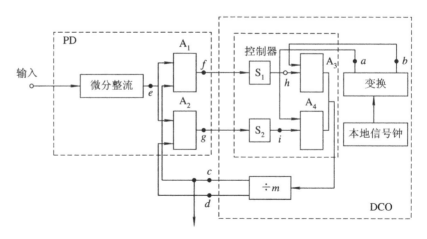

图 5-17　位同步数字环组成电路

图中鉴相器仍是超前-滞后型，但是电路系用微分、整流及两个与门所组成。微分、整流起非线性作用，可将输入信号中包含的位同步信息变换为位同步分量。这个步骤在位同步提取技术中是必不可少的，因为只有输入信号中含有位同步分量，才能用锁相环提取。一般使用的数字信号不直接含有位同步频率分量，但包含有位同步信息，这种信息就存在于数字信号的波形跃变之中。跃变的瞬间标示出每一位二进制数字的周期边界，跃变方向有正向有负向，如从0电平跳至1电平为正，则从1电平跳到0电平就为负。但对于恢复同步信号来讲，两种方向都有同样的意义。显然，对输入波形进行微分，就得到标示数字信号周期边界的跃变脉冲，对这些跃变脉冲进行全波或半波整流，获得的标示跃变时刻的单向脉冲序列就含有位速率的频率分量。这个过程如图5-18中波形所示。

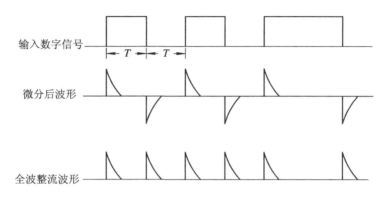

图 5-18　非线性作用过程的波形

　　图5-17上的与门 A_1、A_2 是比较相位用的。由DCO输入与门 A_1 与 A_2 的信号为频率相同、极性相反的信号，经过相位比较，A_1 门输出超前脉冲，A_2 门输出滞后脉冲。显然，此种简单的超前-滞后鉴相器与前述的二元鉴相器的作用是一样的，只是抗噪声性能较差而已。环路DCO的控制门由两个单稳触发器 S_1、S_2 和与门 A_3（常开门）及与门 A_4（常闭门）构成。下面结合波形来说明环路取得位同步的原理。

二、环路位同步原理

　　图5-19为图5-17方案内各点的波形图，这里为分析简便，以均匀变换的数字脉冲序列作为输入信号，它与随机的数字脉冲序列作用下环路取得位同步的原理是一样的。

　　频率稳定的本地钟信号输出周期为 T_0 的脉冲序列，经变换后成为时间相互错开的两个脉冲序列，如图5-19上的 a 点与 b 点波形。错开的时间应不等于 T_0（T_0 为钟信号重复周期），目的是当环路加脉冲时，能够插入一个脉冲到序列里去。a 点与 b 点脉冲序列分别加到 A_3 与 A_4 门上。假定开始时（即环路未控制时），b 点脉冲序列通过常开门 A_3 加到分频器上，经 m 次分频后，形成两个速率相同但极性相反的脉冲序列，如 c 点和 d 点波形。它们又分别加至鉴相器的 A_1、A_2 门上，与 e 点的输入信号进行相位比较。

　　当位同步信号（c 点、d 点波形）超前时，则在第一个输入信号脉冲作用下，与门 A_1 有输出脉冲，与门 A_2 关闭，单稳触发器 S_1 送出并经 A_3 输入端极性变换后的负极性"减"脉冲加至常开门 A_3 上。A_3 在"减"脉冲作用期间暂时关闭，使送至分频器的脉冲序列被扣去一个脉冲，分频后输出的位同步信号脉冲就滞后一个 T_0 时间，脉冲前沿也就会向 e 点的第二个信号脉冲靠近一些。同理，在第二个信号脉冲作用下，与门 A_1 及 S_1 又输出一个"减"脉冲，使送至分频器的脉冲序列又被扣去一个脉冲，分频后的位同步信号脉冲前沿向对应

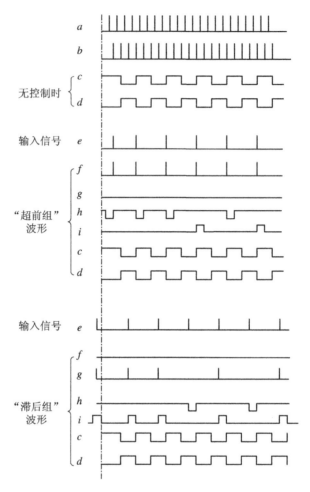

图 5-19　图 5-17 方案内各点电压波形

的 e 点第三个信号脉冲靠得更近。

显然，若起始时，位同步信号脉冲落后于输入信号，则 A_1 关闭，A_2 打开，单稳触发器 S_2 产生正极性"加"脉冲，加至常闭门 A_4 上，使 A_4 门打开，从 a 脉冲序列中取出一个脉冲插入到 b 脉冲序列中去。分频后可使位同步信号脉冲前沿提前，向对应周期的输入信号脉冲靠近，相差值减小。

可以看出，无论"减"脉冲与"加"脉冲，相位校正总是阶跃式的。所以在扣除或增加几个脉冲后，校正的稳态相位并不会为零，而是围绕零点在超前与滞后之间来回摆动。

上述的环路工作过程可由图 5-19 上"超前组"波形与"滞后组"波形得到说明。

由上可知，在锁定状态下，环路仍有一定的稳态同步误差，误差量小于摆动的最大可能值 ΔT。由分析可有 $\Delta T = T_\circ$，因

$$T_\circ = \frac{T}{m} \quad （T 为输入信号码元宽度）$$

所以

$$\Delta T = \frac{T}{m} \tag{5-14}$$

故　　　　　　　　　　　相对误差 $< \dfrac{\Delta T}{T} = \dfrac{1}{m}$ 　　　　　　　　　(5-15)

若分频比 $m=16$，则 $\Delta T/T = 6.3\%$。

三、性能分析

为推导环路的基本方程，我们画出环路相位校正过程的简图，如图 5-20 所示。

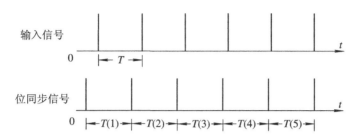

图 5-20　环路相位校正过程的示意图

若设位同步信号是从 $t=0$ 起始，输入数字信号落后于它一个相位。

由图 5-19 可写出输入数字信号与位同步信号的相位关系。由于信号的位速率($1/T$)是常数，所以我们以它的周期相位($2\pi/T$)$kT = 2\pi k$（k 取 0，1，2，3，…的正整数）为参考来表示输入数字信号及环路相位校正过程中的位同步信号的相位。

对于输入数字信号，其第 k 个输入脉冲相位为
$$\beta_i(k) = 2\pi k + \theta_i(k) \tag{5-16}$$
式中 $\theta_i(k)$ 为以位速率信号的周期相位为参考的瞬时输入相位。

对于位同步信号，其第 k 个位同步信号脉冲的前沿相位为
$$\beta_o(k) = 2\pi k + \theta_o(k) \tag{5-17}$$
式中 $\theta_o(k)$ 为以位速率信号的周期相位为参考的瞬时输出相位。

根据以上假定，可得环路的相位差
$$\theta_e(k) = \theta_i(k) - \theta_o(k) \tag{5-18}$$

按照环路工作过程可知，在每个周期内，相位差或是正值，或是负值，环路都只能调整位同步信号的相位改变 Δ（弧度）。按照(5-14)式，$\Delta = \Delta T \left(\dfrac{2\pi}{T} \right) = \dfrac{2\pi}{m}$（弧度）。

因此，从鉴相器至控制位同步信号的相位改变之间的过程，可作为对相位差的一个简单量化过程，量化关系为

当　　　　　　　　$\theta_i(k) - \theta_o(k) > 0$ 时，　　$Q[\theta_e(k)] = +1$

当　　　　　　　　$\theta_i(k) - \theta_o(k) < 0$ 时，　　$Q[\theta_e(k)] = -1$

据此，可有环路的基本相位方程
$$\theta_o(k+1) = \theta_o(k) + \Delta \cdot Q[\theta_i(k) - \theta_o(k)] \tag{5-19}$$
及初始条件：$\theta_o(0) = 0$。

若用相位差形式写出，有
$$\theta_e(k+1) - \theta_e(k) + \Delta \cdot Q[\theta_e(k)] = \theta_i(k+1) - \theta_i(k) \tag{5-20}$$
及初始条件：　　　$\theta_e(0) = \theta_i(0) - \theta_o(0) = \theta_i(0)$。

下面就借助方程(5-19)与(5-20)式来分析环路对于输入数字信号发生相位阶跃及频率阶跃时的性能。

(1) 相位阶跃。这种情况是属于自位同步的常见情况，即输出位同步信号的速率与输入数字信号的位速率相同，只是起始相位错开一个数值。

假定输入相位阶跃 θ，即 $\theta_i(k)=\theta$。这样有

$$\theta_e(k) = \theta_i(k) - \theta_o(k) = \theta - \theta_o(k) \tag{5-21}$$

根据(5-19)式，环路输出相位可表示为

$$\theta_o(k+1) = \theta_o(k) + \Delta \cdot Q[\theta - \theta_o(k)] \tag{5-22}$$

有初始条件：
$$\theta_o(0) = 0$$

根据(5-20)式，环路相位差为

$$\theta_e(k+1) = \theta_e(k) - \Delta \cdot Q[\theta - \theta_o(k)] \tag{5-23}$$

及初始条件：
$$\theta_e(0) = 0$$

由(5-22)式与(5-23)式可以看出，当 k 取值很大时，即环路处于锁定状态时，输出相位或者相位差仍存在着稳态摆动。摆动的幅度为 Δ，对应的同步时间误差则小于 T/m 秒。

此外，还可看到，同步的建立过程除与初始位阶跃值 θ 有关外，还与相位阶跃变化量 Δ 的大小有关。显然，θ 越小，Δ 值越大，建立时间愈短；反之，θ 越大，Δ 越小，则建立时间愈长。考虑最坏的情况，令 $\theta=\pi$，即起始相差为半个周期，那么位同步信号相位必须挪动 $\pi/\Delta=\pi/(2\pi/m)=m/2$ 次，才能到达稳定状态。所以同步建立时间为

$$t_p = \frac{m}{2}T \tag{5-24}$$

若考虑到随机输入数字信号，平均地约每两个码元才出现一次数字符号的转换，也即通过微分、整流后的脉冲是平均 $2T$ 时间出现一次。所以平均地看，环路也是每 $2T$ 时间才对位同步的相位实施一次校正。因此，平均同步建立时间要比(5-24)式加长一倍，即

$$\overline{t_p} = 2 \cdot \frac{m}{2} \cdot T = mT \tag{5-25}$$

比较(5-15)式与(5-25)式可看出，同步误差和同步建立时间对环路的要求是矛盾的。在选择环路分频器的分频比 m 时必须统筹兼顾。

(2) 频率阶跃。当环路未受控时，输入数字信号与环路 DCO 信号之间存在有频率差（即位速率差）。这样在设备开始接通或信号传送过程中发生暂时中断而再接通时，这种频率差就会反映出来，也就是发生了环路的输入频率阶跃。研究环路的频率阶跃性能，可以分析环路的捕捉性能及一旦信号发生中断时的同步保持时间。

设以 $B-B_c$ 表示输入的频率阶跃，即输入信号与位同步信号的速率之差，其中 $B_c = 1/T$，则(5-16)式中 $\theta_i(k)$ 应为

$$\theta_i(k) = 2\pi(B-B_c) \cdot kT = 2\pi k \frac{B-B_c}{B_c} \tag{5-26}$$

将(5-26)式代入(5-20)式，有

$$\theta_e(k+1) - \theta_e(k) + \Delta \cdot Q[\theta_e(k)] = 2\pi \cdot \frac{B-B_c}{B_c} \tag{5-27}$$

显然，若环路对于输入的频率阶跃能达到同步状态，就意味着稳态相差不会发散。此时相差的稳态起伏必定满足 $\theta_e(k+1) \approx \theta_e(k)$。

因此(5-27)式可表示为

$$\Delta \cdot Q[\theta_e(k)] = \frac{B - B_C}{B_C} \cdot 2\pi \tag{5-28}$$

以 $Q[\theta_e(k)]$ 的极值范围 ± 1 及 $\Delta = \dfrac{2\pi}{m}$ 代入(5-28)式,可得

$$\frac{B - B_C}{B_C} = \pm \frac{1}{m} \tag{5-29}$$

从而有环路可锁定的最高频率(或速率)

$$B_H = \frac{m+1}{m} \cdot B_C \tag{5-30}$$

环路可锁定的最低频率(或速率)

$$B_L = \frac{m-1}{m} \cdot B_C \tag{5-31}$$

锁定(或同步)范围

$$2\Delta f_p = B_H - B_L = \frac{2}{m} B_C \tag{5-32}$$

在通信过程中,若信号发生暂时中断,则原处于同步状态的环路就失去控制,由于未控制时频差为 $\Delta B = B - B_C$,因而位同步信号相位就会相对于输入信号相位而发生偏移,偏移的数值应为

$$\Delta \theta = 2\pi \cdot \Delta B \cdot t_C \tag{5-33}$$

式中 t_C 为信号中断时间。

为使信号恢复时缩短环路的同步时间,通常要求信号中断时间不能太长。

频差 ΔB 的最大允许值为 $2\Delta f_p$。若对 $\Delta \theta$ 提出不超过某个允许值的要求,如

$$\Delta \theta \leqslant \varepsilon \cdot 2\pi \quad (\varepsilon\ 为失步系数)$$

则允许的信号中断时间 t_C 应为

$$t_C = \frac{\varepsilon}{2\Delta f_p} = \frac{m\varepsilon}{2B_C} \tag{5-34}$$

第四节 ZC$_1$ - DPLL 的原理与性能

正向过零检测数字锁相环的基本组成如图 5-21 所示。它要求取样器在输入模拟信号的每一周,即在每两个正斜率的过零交叉点之间取一个样,这就要求数字压控振荡器(DCO)在输入信号的每一周送出一个窄取样脉冲到取样器。为此,必须使所选择的 DCO 中心频率接近输入信号的载波频率,使环路尽可能地做到逐周取样,以加速环路的捕获。

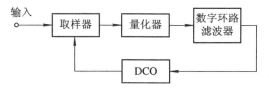

图 5-21 ZC$_1$ - DPLL 的基本组成

一、环路方程与模型

设输入信号

$$u_i(t) = A \sin \left[\omega_i t + \theta_i(t) \right] \tag{5-35}$$

数字压控振荡器(DCO)输出钟脉冲信号的相位可表示为

$$\beta_o(k) = \omega_o t(k) + \theta_2 [t(k)] \tag{5-36}$$

式中 $t(k)$ 为钟脉冲存在时刻,也即取样时刻。

因为钟脉冲是一个周期性出现的信号,在时间轴上每出现一次,钟脉冲信号的相位就前进 $2\pi(\mathrm{rad})$。故在第 k 个取样时刻,钟脉冲的相位为

$$\beta_o(k) = 2\pi k \tag{5-37}$$

为分析方便,输入信号 $u_i(t)$ 也常表示成以 $\omega_o t$ 为参考的方式,即将(5-35)式表示成

$$u_i(t) = A \sin \left[\omega_o t + \theta_1(t) \right] \tag{5-38}$$

式中

$$\theta_1(t) = (\omega_i - \omega_o)t + \theta_i(t) \tag{5-39}$$

这样,取样器在 $t(k)$ 时刻取得的取样值可为

$$x(k) = A \sin\{\omega_o t(k) + \theta_1 [t(k)]\} \tag{5-40}$$

为简单起见,可令

$$\theta_1 [t(k)] = \theta_1(k)$$
$$\theta_2 [t(k)] = \theta_2(k)$$

由(5-36)式与(5-37)式有

$$\omega_o t(k) = 2\pi k - \theta_2(k) \tag{5-41}$$

代入(5-40)式,可得

$$x(k) = A \sin[\theta_1(k) - \theta_2(k)] = A \sin \theta_e(k) \tag{5-42}$$

式中

$$\theta_e(k) = \theta_1(k) - \theta_2(k) \tag{5-43}$$

为相位误差。可以看出,取样器通过取样,在取样时刻比较了输入信号与 DCO 输出钟信号之间的相位,输出一个与相位误差的正弦成比例的样品误差电压。

图中量化器是将取样器输出的样品电压用具有量化特性的非线性电路变换为整数量输出。按量化特性可分为有"死区"和无"死区"两类。为简单计,都认为是均匀量化的,如图 5-22(a)与(b)所示。使用有"死区"的量化器可避免取样值落在 $\pm x_0$ 范围内产生不必要的校正信号,从而减小噪声的影响。量化器输出的最大量化电平数 L 取决于所用环路滤波器及校正时刻所要求的相位误差改变量。量化特性用 $Q[x]$ 表示,x 为取样器输出,$x = A \sin \theta_e(k)$。所以第 k 个取样时刻量化器输出为

$$Q[x(k)] = Q[A \sin \theta_e(k)] \tag{5-44}$$

若设 $D[\cdot]$ 代表数字环路滤波器对其现时输入的某些先前输入的运算,则在第 k 个取样时刻,数字环路滤波器输出可表示为

$$y(k) = D\{Q[A \sin \theta_e(k)]\} \tag{5-45}$$

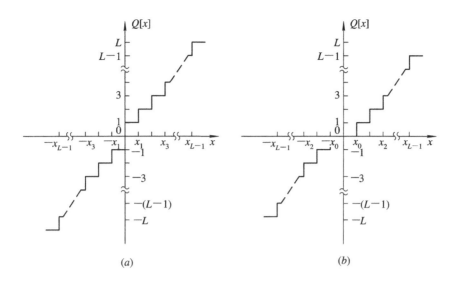

图 5-22 有、无死区的均匀量化的量化特性

(a) 无死区；(b) 有死区

对于 DCO 来说，第 k 个取样的周期为

$$T(k) = T_o - \frac{T_o}{N} y(k-1) \tag{5-46}$$

因此，$y(k)$ 将控制第 $(k+1)$ 个取样脉冲的周期，其控制量大小应为 $y(k) \cdot T_o/N$，换算为相位变更量则等于 $\Delta \cdot y(k)$。

这样，第 $(k+1)$ 个取样脉冲的相对相位，亦即环路的输出相位 $\theta_2(k+1)$ 为

$$\theta_2(k+1) = \theta_2(k) + \Delta \cdot y(k)$$
$$= \theta_2(k) + \Delta \cdot D\{Q[A \sin[\theta_1(k) - \theta_2(k)]]\} \tag{5-47}$$

用相位差表示，则为

$$\theta_e(k+1) - \theta_e(k) + \Delta \cdot D\{Q[A \sin \theta_e(k)]\} = \theta_1(k+1) - \theta_1(k) \tag{5-48}$$

(5-47)式与(5-48)式是环路的基本差分方程。依据(5-47)式可画出环路的基带相位模型，如图 5-23 所示。

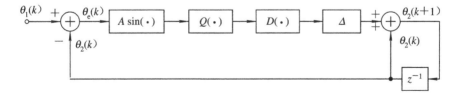

图 5-23 ZC_1-DPLL 的基带相位模型

按照 Z 变换原理，对 $\theta_2(k+1)$ 进行 Z 变换，若设 $\theta_2(0)=0$，则有

$$\theta_2(k+1) = z\theta_2(k)$$

代入(5-47)式，可得方程

$$\theta_2(k) = \frac{\Delta}{z-1} \cdot D\{Q[A \sin[\theta_1(k) - \theta_2(k)]]\} \tag{5-49}$$

这样，图 5-23 的基带相位模型又可用 Z 变换算子表示成图 5-24 所示的形式。

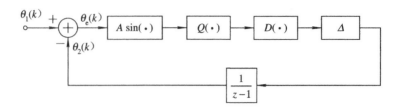

图 5 - 24　运用 Z 变换算子的环路模型

下面进行环路性能分析，为方便起见，先不计及量化效应，最后再考虑量化效应的影响。

二、环路的暂态跟踪性能

不计及量化效应时，可令 $Q[x(k)]=x(k)$，这样环路方程变为

$$\theta_2(k+1) = \theta_2(k) + \Delta \cdot D\{A \sin[\theta_1(k) - \theta_2(k)]\} \qquad (5-50)$$

及

$$\theta_e(k+1) - \theta_e(k) + \Delta \cdot D[A \sin \theta_e(k)] = \theta_1(k+1) - \theta_1(k) \qquad (5-51)$$

若 $D[\cdot]$ 用 Z 变换传递函数 $D(z)$ 表示，则有

$$\theta_2(k+1) = \theta_2(k) + \Delta \cdot D(z)A \sin[\theta_1(k) - \theta_2(k)] \qquad (5-52)$$

运用 Z 变换符号，有

$$\theta_2(k) = \frac{\Delta \cdot A \cdot D(z)}{z-1} \sin[\theta_1(k) - \theta_2(k)] \qquad (5-53)$$

由于非均匀取样，$t(k)$ 是 $\theta_2(k)$ 的函数，所以 $\theta_1(k)$ 与 $\theta_2(k)$ 有函数关系，即

$$\theta_1(k) = \theta_1[t(k)] = \theta_1\left[kT_o - \frac{\theta_2(k)}{\omega_o}\right] \qquad (5-54)$$

因此，(5-53)式亦可写成

$$\theta_2(k) = \frac{\Delta \cdot A \cdot D(z)}{z-1} \sin\left\{\theta_1\left[kT_o - \frac{\theta_2(k)}{\omega_o}\right] - \theta_2(k)\right\} \qquad (5-55)$$

这是双重非线性方程，一种是正弦非线性，另一种是由于非均匀取样引起的输出相位出现在输入相位的宗量内的非线性。在相位差很小，即同步跟踪状态下，可不考虑正弦非线性，即令

$$\sin \theta_e(k) \approx \theta_e(k)$$

但是无法去掉 $\theta_1(k)$ 与 $\theta_2(k)$ 之间存在的耦合，因此方程仍是非线性的。

为分析方便，令(7-46)式中 $\Delta \cdot A=1$ 来分析一、二阶环的暂态跟踪性能。

1. 一阶环

对于一阶环，可令(5-52)式中 $D(z)=1$，则有环路方程

$$\theta_2(k+1) = \theta_2(k) + \sin[\theta_1(k) - \theta_2(k)] \qquad (5-56)$$

及

$$\theta_e(k+1) - \theta_e(k) + \sin \theta_e(k) = \theta_1(k+1) - \theta_1(k) \qquad (5-57)$$

(1) 相位阶跃输入。这时

$$\theta_1(k+1) = \theta_1(k) = \Delta\theta \qquad k \geqslant 0$$

代入环路方程，有

$$\theta_2(k+1) = \theta_2(k) + \sin[\Delta\theta - \theta_2(k)]$$

及

$$\theta_e(k+1) = \theta_e(k) - \sin\theta_e(k)$$

初始条件为

$$\theta_2(0) = 0$$

$$\theta_e(0) = 0$$

由于 $k \to \infty$ 时，同步状态应有

$$\theta_e(k+1) \approx \theta_e(k) = \theta_e(\infty)$$

式中 $\theta_e(\infty)$ 表示稳态相差，故由(7-48)式有

$$\sin\theta_e(\infty) \approx 0$$

即

$$\theta_e(\infty) \approx 0$$

图 5-25 与图 5-26 分别为在不同相位阶跃值 $\Delta\theta$ 下的输出相位响应与相位误差响应。由图可见，经若干次取样控制后，输出相位可跟踪输入相位，稳态相差趋于零，说明一阶数字环亦可精确地跟踪输入相位阶跃。

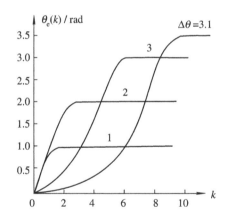

图 5-25　相位阶跃输入时的输出相位响应　　　图 5-26　相位阶跃输入时的相位误差响应

（2）频率阶跃。对应于频率阶跃 $\Delta\omega = \omega_i - \omega_o$ 的离散输入相位为

$$\theta_1(k) = \Delta\omega t(k) + \theta_i = \frac{\omega_i - \omega_o}{\omega_o}[2\pi k - \theta_2(k)] + \theta_i \tag{5-58}$$

式中 θ_i 为初始相差。将(5-58)式代入环路方程(5-56)式与(5-57)式，有

$$\theta_2(k+1) = \theta_2(k) + \sin\left\{\frac{\omega_i - \omega_o}{\omega_o}\left[2\pi k - \frac{\omega_i}{\omega_i - \omega_o}\theta_2(k)\right] + \theta_i\right\} \tag{5-59}$$

及

$$\theta_e(k+1) = \theta_e(k) - \frac{\omega_i}{\omega_o}\sin\theta_e(k) + 2\pi\frac{\omega_i - \omega_o}{\omega_o} \tag{5-60}$$

输出相位响应如图 5-27 所示，当 $\omega_i/\omega_o = 1.05$ 时，环路延迟一个取样周期以极小误差跟踪输入相位。随着 ω_i/ω_o 的增大，如 $\omega_i/\omega_o = 1.185$ 时，跟踪误差也大。

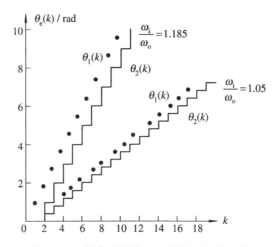

图 5 - 27 频率阶跃输入时的输出相位响应

图 5 - 28 是不同 ω_i/ω_o 值下的相位误差响应。由图可见，当 ω_i/ω_o 值超过一定范围时，例如 $\omega_i/\omega_o \geqslant 1.2$ 或 $\omega_i/\omega_o \leqslant 0.8$，相位差会发散；而当 ω_i/ω_o 值在一定范围内，例如 $\omega_i/\omega_o = 0.9，0.95，1.1$ 及 1.15，相位误差最终会收敛到一个稳态值。据此可确定环路保持锁定的同步范围。

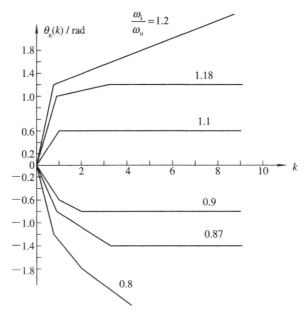

图 5 - 28 频率阶跃输入时的相位误差响应

若环路能够锁定，应在 $k \to \infty$ 时，$\theta_e(k+1) = \theta_e(k)$，因此由(5 - 60)式有

$$\sin \theta_e(\infty) \approx 2\pi \frac{\omega_i - \omega_o}{\omega_i} \tag{5 - 61}$$

取 $\sin\theta_e(\infty) = \pm 1$ 时，则由(5 - 61)式得环路能够锁定的上限与下限频率

$$\omega_{iH} = \frac{2\pi}{2\pi - 1}\omega_o \qquad \omega_{iL} = \frac{2\pi}{2\pi + 1}\omega_o \tag{5 - 62}$$

由此有环路锁定的同步范围

$$2\Delta\omega_H = \omega_{iH} - \omega_{iL} = \frac{4\pi}{4\pi^2 - 1}\omega_o \tag{5-63}$$

用输入信号频率与 DCO 中心频率 ω_o 之比表示,则应满足

$$\frac{2\pi}{2\pi + 1} \leqslant \frac{\omega_i}{\omega_o} \leqslant \frac{2\pi}{2\pi - 1} \tag{5-64}$$

若 $\Delta \cdot A \neq 1$,则在前面有关方程中 $\sin\theta_e(k)$ 项的系数应乘以 $\Delta \cdot A$,故有

$$\sin\theta_e(\infty) \approx \frac{2\pi(\omega_i - \omega_o)}{\omega_i \cdot \Delta \cdot A} \tag{5-65}$$

故而(5-64)式可改写为

$$\frac{2\pi}{2\pi + \Delta \cdot A} \leqslant \frac{\omega_i}{\omega_o} \leqslant \frac{2\pi}{2\pi - \Delta \cdot A} \tag{5-66}$$

2. 二阶环

此时 $D(z) \neq 1$,故对于相位阶跃,相位误差响应方程为(仍设 $\Delta \cdot A = 1$)

$$\theta_e(k+1) - \theta_e(k) + D(z)\sin\theta_e(k) = 0 \tag{5-67}$$

相应的初始条件是 $\theta_e(0) = \Delta\theta$。

显然可得到类似一阶环的关系,说明环路对相位阶跃输入是很容易跟踪的。下面着重讨论频率阶跃输入的相位误差响应。

当 $\Delta\omega = \omega_i - \omega_o$ 时,相应的离散输入相位仍旧为

$$\theta_1(k) = \frac{\omega_i - \omega_o}{\omega_o}\big[2\pi k - \theta_2(k)\big] + \theta_i \tag{5-68}$$

因此由(5-51)式可得(仍设 $\Delta \cdot A = 1$)

$$\theta_e(k+1) - \theta_e(k) + \frac{\omega_i}{\omega_o}D(z)\sin\theta_e(k) = \frac{2\pi}{\omega_o}(\omega_i - \omega_o) \tag{5-69}$$

若数字环路滤波器 Z 变换传递函数 $D(z)$ 为

$$D(z) = K \cdot \frac{z + c_1}{z + p_1} \tag{5-70}$$

则二阶数字环的相位误差响应方程为

$$\theta_e(k+2) + (p_1 - 1)\theta_e(k+1) - p_1\theta_e(k) + \frac{\omega_i}{\omega_o}K\big[\sin\theta_e(k+1) + c_1\sin\theta_e(k)\big]$$

$$= (1 + p_1)\left(\frac{\omega_i - \omega_o}{\omega_o}\right) \cdot 2\pi \tag{5-71}$$

方程比较复杂,但在相位误差较小的情况下,可令 $\sin\theta_e(k) \approx \theta_e(k)$,将方程线性化为

$$\theta_e(k+2) + \left(p_1 + \frac{\omega_i}{\omega_o}k - 1\right)\theta_e(k+1) + \left(\frac{\omega_i}{\omega_o} \cdot kc_1 - p_1\right)\theta_e(k)$$

$$= (1 + p_1)\left(\frac{\omega_i - \omega_o}{\omega_o}\right) \cdot 2\pi \tag{5-72}$$

因为一阶环对频率阶跃输入有非零的稳态相差,我们希望使二阶环对频率阶跃输入的稳态相差为零,为此应令 $k \to \infty$ 时,$\theta_e(k) = 0$。这样,当 $k \to \infty$ 时,(5-72)式右边驱动函数应当等于零,所以首先选择

$$p_1 = -1 \tag{5-73}$$

另外,关于 c_1 的选择可将 $p_1 = -1$ 代入(5-72)式,得

$$\theta_e(k+2) + b_1\theta_e(k+1) + b_2\theta_e(k) = 0 \tag{5-74}$$

式中
$$b_1 = \frac{\omega_i}{\omega_o}k - 2; \qquad b_2 = \frac{\omega_i}{\omega_o}kc_1 + 1$$

因此不管初始条件如何,(5-72)式的解可以收敛到零的必要与充分条件是

$$1 + b_1 + b_2 > 0$$
$$1 - b_1 + b_2 > 0$$
$$1 - b_2 > 0$$

将 b_1、b_2 值代入,最后 c_1 值应满足下述条件:

$$\left.\begin{array}{c} -1 < c_1 < 0 \\[2mm] 0 < k < \dfrac{4\omega_o}{\omega_i(1-c_1)} \end{array}\right\} \tag{5-75}$$

如果使环路滤波器的参数选择满足(5-74)式和(5-75)式条件,则由频率阶跃产生的相位误差最终会趋于零。显然,这些结果与对应的非理想模拟二阶环是不同的。上述方法可以推广到更高阶数字环的分析。

三、有量化时的 ZC_1 - DPLL

下面主要讨论无"死区"量化时一阶数字环的性能。在环路方程(5-47)式与(5-48)式中,无环路滤波器时可令

$$D\{Q[x(k)]\} = Q[x(k)]$$

则有一阶环环路方程

$$\theta_2(k+1) = \theta_2(k) + \Delta \cdot \{Q[A \sin[\theta_1(k) - \theta_2(k)]]\} \tag{5-76}$$

及

$$\theta_e(k+1) - \theta_e(k) + \Delta \cdot \{Q[A \sin\theta_e(k)]\} = \theta_1(k+1) - \theta_1(k) \tag{5-77}$$

1. 对相位阶跃的响应

有相位阶跃的输入信号的表示式为

$$U_i(t) = A \sin[\omega_o t + \Delta\theta] \tag{5-78}$$

显然,对于所有 k 值,皆满足 $\theta_1(k) = \Delta\theta$。代入(5-76)式及(5-77)式,有

$$\theta_2(k+1) = \theta_2(k) + \frac{2\pi}{N} \cdot Q\{A \sin[\Delta\theta - \theta_2(k)]\} \tag{5-79}$$

其初始条件为 $\theta_2(0)=0$,及

$$\theta_e(k+1) = \theta_e(k) - \frac{2\pi}{N} \cdot Q\{A\sin[\Delta\theta - \theta_2(k)]\} \tag{5-80}$$

其初始条件为 $\theta_e(0) = \Delta\theta - \theta_2(0) = \Delta\theta$。

由(5-41)式,还可得取样时刻 $t(k)$

$$t(k) = \frac{2\pi k - \theta_2(k)}{\omega_o} \tag{5-81}$$

其初始条件为 $t(0)=0$。

对所得到的这组差分方程(5-79)～(5-81)式,运用数字计算机进行模拟计算,所得结果如图 5-29 及图 5-30 所示。

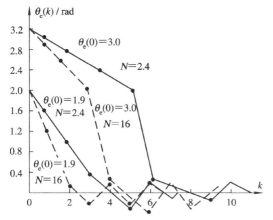

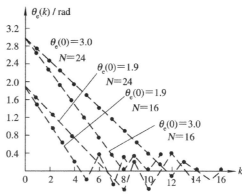

图 5 - 29　$L=2$ 及 $x_1=\dfrac{A}{\sqrt{2}}$ 时的相位阶跃响应　　　　图 5 - 30　$L=1$ 时的环路相位阶跃响应

分析(5 - 80)式及模拟计算结果，可得到以下结论：

（1）环路可以跟踪输入的相位阶跃，但是存在着一个稳态起伏相差。可以看出，随着 k 值的增大，相位差 $\theta_e(k)=\Delta\theta-\theta_2(k)$ 会逐步减小，最终 $\theta_2(k)$ 将围绕着零值在 $\Delta=2\pi/N$ 范围内起伏，而趋于稳态。

在稳态时满足 $\theta_e(k+1)-\theta_e(k)=\pm2\pi/N$，所以平均稳态相差 $|\overline{\theta_{es}}|\leqslant\Delta/2$，$\Delta$ 与状态数 N 成反比，所以平均稳态相差 $|\overline{\theta_{es}}|$ 与 N 成反比，N 愈大，平均稳态相差愈小。

（2）环路的过渡时间除与初始相位阶跃 $\Delta\theta$ 大小有关外，还与 Δ 成正比，即与状态数 N 成反比。在给定的 L 值下，N 愈大，Δ 愈小，过渡响应时间愈长。

此外还可以看到，若 N 值一定，相邻的取样时刻之间可能发生的最大相位变更量等于 $\Delta\cdot L$，因此增加 L 值，也可使过渡时间缩短。

上述两点表明了过渡响应时间与平均稳态相差大小对状态数 N 的要求是矛盾的，必须适当地加以选择。

2. 频率阶跃响应

令 $\omega_i-\omega_o$ 表示输入信号的频率阶跃，则输入信号可写成

$$u_i(t)=A\sin[\omega_o t+(\omega_i-\omega_o)t]$$

式中设初相 $\theta_i=0$，则有输入相位

$$\theta_1(k)=(\omega_i-\omega_o)t(k)\tag{5-82}$$

将(5 - 81)式代入上式，可得

$$\theta_1(k)=\frac{\omega_i-\omega_o}{\omega_o}[2\pi k-\theta_2(k)]\tag{5-83}$$

所以

$$\theta_1(k+1)-\theta_1(k)=\frac{\omega_i-\omega_o}{\omega_o}\{2\pi-[\theta_2(k+1)-\theta_2(k)]\}$$

$$=\frac{\omega_i-\omega_o}{\omega_o}\left\{2\pi-\frac{2\pi}{N}Q[A\sin\theta_e(k)]\right\}\tag{5-84}$$

将(5 - 84)式代入(5 - 77)式，经整理后可得

$$\theta_e(k+1) = \theta_e(k) - \left(\frac{\omega_i}{\omega_o}\right)\frac{2\pi}{N} \cdot Q[A\sin\theta_e(k)] + \left[\frac{\omega_i}{\omega_o} - 1\right] \cdot 2\pi \qquad (5-85)$$

初始条件为：$\theta_e(0) = \theta_1(0) = 0$ [设 $t(0) = 0$]。

若环路对于输入的频率阶跃信号能处于锁定状态，那么稳态相差就不会发散，也就是 $\theta_e(k)$ 不会随着 k 值的增加而愈来愈大。稳态相差不会发散的频率阶跃范围，就是环路的锁定范围。

所以若环路处于锁定状态，稳态相差必然满足

$$\theta_e(k+1) \approx \theta_e(k) \qquad 当 \; k \to \infty \; 时$$

在(5-85)式中使用上述条件，可得

$$\frac{\omega_i}{\omega_o} \cdot \frac{2\pi}{N} \cdot Q[A\sin\theta_e(k)] = \left(\frac{\omega_i}{\omega_o} - 1\right) \cdot 2\pi \qquad (5-86)$$

即有

$$Q[A\sin\theta_e(k)] = \frac{\omega_i - \omega_o}{\omega_i} \cdot N$$

$Q[A\sin\theta_e(k)]$ 的极值是 $\pm L$，所以

$$\left(\frac{\omega_i - \omega_o}{\omega_i}\right) \cdot N = \pm L$$

因此，环路可锁定的最低与最高频率分别为

$$\omega_{iL} = \left(\frac{N}{N+L}\right)\omega_o \qquad (5-87)$$

与

$$\omega_{iH} = \left(\frac{N}{N-L}\right)\omega_o \qquad (5-88)$$

可锁定的频率范围

$$\frac{N}{N+L} \leqslant \frac{\omega_i}{\omega_o} \leqslant \frac{N}{N-L} \qquad (5-89)$$

可以看出，锁定范围正比于中心频率 ω_o，而且与状态数 N 及量化电平数 L 都有关。

运用数字计算机进行模拟运算，其结果如图 5-31 及图 5-32 所示，此结果与分析结果是吻合的。

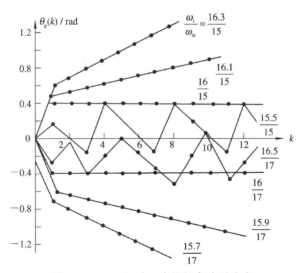

图 5-31　$L=1$ 时环路的频率阶跃响应

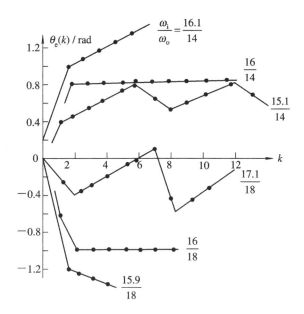

图 5 - 32　$L=2$，$x_1=\dfrac{A}{\sqrt{2}}$ 时环路的频率阶跃响应

由(5 - 84)式与(5 - 85)式，以及观察图 5 - 31 及图 5 - 32，可得如下结论：

(1) 环路可在(5 - 89)式的锁定范围内跟踪频率阶跃。稳态相差仍是起伏的，但数值是有限的。平均稳态相差 $|\overline{\theta_{es}}|$ 随 $\dfrac{\omega_i}{\omega_o}$ 值的增加而增大。

(2) 在 $\dfrac{\omega_i}{\omega_o}$ 值准确地等于锁定范围的边界值时，稳态相差是一常数。从图 5 - 31 及图 5 - 32 可以看到这一点。现通过(5 - 85)式进行简单的证明：

设 $L=1$，对于 $\dfrac{\omega_i}{\omega_o}=\dfrac{N}{N-1}$，(5 - 85)式可简化为

$$\theta_e(k+1)=\theta_e(k)+\frac{2\pi}{N-1}\{1-Q[A\sin\theta_e(k)]\}$$

其初始条件为 $\theta_e(0)=0$。

令 $k=0$，则

$$\theta_e(1)=0+\frac{2\pi}{N-1}[1-0]=\frac{2\pi}{N-1}$$

$k=1$，则

$$\theta_e(2)=\theta_e(1)+\frac{2\pi}{N-1}[1-1]=\frac{2\pi}{N-1}$$

$$\vdots$$

对于所有大于零的 k 值，皆有

$$\theta_e(k)=\theta_e(1)=\frac{2\pi}{N-1}\qquad（常数）$$

按照同样道理，可证明对于下界 $\dfrac{\omega_i}{\omega_o}=\dfrac{N}{N+1}$，对于所有大于零的 k 值而言，皆有

$$\theta_e(k) = -\frac{2\pi}{N+1} \qquad (\text{常数})$$

若 $L > 1$，当 $\dfrac{\omega_i}{\omega_o} = \dfrac{N}{N \pm L}$ 时，(5-85)式可简化为

$$\theta_e(k+1) = \theta_e(k) \mp \frac{2\pi}{(N \pm L)} \cdot \{L \pm Q[A \sin \theta_e(k)]\} \qquad (5-90)$$

初始条件为 $\theta_e(0) = 0$。

当 k 值由零逐步增大时，由于时钟取样脉冲的相位变化跟不上由频率阶跃引起的输入相位随时间的变化，使相差逐步增大，直至某个取样时刻点 j 时，量化器输出值 $Q[A \sin\theta_e(j)]$ 等于量化电平数 $\pm L$，使相差不再随 k 值增大而增大，而是等于一常数。对于给定的 N 及 L 值，j 值的大小依量化特性电平变化点 x_1，x_2，$\cdots$，x_L 值而定。

（3）在 ω_i/ω_o 值超过(5-89)式给定的锁定范围时，环路失锁，相差发散。这由(5-85)式也可得到说明。将(5-85)式重新整理，可写成下面的形式：

$$\theta_e(k+1) - \theta_e(k) = 2\pi \left\{ \frac{\omega_i}{\omega_o} \left[\frac{N - Q[A \sin \theta_e(k)]}{N} \right] - 1 \right\} \qquad (5-91)$$

式中 $Q[A \sin \theta_e(k)]$ 的极值是 $\pm L$。当 $\dfrac{\omega_i}{\omega_o} > \dfrac{N}{N-L}$ 时，(5-91)式右边 $\{\cdot\}$ 项的值就永远大于 0。所以对任何 k 值，都有

$$\theta_e(k+1) > \theta_e(k)$$

当 $\dfrac{\omega_i}{\omega_o} < \dfrac{N}{N+L}$ 时，(5-91)式右边 $\{\cdot\}$ 项的值就永远是小于 0 的。所以对任何 k 值，都有

$$\theta_e(k+1) < \theta_e(k)$$

（4）当 N 值一定时，则在允许的平均稳态相差范围内，增大量化电平数 L 值可改善过渡响应及扩大锁定范围。但是 L 值不应超过 N，这从 $T(k)$ 及量化特性 $Q[A \sin \theta_e(k)]$ 之间的关系

$$T(k) = T_o - \frac{T_o}{N} Q[A \sin\theta_e(k-1)] \qquad (5-92)$$

可以看出，$Q[\cdot]$ 的最大值是 L，若 $L > N$，则取样过程中，会使取样周期发生跳越一周的变化，这是无益的。所以设计量化器时，通常选择 $L \ll N$。

第五节　触发器型全数字锁相环

本节介绍一种触发器型(FF-DPLL)单片集成全数字锁相环(SN54/74LS297)，它是采用低功率肖特基 TTL(LSTTL)工艺制成的高速低功耗数字锁相环。这种集成数字锁相环可设定频带宽度与中心频率，使用方便；另外，不用 VCO，可大大减轻温度及电源电压变化对环路的影响。

SN54/74LS297 的功能结构图如图 5-33 所示，其中使用两个鉴相器 PD_1、PD_2，PD_1 为异-或门型鉴相器，PD_2 为边沿触发型鉴相器，两者可分开使用。同时使用时，可组成纹波抵消电路。

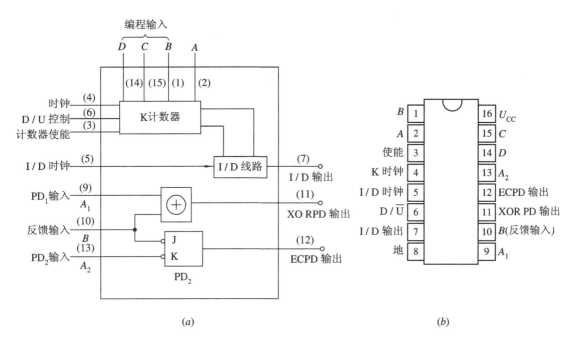

图 5 - 33 芯片功能结构图

(a) 结构简图; (b) 端子配置

电源电压 5 V,有效频率范围为 0~5 MHz(K 计数器时钟典型值)、0~35 MHz(I/D 线路时钟典型值)。

一、工作原理

一阶 DPLL 的基本构造如图 5 - 34 所示,有数字鉴相器与数字压控振荡器(DCO)。DCO 系由 K 计数器、增/减(I/D)线路与 N 分频器所组成。K 计数器与 I/D 线路所需的两时钟 K clk 与 I/D clk 由外部电路供给。

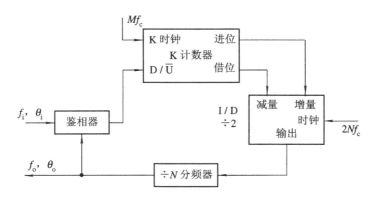

图 5 - 34 一阶 DPLL 的基本构成

1. 数字鉴相器

在 74LS297 芯片中有两种形式鉴相器 PD_1 与 PD_2,PD_1 为异-或门比相器(XORPD),PD_2 为边沿触发式比相器(ECPD)。其原理分别为:

设输入信号为占空比 $1:1$ 的数字方波信号，用 $A_1(\theta_i)$ 或 $A_2(\theta_i)$ 表示，θ_i 代表输入相位；反馈输入信号用 $B(\theta_o)$ 表示，θ_o 代表环路输出信号相位（即鉴相器反馈输入相位）误差 $\theta_e = \theta_i - \theta_o$。

PD_1（XORPD）：异-或门鉴相器的功能表如表 5-1 所示。

表 5-1 异-或门功能表

A_1	B	输出
0	0	0
0	1	1
1	0	1
1	1	0

0—低电平
1—高电平

由功能表可得鉴相器输入输出波形如图 5-35 所示。显然，当 $\theta_e = 0$ 时，A_1 与 B 波形相差 $1/4$ 周期，实际相差为 $\pi/2$。

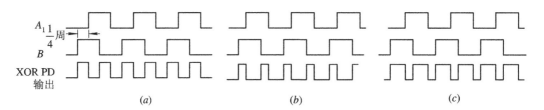

图 5-35 XORPD 的输入输出波形
(a) $\theta_e = 0$；(b) $\theta_e > 0$；(c) $\theta_e < 0$

若以 $\theta_e = 0$ 的 PD_1 输出成分中直流值为中值的话，则鉴相器直流误差电压与 θ_e 的关系（即鉴相特性）有图 5-36 所示的三角形特性。线性鉴相范围为 $\pm\pi/2$，线性增益 $K_d = 2/\pi$（V/rad）或 $K_d = 4$（V/H$_z$）。

PD_2（ECPD）：边沿触发鉴相器的功能表如表 5-2 所示。表中 A_2 表示 PD_2 输入信号，"1"为高电平，"0"为低电平，↓ 表示从高电平变到低电平，↑ 表示从低电平变到高电平。鉴相器系用两信号后沿触发来决定输出电平。

表 5-2 ECPD 的功能表

A_2	B	输 出
1 或 0	↓	1
↓	1 或 0	0
1 或 0	↑	无变化
↑	1 或 0	无变化

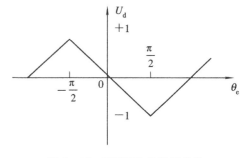

图 5-36 XORPD 的鉴相特性

由功能表可得鉴相器波形如图 5-37 所示。当 $\theta_e = 0$，A_2 与 B 的波形相差 $1/2$ 周期，即实际相差为 π。

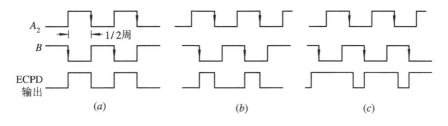

图 5－37 ECPD 的输入输出波形

(a) $\theta_e = 0$；(b) $\theta_e > 0$；(c) $\theta_e < 0$

同理，以 A_2 与 B 相差 1/2 周时（$\theta_e = 0$）输出直流成分为中心值，则有鉴相特性如图 5－38 所示的三角形特性。线性鉴相范围为 $\pm\pi$，线性鉴相增益 $K_d = 1/\pi$（V/rad）或 $K_d = 2$（V/Hz）。

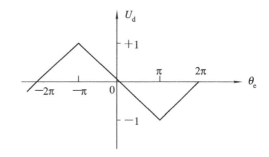

图 5－38 ECPD 的鉴相特性

2. K 计数器及 I/D 线路

K 计数器及 I/D 线路具有产生信号的功能，I/D 线路输出外接 N 分频器，可形成鉴相器的反馈输入。

K 计数器是由向上计数器（Up Counter）与向下计数器（Down Counter）所构成，对应有进位（Carry）与借位（Borrow）输出。D/U 输入用以选择 K 计数器向上或向下计数。当鉴相器输出接到 D/U 端，鉴相器输出"L"（低电平）时使之向上计数；输出"H"（高电平）时使之向下计数。计数是可逆的，在两信号比相的一个周期内，若"L"电平占时间隔大于"H"占时间隔，则计数结果为向上计数。显然，向上或向下计数是指计入输入时钟 Mf_c 的脉冲数。$K_d\theta_e$ 值表示着比相一周期内"L"与"H"占时的平均结果，因此，若 $\theta_e > 0$，则 $K_d\theta_e < 0$，平均结果为向上计数，其计数值为 $K_d\theta_e Mf_c$；$\theta_e < 0$，$K_d\theta_e > 0$，平均结果为向下计数，计数值为 $K_d\theta_e Mf_c$。向上计数，计数值经 K 次分频后输出进位脉冲，而向下计数的计数值经 K 次分频后输出借位脉冲。在 IC 芯片内部，进位与借位输出联至 I/D 线路的增量（Increment）及减量（Decrement）输入中。若增量输入一个进位脉冲，I/D 输出就增加1/2周期；减量输入一个借位脉冲，I/D 输出就扣除1/2周期。

I/D 线路由时钟输入（频率 $2Nf_c$）、控制脉冲插入与扣除的控制器及 2 分频器所组成。在增量或减量输入时 I/D 线路的输入、输出波形如图 5－39 所示。

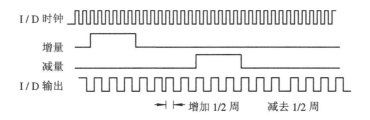

图 5－39 I/D 线路的波形图

3. 环路动作过程

显然,将 I/D 线路输出接至外接的 N 分频器, N 次分频后反馈至鉴相器输入,其将是相位发生超前或滞后 $1/2N$ 周期的脉冲信号 B。若闭合环路,整个控制过程如下:

若环路输入信号 A_1(或 A_2)超前反馈输入信号 B, $\theta_e>0$,鉴相器输出至 K 计数器,结果为向上计数值, K 计数器输出进位脉冲至 I/D 线路的增量输入。每个进位脉冲将使 I/D 线路输出增加 $1/2$ 周期的插入脉冲,经 N 次分频后,使 B 信号 θ_o 发生步进提前,从而使相位差 $\theta_e=\theta_i-\theta_o$ 减小。此过程不断进行,只要 $\theta_e>0$, K 计数器不断输出进位脉冲,每输出一个进位脉冲,相位差就可步进校正一次。步进校正量为 $2\pi/2N=\pi/n(\mathrm{rad})$,直至进入以零相位差为中心的稳态平衡状态。对于 $\theta_e<0$ 的情形,步进校正过程与上述过程类同。

进入稳态,意味着在零相位差点上,相位差的步进校正来回反复进行,上一次校正使相位差的 θ_e 由 >0 校正至 <0,下一次校正又使 $\theta_e<0$ 变至 $\theta_e>0$。

二、环路性能分析

对应图 5-34 的环路结构, K 计数器的输入时钟频率为 Mf_c,其中 M 为常数、 f_c 为环路中心频率,即非锁定(或同步)状态下环路的自由振荡频率。而 K 计数器输入 D/U 控制系由鉴相器输出确定。如前所述, K 计数器输出进位或借位脉冲重复频率为

$$f_K = \frac{K_d\theta_e \cdot Mf_c}{K} \tag{5-93}$$

式中 K 为 K 计数器的分频比。

I/D 线路输入时钟频率为 $2Nf_c$,显然有环路中心频率

$$f_c = \frac{\text{I/D 时钟频率}}{2N} \tag{5-94}$$

调节 N 可调节中心频率 f_c。I/D 线路输出脉冲重复频率 $f_{\mathrm{I/D}}$ 应是其中心输出频率 $2Nf_c/2$ 加上增加或扣除周期的脉冲重复频率 $f_K/2$,即

$$f_{\mathrm{I/D}} = Nf_c + \frac{K_d\theta_e Mf_c}{2K} \tag{5-95}$$

因此有环路输出频率(B 信号之频率)

$$f_o = f_c + \frac{K_d\theta_e \cdot Mf_c}{2NK} \tag{5-96}$$

由于 $K_d\theta_e$ 的最大值为 ±1,因此由上式可得环路锁定频率范围(或称同步跟踪范围)

$$2\Delta_{\max} = (f_o)_{\max} - f_c = \frac{Mf_c}{KN} \tag{5-97}$$

显然,当环路进入锁定状态,有 $f_o=f_i$,但是 A 与 B 两信号之间仍存在一定稳态相差。在(5-96)式中,令 $f_o=f_i$,则有

$$\theta_{e\infty} = \frac{2KN(f_i-f_c)}{K_d Mf_c} \tag{5-98}$$

由上所述,可有环路的锁定特性如图 5-40 所示。

另外,由(5-97)式看到,锁定范围同 K 计数器的分频比 K 值有很大关系。 K 值愈大,锁定范围愈窄,而且由于进位或借位脉冲的重复频率降低,周期加长,环路进入同步的时间也会变长。所以调节 K 可对环路锁定范围与同步时间进行调整。 K 值调节是依靠 K 计

数器的可编程输入来控制的。可编程式分频器之功能表如表 5-3 所示。

表 5-3 可编程式 K 计数器的编程功能

D	C	B	A	K 值
0	0	0	0	禁止
0	0	0	1	2^3
0	0	1	0	2^4
0	0	1	1	2^5
0	1	0	0	2^6
0	1	0	1	2^7
0	1	1	0	2^8
0	1	1	1	2^9
1	0	0	0	2^{10}
1	0	0	1	2^{11}
1	0	1	0	2^{12}
1	0	1	1	2^{13}
1	1	0	0	2^{14}
1	1	0	1	2^{15}
1	1	1	0	2^{16}
1	1	1	1	2^{17}

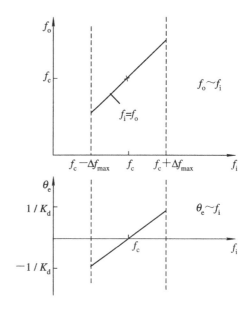

图 5-40 SN54/74LS297 的锁定特性

由表 5-3 看出，当编程输入 A、B、C、D 端全为低电平"0"时，分频器处在禁止状态；当 B、C、D 为低电平，A 为高电平时，K 值有最小值 2^3；而当 A、B、C、D 全为高电平"1"时，K 有最大值 2^{17}。显然，依靠编程输入，可调节 K 值为需要的设计值。

三、应用举例

1. FSK 信号解调

运用 SN74LS297 DPLL 进行 FSK 信号解调的连接线路如图 5-41 所示。图中 'LS74A 为 D 触发器。

设输入的 FSK 信号的频率 f_i 在 f_1 与 f_2 两个频率之间变化。选择环路中心频率 $f_1 < f_c < f_2$，则当 $f_i = f_1$ 时，由 $f_i < f_c$，环路产生负向稳态相差，$\theta_{e\infty} < 0$，D 触发器输出高电平信号；当 $f_i = f_2$ 时，由于 $f_i > f_c$，环路产生正向稳态相差，$\theta_{e\infty} > 0$，D 触发器输出低电平信号。触发器输出即为解调的数码。解码波形如图 5-42 所示。

2. 锁定范围及中心频率的实时控制

将 SN54/74LS297 配合微处理机使用，可对锁定范围与中心频率 f_c 实施自适应实时调节。结构框图如图 5-43 所示。

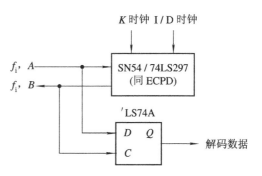

图 5-41 FSK 信号的解调线路

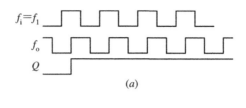

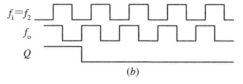

图 5-42　FSK 信号的解码波形

(a) $f_i = f_1$ 时波形；(b) $f_i = f_2$ 时波形

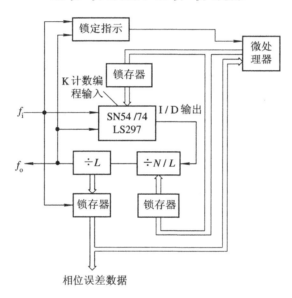

相位误差数据

图 5-43　采用微处理机的实时控制结构框图

图中，DPLL 的外接 N 分频器由两部分组成，一部分为可并联输出的 L 分频器，其并联输出可读出表示实时相位误差值的数据；而另一部分为分频比 (N/L) 受编程控制的程序分频器。总分频比仍为 N，即

$$L \cdot \frac{N}{L} = N$$

按照 (5-94) 式，通过微处理机的编程输入控制 N 值，可调节中心频率 f_c 值。微处理器根据锁定指示器指示，在环路未进入锁定时，控制 K 计数器的 A、B、C、D 编程输入，使分频比 K 值处于低分频比值，以扩大锁定范围，并使同步时间减小，从而加速环路进入锁定。当环路进入锁定后，微处理器可读出连接在并联输出分频器 (L) 上的锁存器之相位误差 θ_e，根据 θ_e 值大小实时调节程序分频器 (N/L) 的编程输入，变更 N 值来调节中心频率 f_c，让 $f_c \approx f_i$，从而使稳态相差 $\theta_{e\infty}$ 接近于零。与此同时，微处理器又调节 K 计数器编程输入，使 K 值增大，将环路锁定范围或带宽缩窄，以减少干扰的作用。

【习　题】

5-1　数字锁相环有哪几种类型？它们各有什么特征？

5-2　在数字锁相环中，模 2π 状态数 N 的含义是什么？若环路 DCO 的信号钟频率为 72 MHz，要求环路的最大稳态相差值不大于 $5°$，试求：

（1）环路的模 2π 状态数 N 值；

（2）环路输入信号中心频率 $f_\circ$ 值。

5-3　妨碍数字锁相环高速应用的关键何在？试加以扼要说明。

5-4　对于图 5-17 位同步数字环，已知时钟重复周期 $T_\circ=0.001$ ms，要求稳态差小于 $10°$，试求输入信号频率的最大值。

5-5　试说明 ZC_1-DPLL 环路中最大量化电平数 L 值对环路性能的影响。

5-6　试证明当 ZC_1-DPLL 环路处于锁定范围下界 $[\omega_i/\omega_\circ=N/(N+1)]$ 时，有

$$\theta_e(K)\,|_{k\geqslant1} = 常数$$

5-7　试证明在触发器型单片数字环中，K 计数器 D/U 端在鉴相器输出高、低电平作用下，K 计数器计入的时钟脉冲数目等于 $K_d\theta_e Mf_c$。

5-8　试说明触发器型单片数字环芯片中运用微处理器实施实时控制的自适应调节功能，并画出微处理器实时控制的程序流程图。

第六章　集成锁相环路

第一节　概　　述

锁相环路在电子技术的各个领域中应用极为广泛，已成为电子设备中常用的一种基本部件。为了方便调整、降低成本和提高可靠性，以便在各种电子设备中发挥更好的作用，迫切希望它能集成化、数字化、小型化和通用化。国外自 20 世纪 60 年代末第一个锁相集成产品问世以来锁相环路技术发展极为迅速，产品种类繁多，工艺日新月异。目前，除某些特殊用途的锁相环路外，几乎全部集成化了，已生产出数百个品种。国内虽然起步较晚，但在锁相集成电路的生产上，也取得了可喜的进展。锁相集成电路由于性能优良、价格便宜、使用方便，正被许多电子设备所采用。当前集成锁相环路已成为锁相技术的一项重要进展。

1. 集成锁相环路的特点

锁相环是一个相位反馈控制系统，最大特点是可以不用电感线圈，实现对输入信号频率和相位的自动跟踪。由于锁相环路易于集成化，且性能优越，所以锁相集成电路已成为继集成运算放大器之后，又一个用途广泛的多功能集成电路。此外，数字集成化电路对扩大锁相环的功能和提高锁相环的性能有很大的帮助，在锁相集成电路尤其是在数字式集成频率合成器中已被大量采用。因此锁相集成电路又成为模拟技术和数字技术相结合的优秀典型。因此集成锁相环路已成为引人注目的功能器件。

2. 锁相集成电路的分类

锁相集成电路种类很多。按电路程式可分为模拟式与数字式两大类。按用途，无论模拟式还是数字式，又都可分为通用型与专用型两种。为了适应各种不同用途的需要，在锁相集成电路设计时，通用型的又分"多功能设计"与"部分多功能设计"两种考虑。例如压控振荡器、波形发生器、鉴相器、模拟相乘器、频率合成器中电路性质相似的数字鉴相、参考分频器的组合集成电路，以及集成部件之间在内部都不直接连线的单片锁相环等，使之有最多功能，就属于多功能设计的产品；各集成部件之间在内部有部分相连接的单片锁相环，它能完成几种功能，就属于部分多功能设计产品。专用型的均为单功能设计，像调频立体声解调环（MPX）、四声解调（CD－4）、正交色差信号的同步检波环、单片民用频率合成器，以及频率合成器中的参考振荡器、前置分频器、程序分频器和数字混频器等，就属于这种类型的产品。现将上述分类示于表 6－1 中。

3. 工艺特点

锁相集成电路的工艺比较复杂，涉及的工艺种类较多。一般来说，模拟型以线性集成电路为主，而且几乎都是双极性的。数字型是用逻辑电路构成的，以 TTL（包括 HTTL、

LSTTL、STTL 等)电路为主。在要求高速的逻辑电路中采用 ECL 电路。已进入实用化的民用频率合成器用数字部件组合集成电路,大部分采用 CMOS 电路。虽然 CMOS 电路频率响应不一定好,但它具有噪声容限很大、集成度容易做高、功耗小、成本低等优点。目前,国外正引入 I^2L 和 LOCMOS 工艺,并把它用来制造大规模集成的 VHF/UHF 频率合成器(工作频率高达 1 GHz)获得成功。现将锁相集成电路的工艺特点列于表 6-2 中。

表 6-1 锁相集成电路分类

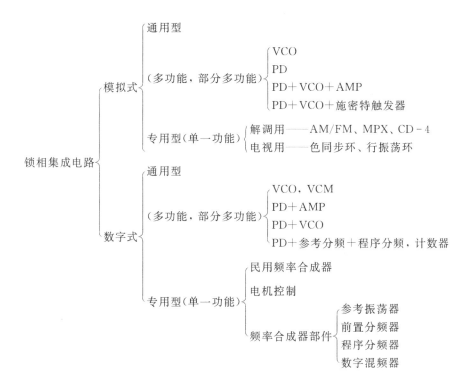

表 6-2 锁相集成电路工艺特点

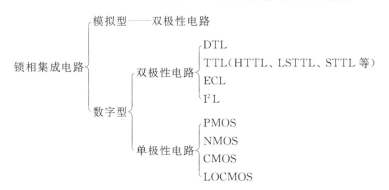

第二节 集成鉴相器

目前,宜于集成的鉴相器主要有两种类型:一种为模拟乘法器;另一种为数字比相器。

后者又分为边沿触发式和电平比较式两种。

一、模拟乘法器

用模拟乘法器作鉴相器，便于集成化，它在单片模拟集成锁相环中广泛采用。目前许多技术可以完成相乘作用，但在集成化模拟乘法器中运用最普遍的是所谓"可变跨导"法。

图 6-1 示出了平衡模拟乘法器的原理图。电路由两个差动对 V_1、V_2 和 V_3、V_4 以及恒流源 I_O 组成。R_L 为差动对的负载电阻，它与电容 C 组成低通滤波器。$u_1(t)$、$u_2(t)$ 为输入电压。$u_d(t)$ 为输出误差电压。$u_1(t)$ 控制 I_{c3} 在 V_1、V_2 中的分配，故 I_{c1}、I_{c2} 与 I_{c3}、$u_1(t)$ 都有关，$u_2(t)$ 控制 I_O 在 V_3、V_4 中的分配，故 I_{c3} 与 I_O、$u_2(t)$ 有关。最终 I_{c1}、I_{c2} 与 $u_1(t)$、$u_2(t)$ 有关，亦即 $u_d(t)$ 与 $u_1(t)$、$u_2(t)$ 有关。若 $V_1 \sim V_4$ 特性完全一致，同时设

$$u_1(t) = U_1 \sin(\omega t - \theta_e) \tag{6-1}$$

$$u_2(t) = U_2 \cos \omega t \tag{6-2}$$

则分析表明：

（1）当 $u_1(t)$、$u_2(t)$ 均为高电平时，有

$$u_d(t) = \begin{cases} U_R \dfrac{2}{\pi}\theta_e & -\dfrac{\pi}{2} \leqslant \theta_e \leqslant \dfrac{\pi}{2} \\ U_R \left(2 - \dfrac{2}{\pi}\theta_e\right) & \dfrac{\pi}{2} < \theta_e < \dfrac{3\pi}{2} \end{cases} \tag{6-3}$$

式中 $U_R = (1/2)I_O R_L$。可见，输出电压平均值与输入信号 $u_1(t)$、$u_2(t)$ 无关。乘法器具有三角形鉴相特性，如图 6-2 所示。

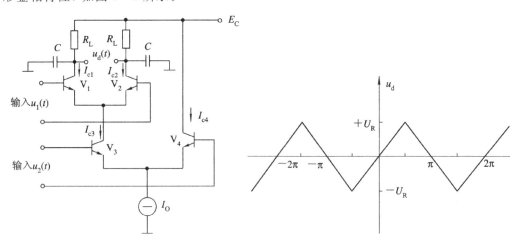

图 6-1　平衡模拟乘法器原理图　　　　　图 6-2　模拟乘法器三角形鉴相特性

误差电压最大值为 $+U_R$，最小值为 $-U_R$，鉴相特性斜率为

$$K_d = \pm \frac{2U_R}{\pi} \tag{6-4}$$

（2）当 $u_1(t)$ 为低电平，$u_2(t)$ 为高电平时，有

$$u_d(t) = \frac{U_R U_1}{\dfrac{\pi kT}{q}} \sin \theta_e \tag{6-5}$$

式中 k 为波尔兹曼常数；T 为绝对温度；q 为电子电荷。可见，输出电压平均值与高电平输入电压 $u_2(t)$ 无关，相乘器具有正弦波鉴相特性。

（3）当 $u_1(t)$、$u_2(t)$ 均为低电平时

$$u_d(t) = \frac{U_R U_1 U_2}{8\left(\dfrac{2kT}{q}\right)^2}\sin\theta_e \qquad (6-6)$$

可见，输出电压平均值与 U_1、U_2 的乘积成正比，乘法器同样具有正弦形鉴相特性。

为了提高鉴相灵敏度和减小载波泄漏，可以采用如图 6-3 所示的双平衡模拟乘法器。这个电路与图 6-1 的平衡模拟乘法器相比，增加了一差分对 V_5、V_6。$u_1(t)$ 差动地馈给晶体管 V_1、V_5 和 V_2、V_6 的基极，控制着 I_{c3} 在 V_1、V_2 和 I_{c4} 在 V_5、V_6 中的分配。$u_2(t)$ 加到 V_3、V_4 基极上，控制恒流源 I_O 在 V_3、V_4 中的分配。误差电压经 RC 比例积分滤波器后，从两个负载 R_L 上双端输出。分析表明，当 $u_1(t)$ 为低电平，$u_2(t)$ 为高电平时，有

$$u_d(t) = \frac{2U_R U_1}{\pi \dfrac{kT}{q}}\sin\theta_e \qquad (6-7)$$

可见，在这种工作条件下，双平衡模拟乘法器仍具有正弦形鉴相特性，但双端输出平均误差电压比平衡模拟乘法器大了一倍。

还必须指出，在图 6-1、图 6-3 所示的模拟乘法器中，输入信号 $u_1(t)$ 和 $u_2(t)$ 正、负极性都可以，因此实现了四个象限的工作。

图 6-4 示出了模拟乘法器 MC1496/1596 的实际线路。除用晶体管 V_7 和 V_8 组成了差动放大器 V_3、V_4 的恒流源外，其它与图 6-3 完全相同。最高工作频率达 10 MHz，电源电压范围为 ±15 V，载波泄漏低于 -50 dB，共模抑制比高达 -85 dB。

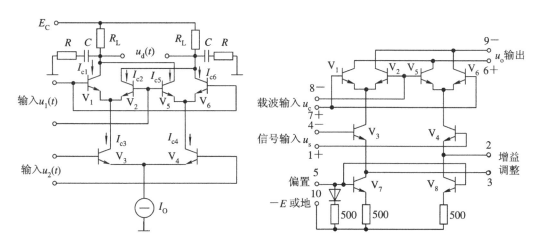

图 6-3　双平衡模拟乘法器原理图　　　　图 6-4　MC1496/1596 模拟乘法器

由前面分析可以看出，平衡模拟乘法器与双平衡模拟乘法器输出平均电压的系数与绝对温度 T 有关。当温度 T 升高 30℃时，系数缩小 10%，这就使锁相环路增益及其它性能随温度发生变化。为了克服这个缺点，并扩大 $u_1(t)$ 的输入线性动态范围，目前又出现了新的改进电路，如图 6-5 所示。在这种电路中，输入信号 $u_1(t)$ 先经过 V_7、V_8 后，再送入双差动电路。这时，(6-7)式中的 U_1 被二极管 V_{D1} 和 V_{D2} 的正向压降之差

$$\Delta U_{\mathrm{D}} = \frac{\dfrac{2kT}{q}}{I_{\mathrm{O2}}R_{\mathrm{e1}}}U_1$$

所代替。由于 ΔU_{D} 与温度有关，将 ΔU_{D} 代入（6-7）式，可把关于温度 T 的因子消去，得

$$u_{\mathrm{d}}(t) = \frac{4U_{\mathrm{R}}'U_1}{\pi I_{\mathrm{O2}}R_{\mathrm{e1}}}\sin\theta_{\mathrm{e}} \tag{6-8}$$

式中 $U_{\mathrm{R}}' = I_{\mathrm{O1}}R_{\mathrm{L}}$。

此外，这种改进后的四象限模拟乘法器具有工作频带宽、线性好、运算精度高等优点，是单片模拟乘法器中受欢迎的产品之一。这类产品有 MC1495/1595，如图 6-6 所示。电路采用了复合差动输入级 V_1、V_2、V_3、V_4 和 V_9、V_{10}、V_{14}、V_{15}，以提高输入电阻、减小偏流和扩大差模输入电压范围。其它部分与图 6-5 完全相同。最高工作频率达 100 MHz，电压范围为 ±15 V，线性度优于 2%。

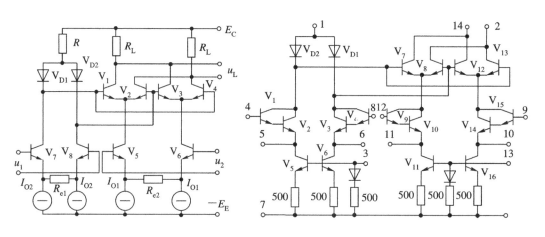

图 6-5　改进后的双平衡模拟乘法器　　　　图 6-6　MC1495/1595 模拟乘法器

图 6-7 和图 6-8 分别示出了功能比较完全、应用更加广泛的单片集成运算相乘器 XR-2208 的方框图和原理电路图。整个电路包括四象限模拟相乘器、高频缓冲放大器、运算放大器和内部电流变换器四部分。$V_1 \sim V_9$、V_{D1}、V_{D2} 及电流源 I_{O} 组成四象限模拟相乘器，V_{10}、V_{11} 组成高频缓冲放大器，$V_{12} \sim V_{22}$、$V_{\mathrm{D3}} \sim V_{\mathrm{D6}}$ 及两个电流源组成运算放大器。为了最大限度地发挥电路的通用性，相乘器和运算放大器在内部不连接，而可以在外部用很少的元件连接起来。缓冲放大器可将小信号 3 dB 带宽扩展到 8 MHz，互导带宽扩展到 100 MHz。根据本电路的特定设计，负载电阻在电路中已做好，所以 1、2 端差动输出的电压可写成

$$u_{\mathrm{d}}(t) \approx \frac{25}{R_{\mathrm{e1}}R_{\mathrm{e2}}}u_1(t)u_2(t) \tag{6-9}$$

式中 $u_1(t)$、$u_2(t)$ 为相乘器的两个输入电压（V），R_{e1} 和 R_{e2} 分别为接在 6、7 端和 8、9 端的增益调整电阻（kΩ）。

XR-2208 可在很宽的电源电压范围内工作：±4.5 V～±16 V。电流与电压值在内部可调，以便提供良好的电压源和温度稳定性。由于该电路把相乘器和运算放大器集成在一个单片上，且在它内部不连接，故使得它在锁相环模拟运算、信号处理等方面有着广泛的

应用，是一块通用性很强的单片集成电路。

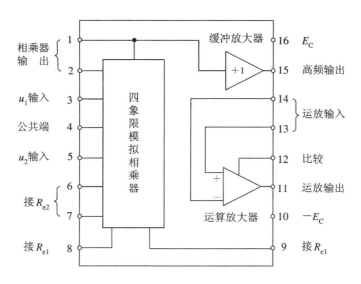

图 6-7 XR-2208 方框图

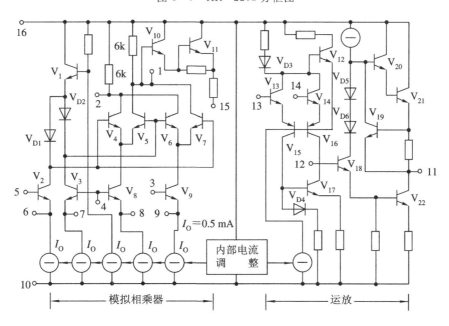

图 6-8 XR-2208 原理电路图

二、数字式鉴频鉴相器

数字式鉴频鉴相器是用脉冲后沿触发来进行工作的，属边沿触发型电路。它不仅有鉴相功能，而且还有鉴频功能。这种鉴相器最早来自摩托罗拉公司公布的 MC4044 的芯片中。

图 6-9 示出了这种数字式鉴频鉴相器电路。它主要由数字比相器（9 个与非门）、电荷泵（$V_1 \sim V_7$）和一个作为 LF 用的放大器（达林顿电路）三部分组成。

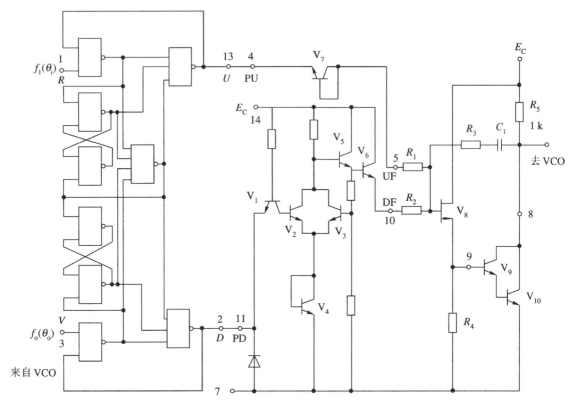

图 6-9 数字式鉴频鉴相器电路

图 6-10示出了同频鉴相时的工作波形。由于比相器是数字式的，所以其输入、输出逻辑电平的高低可用"H"和"L"来表示。

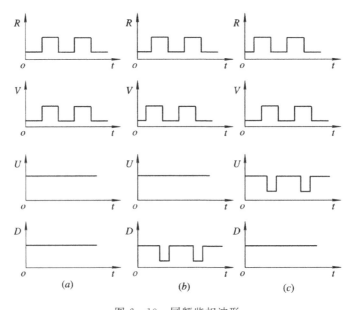

图 6-10 同频鉴相波形

(a) R 与 V 同相；(b) R 滞后 V；(c) R 超前 V

当输入信号 R 与来自 VCO 的频率可变的信号 V 同频同相时，输出 U 和 D 均为"H"电平(图 6-10(a))。当 R 比 V 相位滞后时，则 U 保持"H"电平，D 在与相位差相应的时间上变为"L"电平(图(b))。当 R 比 V 相位超前时，D 保持高电平，U 在相位差相应的时间上变为"L"电平(图(c))。这样，在比相器输出端 U 和 D，以逻辑电平给出了相位超前、滞后以及超前、滞后量的信息。

当比相器输出 D 为低电平时，电荷泵的 PD 输入为低电平，V_1 饱和导通，V_2 截止，V_3 处于放大工作状态，V_3 基极电位受 V_4 限制为 $2v_{be}$，故 V_5 发射极电位为 $4v_{be}$，这样使 V_6 发射极电位 DF 为 $3v_{be}$。而当比相器输出 U 为低电平时，电荷泵的 PU 输入为低电平，二极管导通，UF 电位变为 v_{be}。v_{be} 约为 0.75 V，因此充电电荷泵电路的输入输出特性如图 6-11 所示形式。在 $+2\pi$ 以上与 -2π 以下区域，输出特性成锯齿形变化，其平均值趋于直流，给积分电路充放电可形成近乎直流的控制电压，起到鉴频功能。

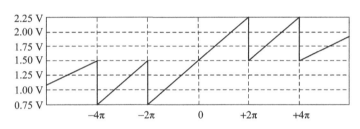

图 6-11 电荷泵输入输出特性

显然，先适当选择 E_c，使 $\theta_e = 0$ 时，输出电压值为 1.5 V，就可得到对称的鉴频鉴相特性。用电荷泵输出 UF 和 DF 来控制作为低通滤波器的放大电路对积分电路 $R_3 C_1$ 的充放电，最终在达林顿电路输出端形成所需的控制电压 U_d。

电荷泵的作用是将数字比相器输出 U 和 D 的逻辑组态变换成模拟量 UF 和 DF。分析表明

$$u_d = 1.5 + \frac{U_{dm}}{2\pi}\theta_e = 1.5 + K_d\theta_e \qquad (-2\pi \leqslant \theta_e \leqslant 2\pi) \qquad (6-10)$$

式中

$$K_d = \frac{U_{dm}}{2\pi} \qquad (6-11)$$

为鉴相器灵敏度。$U_{dm} = 0.75$ V，故 $K_d = 0.12$ V/rad。由(6-10)式得到的鉴相特性如图 6-12 所示，具有三角形鉴相特性。

当 $f_i \ll f_o$ 时，鉴频工作波形如图 6-13 所示。由图可以看出，U 始终处于高电位，D 处于低电位的时

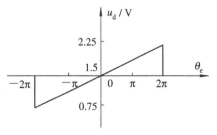

图 6-12 鉴相特性

间较之处于高电位时间要长得多。不难想象，当 f_o 与 f_i 的频差继续增大时，D 处于低电位和处于高电位的时间差会变得更大。反之，若 $f_o \ll f_i$ 时，结果 U、D 波形对调。因此，当环路存在频差时，通过比相器和电荷泵的共同作用，有一数值上接近 U_{dm} 的正向或负向阶跃电压加到达林顿电路的输入端，使它输出的直流控制电压迅速地向最小或最大值跳变，从而控制 VCO 的频率迅速地向减小频差的方向变化，故电路起到了鉴频的作用，其理想鉴频特性如图 6-14 所示。

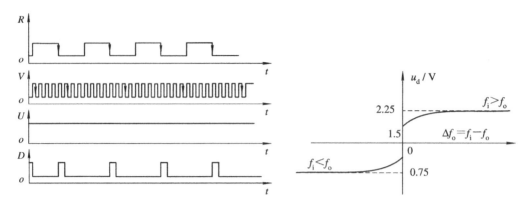

图 6-13　鉴频波形　　　　　　　　　　　图 6-14　鉴频特性

　　这种鉴频－鉴相器性能优越，获得了广泛的使用。这种电路主要适用于频率高的情况，最高工作频率达 8 MHz，5 V 供电，不过它的输出幅度较小，鉴相灵敏度低。为了避免这些缺点，又发展了一种采用 CMOS 电路的数字比相器，如图 6-15 所示。此电路的电源电压运用范围宽，功耗小，而工作频率低。

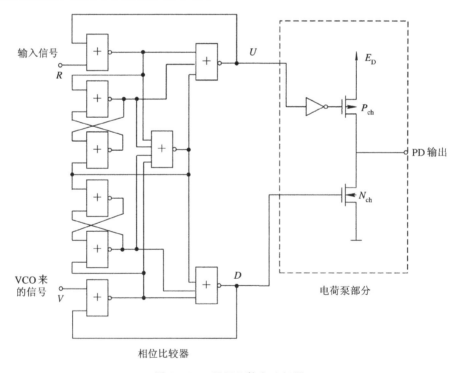

图 6-15　CMOS 数字比相器

　　CMOS 数字比相器的比相部分与双极型 MC4044 一样，只是电荷泵部分改用 CMOS 电路。当 R 和 V 同相时，U 和 D 同时变为"L"电平，CMOS 开关同时关闭，PD 的输出为高阻抗。在输入相位差滞后或超前时，U 和 D 分别在相差对应的时间上变为"H"电平，相应的 CMOS 开关分别接通，电流便可以流入或流出。将 PD 输出端与环路滤波器相接就可以形成所需要的误差电压。这种鉴相器的灵敏度 $K_d = 0.37$ V/rad 是双极型电路的三倍。这也是它的一个优点。

三、门鉴相器

门鉴相器是一种电平触发型数字鉴相器。以或门和异或门鉴相器为代表,它们对两个比相脉冲的占空比都有一定的要求。

图 6-16 示出了或门鉴相器的原理图、工作波形与真值表。假设 $u_1(t)$、$u_2(t)$ 两个方波的周期相同,相差为 θ_e,且空度比为 $1:1$,分析可得输出平均误差电压为

$$u_d(t) = \begin{cases} \dfrac{U_{dm}}{2}\left(1 + \dfrac{\theta_e}{\pi}\right) & (0 \leqslant \theta_e \leqslant \pi) \\[2mm] \dfrac{U_{dm}}{2}\left(3 - \dfrac{\theta_e}{\pi}\right) & (\pi < \theta_e < 2\pi) \end{cases} \tag{6-12}$$

式中,U_{dm} 为或门电路输出方波幅度;$\theta_e = (\tau_e/T_o)2\pi$。

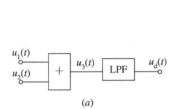
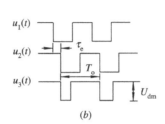

图 6-16 或门鉴相器

(a) 原理图;(b) 波形;(c) 真值表

将 (6-12) 式示于图 6-17。由图可见,或门鉴相器具有三角形鉴相特性,其鉴相特性斜率为

$$K_d = \pm \frac{U_{dm}}{2\pi} \tag{6-13}$$

图 6-18 示出了异或门鉴相器的原理图、工作波形与真值表。若输入方波信号的条件与前面相同,分析可得输出平均误差

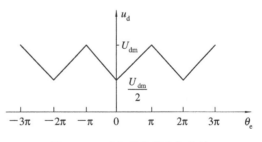

图 6-17 或门鉴相器鉴相特性

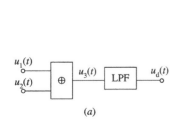
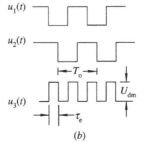

图 6-18 异或门鉴相器

(a) 原理图;(b) 波形;(c) 真值表

电压为

$$u_d(t) = \begin{cases} U_{dm} \dfrac{\theta_e}{\pi} & (0 \leqslant \theta_e \leqslant \pi) \\ U_{dm}\left(2 - \dfrac{\theta_e}{\pi}\right) & (\pi < \theta_e < 2\pi) \end{cases}$$

(6-14)

将(6-14)式示于图6-19。由图可见,异或门鉴相器同样具有三角形鉴相特性,其鉴相特性斜率为

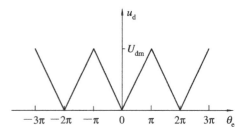

图6-19 异或门鉴相器鉴相特性

$$K_d = \pm \frac{U_{dm}}{\pi}$$

(6-15)

与或门鉴相器比较,其鉴相特性斜率大了一倍,输出信号频率也大了一倍,故输出纹波较小。因此,在许多集成化的数字锁相环中,如CD4046中的鉴相器就采用异或门电路。

高比相频率的数字鉴相器使用ECL,I^2L与LOCMOS工艺,如AD9901就是使用ECL工艺,比相频率达几十兆赫兹的高速鉴相器。

第三节 集成压控振荡器

集成压控振荡器的电路形式很多,常用的有积分-施密特电路型、射极耦合多谐振荡器型、变容二极管调谐LC振荡器型和数字门电路型等几种。输出波形一般是矩形波,但在某些集成压控振荡器中,亦可同时输出三角波、正弦波或锯齿波,构成所谓波形(函数)发生器。

一、积分-施密特触发电路型压控振荡器

图6-20示出了一个积分-施密特触发型压控振荡器原理图。电路由恒流源(I_O)积分器(V_1、V_2、V_3、V_{D1}、V_{D2}和C_T)和施密特触发器组成。电路设计保证在充电时,V_1、V_2和V_3截止,恒流I_O通过V_{D2}对C_T充电。当C_T被充到某一电平时,施密特电路翻转,使V_3导通,从而V_{D1}、V_1和V_2也导通,V_{D2}则变为截止。电路设计使得C_T通过V_2、V_3以恒流I_O放电,恒流I_O则通过V_{D1}、V_1流向V_3。所以流经V_3的电流等于$2I_O$。

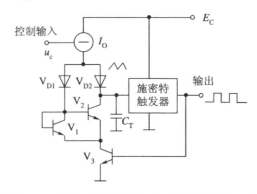

图6-20 积分-施密特触发型压控振荡器原理图

当 C_T 上的电压下降到某一电平时，施密特电路又翻转，使 V_3 截止。这样重复工作，在 C_T 上可得到三角波输出，施密特电路输出端可得到方波。可见，该振荡器的振荡频率 f 不仅与 C_T、I_O 有关，而且还与施密特电路上、下触发电平 U_2、U_1 之差有关。此外，因 I_O 受控于 u_c，故 f 也与 u_c 有关。分析可得

$$f = \frac{I_O}{4C_T(U_2 - U_1)} = \frac{g_m u_c}{2C_T(U_2 - U_1)} = K_o u_c \qquad (6-16)$$

式中 g_m 为恒流源跨导；

$$K_o = \frac{g_m}{2C_T(U_2 - U_1)} \qquad (6-17)$$

为振荡器压控灵敏度。

可见，当 g_m、C_T 和 $(U_2 - U_1)$ 固定时，$f \sim u_c$ 成线性关系，而且频率可调范围较宽。但是，这种电路的工作频率较低。如采用这种电路的单片集成压控波形发生器 SL566、NE566、ICL8038、5G8038、ICL8038 和 XR-2206 等，其最高工作频率可做到 1 MHz。

图 6-21 示出了 SL566 的实际电路。图中 $V_1 \sim V_4$、V_{D1} 和 R_1 构成电压-电流变换器（即压控恒流源）；$V_{D2} \sim V_{D5}$ 和 $V_5 \sim V_8$ 组成对 C_T 充电的积分电路；V_9、V_{11}、V_{12} 和 $V_{D6} \sim V_{D9}$ 组成非饱和型高速施密特触发器，以便将定时电容 C_T 上的三角波变成方波；$V_{13} \sim V_{16}$ 和 V_{D4}、V_{D5} 组成高速电流开关，用施密特触发器输出的方波来控制 V_8 的导通或截止；$V_{17} \sim V_{20}$ 是具有温度补偿的恒流源偏置电路；V_{10} 为射极跟随器，输出三角波。

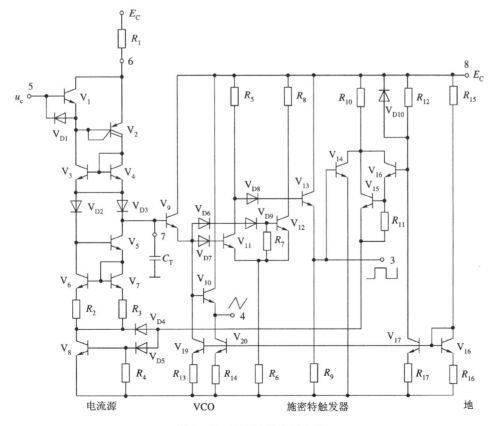

图 6-21　SL566 的实际电路

该电路属于低频宽带通用型压控多谐振荡器。其中心频率通过外接定时电容 C_T 和定时电阻 R_1 来决定。电源电压可在 $10\sim24$ V 范围内选用。其优点是线性度高,可控范围宽,可同时输出占空比为 50% 的方波和线性良好的对称三角波。缺点是频率稳定度较低,易受温度和电源电压变化的影响,最高工作频率只有 1 MHz 左右。

图 6-22 示出了同时能输出三角波、方波和正弦波的单片集成压控波形发生器 ICL8038 的方框图。它由两个电流源、两个电压比较器、一个触发器、一个方波输出缓冲器(缓冲Ⅱ)、一个三角波输出缓冲器(缓冲Ⅰ)和一个正弦波变换电路组成。外接定时电容器 C_T 的充放电受可控电流源 I_{O1} 和 I_{O2} 控制。当触发器输出 $Q=0$ 时,开关 S 断开,由电流源 I_{O1} 对 C_T 充电。充电电流使 C_T 两端电压上升,当这一电压上升到比较器Ⅰ的门限电平(设定为电源电压 E_c 的 2/3)时,触发器置位,$Q=1$,开关 S 接通。此时,由电流源 I_{O1} 对 C_T 进行反向充电,I_{O2} 的大小是由外接电阻 R_B 以“镜像电流源”方式间接决定的。当调节 R_B 使 $I_{O2}=2I_{O1}$ 时,则 C_T 的反向充电电流也等于 I_{O1},与正向充电电流大小一样。反向充电过程中,C_T 上的电压线性下降,当降至比较器Ⅱ的门限电平(设定为电源电压 E_c 的 1/3)时,触发器复位,$Q=0$。如此周而复始,在 C_T 上形成一个线性的三角波电压。该电压经缓冲Ⅰ在 3 端输出,触发器 Q 端的方波经缓冲放大器Ⅱ在 9 端输出,对称三角波经由二极管网络组成的正弦波变换电路后从 2 端可输出正弦波。输出波形的频率为 0.001 Hz~300 kHz,频率的变化由外接的定时电阻和定时电容决定。

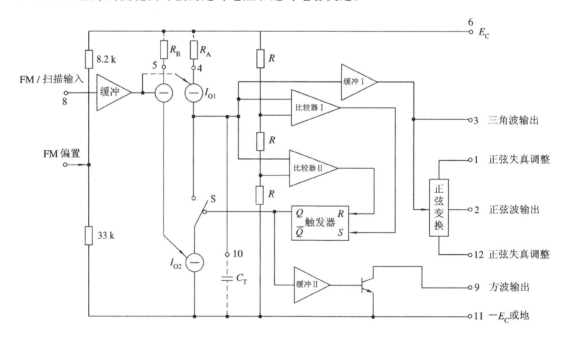

图 6-22　ICL8038 方框图

频率可根据下式计算:

$$f = \cfrac{1}{\cfrac{5}{3}R_A C_T\left(1+\cfrac{R_B}{2R_A-R_B}\right)} \tag{6-18}$$

若 $R_A=R_B=R_T$,则

$$f = \frac{0.3}{R_T C_T} \tag{6-19}$$

若两个定时电阻合并成一个时，则频率变为

$$f = \frac{0.15}{R_T C_T} \tag{6-20}$$

当改变两个外接定时电阻的比例时，方波的占空比可在 $2\%\sim98\%$ 内变化，此时 3 端输出非对称三角波或近似的锯齿波。

图 6-23 示出了另一种功能比较完全，应用极为广泛的单片集成波形发生器XR-2206 方框图。它主要由压控振荡器、电流开关、缓冲器、正弦波变换电路与模拟相乘器等几部分组成。压控振荡器属于积分-施密特电路型，正弦变换则通过差动对基极-发射极结的非线性特性来完成。该电路能产生高稳定度和高精度的正弦波、方波、三角波、斜升波和脉冲波输出。由于在电路中除压控振荡器外还包含一个模拟相乘器，故输出的各种波形既可以被外加电压调频，也可以被外加电压调幅。选择不同的定时电容和电阻，可使工作频率覆盖 $0.01\ \text{Hz}\sim1\ \text{MHz}$ 以上。根据本电路的特殊设计，振荡频率的近似计算式为

$$f = \frac{1}{R_T C_T} \tag{6-21}$$

电路既可以采用 $10\sim26\ \text{V}$ 单电源供电，也可采用 $\pm5\sim\pm13\ \text{V}$ 的双电源供电。因此，电路非常适用于正弦波、AM、FM 和 FSK 信号的产生器和压控振荡器。

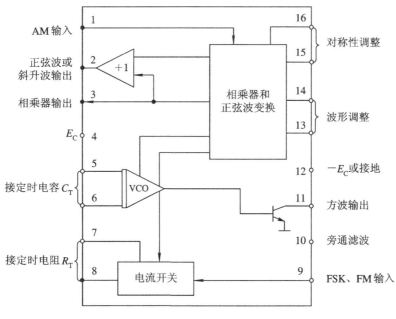

图 6-23 XR-2206 方框图

二、射极耦合多谐振荡器型压控振荡器

图 6-24 示出了射极耦合压控多谐振荡器的原理电路的各点波形图。图中交叉耦合的晶体管 V_1、V_2 组成正反馈级，并分别接受有电压 u_c 控制的恒流源 I_{O1}、I_{O2}（通常选择 $I_{O1}=I_{O2}=I_O$）。当 V_1、V_2 相互翻转时，定时电容 C_T 由 I_{O1}、I_{O2} 交替充电，使 V_1、V_2 集电

极得到平衡对称方波输出。二极管 V_{D1}、V_{D2} 分别与电阻 R_1、R_2 并联，构成 V_1、V_2 的负载，故输出方波的频率 f 必然与 C_T、I_O 和二极管正向压降 U_D 有关。又因恒流源 I_{O1}、I_{O2} 同时受控于 u_c，则 f 也与 u_c 有关。分析表明，其振荡频率为

$$f = \frac{I_O}{4C_T U_D} = \frac{g_m u_c}{4C_T U_D} = K_o u_c \qquad (6-22)$$

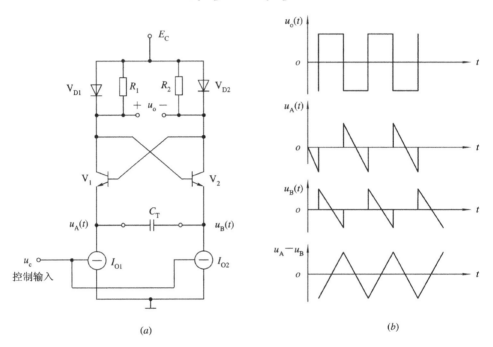

图 6-24 射极耦合压控多谐振荡器
(a) 原理电路；(b) 各点波形

式中 g_m 为压控恒流源的跨导；

$$K_o = \frac{g_m}{4C_T U_D} \qquad (6-23)$$

为压控振荡器的控制灵敏度。

由 (6-22) 式可以看出，当 g_m、C_T、U_D 固定时，$f \sim u_c$ 成线性关系。由于采用二极管作负载，U_D(硅管 $U_D = 0.7 \sim 0.8$ V) 较小。此外，V_1、V_2 工作在共基接法，两管直接耦合正反馈较强，U_D 较小，使之成为非饱和开关，故振荡频率较高，如 MC1658 单片集成 VCO 就采用这种线路，其工作频率为 155 MHz。所以，这种 VCO 电路的特点是：电压—频率线性好，振荡频率较高，且容易调整。

图 6-25 示出了 MC1658 的实际电路。电路由 V_5、V_6 组成交叉耦合级，并通过 V_3、V_4 两个缓冲管来传输正反馈信号；V_7、V_8、V_{14} 和两个 100 Ω 的电阻共同组成钳位和抗饱和电路，以保证 VCO 输出方波的恒定；V_{D4} 和 62 Ω 的电阻组成温度补偿电路，使 V_{D4} 电压基本恒定；V_9 和 V_{10} 各自用 125 Ω 的电阻组成受控于 u_c 的恒流源；V_{D1}、V_{D2} 和 V_{15} 是恒流源的驱动电路；V_{11}、V_{12} 和两个 500 Ω 的电阻所组成的电路提供 VCO 下限振荡频率所需要的充放电电流；V_{D3}、V_{13} 和 1 kΩ、两个 250 Ω 电阻组成一偏置电路；V_1、V_2 分别组成输出射随级，其输出电平能与相应的逻辑电平接口，定时电容 C_T 接在 11、14 两端，最高工

作频率可达155 MHz。

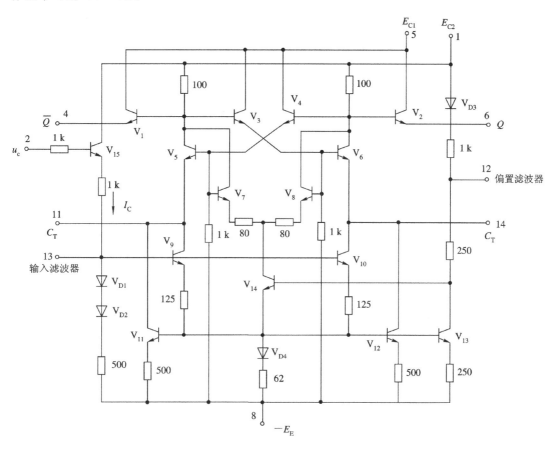

图 6-25 MC1658 的实际电路

三、LC 负阻型压控振荡器

图 6-26 示出了一个宜于单片集成的变容管调谐的 LC 压控振荡器原理图。电路由变容管电容 C_D、振荡回路 LC_s、发射极耦合电路 V_1、V_2 和恒流源 I_O 组成。V_2 基极与 V_1 集电极之间接成正反馈级。当出现扰动，在回路中形成 10 端电压 u_{c1} 升高，口端电压 u_{b1} 下降，因为 $u_{b2}=u_{c1}$，随之引起：$u_{c1}\uparrow \rightarrow u_{b2}\uparrow \rightarrow I_{e2}\uparrow \rightarrow I_{e1}\downarrow \rightarrow I_{c1}\downarrow$。

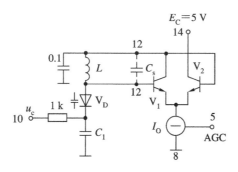

图 6-26 LC 负阻压控振荡器原理图

从 10 端向电路内部看，由端电压 u_{c1} 的上升引起端电流 I_{c1} 的下降，呈现负阻效应。据此构成负阻振荡器。当回路中存在一初始扰动时，在正反馈瞬间会产生如下过程：

$$u_{b1}\uparrow \rightarrow u_{b2}\uparrow \rightarrow I_{e2}\uparrow \rightarrow I_{e1}\downarrow$$

反之亦然。可见 V_1 呈现一负阻并接在振荡回路两端，所以这种振荡器是一个负阻振荡器。分析可得振荡频率为

$$f = \frac{1}{2\pi \sqrt{L(C_D + C_s)}} \tag{6-24}$$

式中，C_s 为外接回路电容（包括晶体管输入电容和寄生电容）；

C_D 为变容二极管的电容，且

$$C_D = \frac{C_0}{\left(1 + \dfrac{u_D}{u_\varphi}\right)^\gamma} \tag{6-25}$$

式中，u_D 为加在变容二极管两端的控制电压；

C_0 为 $u_D = 0$ 时变容二极管的电容量；

u_φ 为接触电压差。硅管一般为 $0.5 \sim 0.75$ V；

γ 为结电容变化指数，缓变结 $\gamma \approx 0.33$，突变结 $\gamma \approx 0.5$，超突变结 $\gamma > 1$。
要增大电容的变化量，可选用超突变结变容二极管。

将 $(6-25)$ 式代入 $(6-24)$ 式，可得

$$f = \frac{\sqrt{\left(1 + \dfrac{u_D}{u_\varphi}\right)^\gamma}}{2\pi \sqrt{LC_0 + LC_s\left(1 + \dfrac{u_D}{u_\varphi}\right)^\gamma}} \tag{6-26}$$

可见，$f \sim u_D$ 关系不是线性的。由 $(6-25)$ 或 $(6-26)$ 式所决定的 $C_D \sim u_D$ 关系和 $f \sim u_D$ 关系示于图 $6-27$。回路电感 L 由下式决定：

$$L = \frac{1}{4\pi^2 f_{max}^2 C_{min}} = \frac{1}{4\pi^2 f_{min}^2 C_{max}} \tag{6-27}$$

式中 C_{min} 和 C_{max} 分别为回路的最小和最大总电容。

压控振荡器的控制灵敏度 K_o 在工程上可用下式近似求得：

$$K_o = \frac{2\pi(f_{max} - f_{min})}{u_{D\,max} - u_{D\,min}} (\text{rad/s} \cdot \text{V}) \tag{6-28}$$

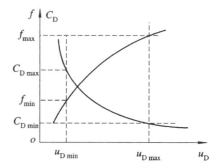

图 $6-27$ $C_D \sim u_D$ 和 $f \sim u_D$ 关系曲线

采用这种振荡器最典型的集成电路产品是 MC1648，其实际电路如图 $6-28$ 所示。与图 $6-26$ 原理电路相比较可知，V_7、V_8 组成基本的射极耦合差动级，与 10、12 端外接回路共同构成负阻振荡器；V_6、V_9 和 V_{D1} 组成恒流源 (I_0)，其电流受控于 5 端 AGC 电压，以改变振荡波形（方波或正弦波）；V_5、V_4 组成共发-共基缓冲放大器；V_3、V_2 组成单端输入单端输出差动放大器；V_1 为射极输出器；$V_{10} \sim V_{14}$、V_{D2} 为偏置电路，它们为振荡器差动对 $(V_7$、$V_8)$ 以及两级缓冲放大器 $(V_5$、V_4、V_3、$V_2)$ 提供直流偏置。由于电路采用 ECL 工艺，所以最高工作频率可达 225 MHz。

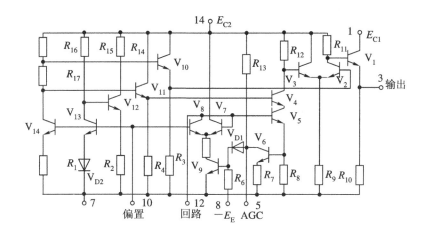

图 6-28 MC1648 实际电路图

四、数字门电路型压控振荡器

用数字门电路组成压控振荡器的形式很多。压控振荡器既可以用 MOS、CMOS 门电路，也可以用 TTL(STTL，LSTTL)等门电路来构成。本节只介绍用 CMOS 门电路构成的压控振荡器。

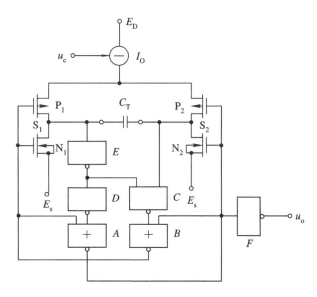

图 6-29 CMOS 数字门电路型压控振荡器原理图

图 6-29 示出了一个 CMOS 数字门电路型压控振荡器的原理图。电路由恒流源(I_O)、CMOS 开关 S_1(P_1、N_1)、S_2(P_2、N_2)、定时电容 C_T 和若干门电路(A、B、C、D、E、F)组成。或非门 A、B 构成 R-S 触发器，而它们的置位端和复位端受电容 C_T 上的电平控制。假定初始时刻门 A 输出高电平，即处于逻辑"1"状态，则门 B 输出为逻辑"0"状态。这样使 S_1 中的 P_1 导通 N_1 截止，而 S_2 中的 N_2 导通 P_2 截止，使得 C_T 经 P_1 接 E_D、经 N_2 接 E_s(或地)，于是 C_T 以恒流 I_O 充电。当 C_T 充到门 E 的翻转电平时，门 A 输出从"1"变到"0"，门

B 输出从"0"变到"1"，使 S_1 中的 N_1 导通 P_1 截止，同时 S_2 中的 N_2 截止 P_2 导通，于是 C_T 以恒流 I_0 反向充电。上述过程持续不断就形成振荡。分析可得振荡频率为

$$f = \frac{I_O}{8C_T} \tag{6-29}$$

由于 I_O 受控于 u_c，故 f 亦随 u_c 变化，起到了压控振荡器的作用。

　　CMOS 数字集成锁相环 5G4046、CD4046 中的 VCO 就是采用这种电路，实际线路如图 6-30 所示。

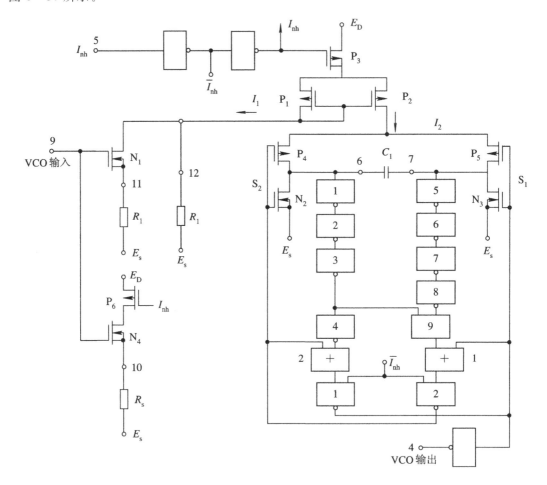

图 6-30　5G4046 与 CD4046 中的 VCO 实际线路

　　与图 6-29 原理线路相比较，除了在基本振荡电路部分增加了六个反相器外，还增加了两个启动控制倒相器，恒流源及其控制电路 N_1、$P_1 \sim P_3$ 和 FM 解调输出电路 P_6、N_4。5 端 I_{nh} 是 VCO 启动输入端。当 5 端 I_{nh} 输入高电位时，P_3 截止，E_D 加不到 VCO 上；与此同时，$\overline{I_{nh}}$ 加到两个与非门 1 和 2 的输入端，I_{nh} 加到 P_6 栅极，以保持电路可靠停振和 FM 解调输出电路不工作。反之，当 5 端 I_{nh} 输入低电位时，VCO 被启动起振。对定时电容充电的恒流源由 P_2 提供，当 P_1、P_2 两管参数一致时，流过 P_1 与 P_2 的电流相等，形成镜像电流源。当 N_1 栅极加上控制电压 u_c 后，它能改变流过 P_1 亦即流过 P_2 中的电流，起到 u_c 控制充电电流的作用。分析可得

$$I_O \approx \frac{u_c - U_{TN}}{R_1} + \frac{E_D - U_{TP}}{R_2} \tag{6-30}$$

式中 U_{TN} 和 U_{TP} 分别为 N 沟道和 P 沟道场效应管的阈电压。将(6-30)式代入(6-29)式，得到

$$f \approx \frac{u_c - U_{TN}}{8R_1 C_T} + \frac{E_D - U_{TP}}{8R_2 C_T} \tag{6-31}$$

可见 $f \sim u_c$ 成线性关系。CMOS 电路输入阻抗高(有利于环路滤波器的设计)，电路功耗低，但工作频率只有 1 MHz 左右。

第四节 通用单片集成锁相环

通用单片集成锁相环路是将鉴相器、压控振荡器以及某些辅助器件集成在同一基片上，各部件之间部分连接或均不连接的一种集成电路。使用者可以按需要在电路外部连接各种部件来实现锁相环路的各种功能，因此，这种集成锁相环路具有多功能或部分多功能的性质，使产品具有通用性。

通用单片集成锁相环路的产品已经很多，它们所采用的集成工艺不同，使用的频率也不同。考虑到国内外已有产品及使用情况，本节主要介绍几种典型的单片集成锁相环路的组成与特性。有关应用问题将在后面章节中讨论。

一、高频单片集成锁相环

1. NE560

NE560 是单片集成锁相环路中最基本的一种电路，其方框图如图 6-31 所示。它包括鉴相器、压控振荡器、环路滤波器、限幅器和两个缓冲放大器。鉴相器由双平衡模拟相乘器组成，输入信号加在 12、13 端。压控振荡器是一个射极定时多谐振荡器电路，定时电容 C_T 接在 2、3 端，振荡电压从 4、5 端输出。环路滤波器由 14、15 端接入，两个缓冲放大器则用于隔离放大、接去加重电路和 FM 解调输出，限幅器供从 7 端注入电流以改变压控振荡器的跟踪范围。

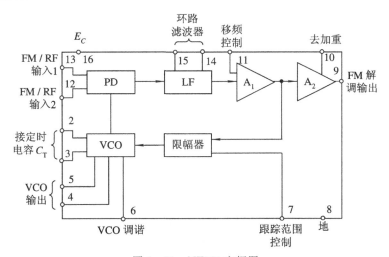

图 6-31 NE560 方框图

　　该电路的最高工作频率为 30 MHz,最大锁定范围达±15％f,鉴频失真小于 0.3％,输入电阻为 2 kΩ,电源电压为 16～26 V,典型工作电流为 9 mA。可用作 FM 解调、数据同步、信号恢复和跟踪滤波等。

　　2. NE562

　　NE562 是应用广泛的一种单片集成锁相环路。其线路、性能和应用与 NE560 也基本相同,其组成方框图如图 6 - 32 所示。该电路为了实现更多的功能,环路反馈不是在内部预先接好的,而是将 VCO 输出端(3,4)和 PD 输入端(2,15)之间断开,以便将分频或混频电路插入其间,使环路不仅与 NE560 有相同的应用,而且还可作倍频、移频和频率合成之用。

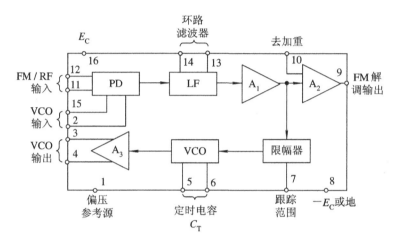

图 6 - 32　L562 方框图

　　考虑到鉴相器的非理想与饱和特性,其鉴相灵敏度可近似为

$$K_d \approx \frac{0.04 U_{SRMS}}{\sqrt{1 + \left(\dfrac{U_{SRMS}}{40}\right)^2}} \quad (\text{V/rad}) \tag{6 - 32}$$

式中 U_{SRMS} 是输入电压的有效值。当 $U_{SRMS} < 40$ mV 时,K_d 近似与输入信号成正比;当 $U_{SRMS} > 40$ mV 时,$K_d \approx 1.5$ V/rad。根据 56 系列的特殊设计,560、561、562 压控振荡器灵敏度与固有振荡频率 f 之间在数值上均有如下近似关系:

$$K_o = f \approx \frac{3 \times 10^8}{C_T} \tag{6 - 33}$$

式中 C_T 若取 pF 为单位,则 K_o 的单位为 Hz/V,f 的单位为 Hz。

　　该电路最高工作频率为 30 MHz,最大锁定范围为±15％f,鉴频失真小于 0.5％,输入电阻为 2 kΩ,电源电压为 16～30 V,典型工作电流为 12 mA。

　　3. XR - 215

　　XR - 215 是最高工作频率可达 35 MHz 的高频单片集成锁相环路,其方框图如图 6 - 33 所示。电路由鉴相器、压控振荡器和运算比较电路组成。鉴相器为双平衡模拟相乘器,输入信号加在 4 端,压控振荡器的反馈信号加在 6 端,鉴相器的输出电压从 2、3 两端平衡输出。环路滤波器元件从 2、3 两端接入。压控振荡器是射极定时多谐振荡电路,2 端在电路内部直接与压控振荡器相连作为控制电压,定时电容从 13、14 端接入,11、12 端可

对压控振荡器进行增益和扫描控制,10 端可对压控振荡器的频率范围进行选择,振荡信号从 15 端输出,它在电路内部没有与鉴相器相连,以便于从中插入各种部件,适应多功能的要求。运放比较器的一个输入端直接与 3 端相连,另一个输入端则与 1 端相连,这样它不仅可以作为 FM 解调输出的滤波器,还可以与来自 1 端的外接电压相比较,在 8 端形成逻辑输出。7 端为运放比较器的补偿端。

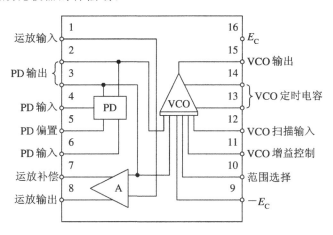

图 6-33 XR-215 方框图

因此,XR-215 在模拟与数字通信系统中不仅可用作 FM 或 FSK 解调频率合成和跟踪滤波等,而且可以很方便地实现与 DTL、TTL 和 ECL 逻辑电平的接口。

该电路工作频率范围为 0.5 Hz~35 MHz,频率跟踪范围为($\pm 1 \sim \pm 50$)%f,VCO 动态范围为 300 μV~3 V,鉴频失真小于 0.15%,电源电压为 5~26 V。可见 XR-215 是一块功能比较齐全,性能更为优良的通用高频单片集成锁相环路。

二、超高频单片集成锁相环

1. NE564

NE564 是工作频率高达 50 MHz 的一块超高频通用单片集成锁相环路,其组成方框图如图 6-34 所示。电路由输入限幅器、鉴相器、压控振荡器、放大器、直流恢复电路和施密特触发器等六大部分组成。

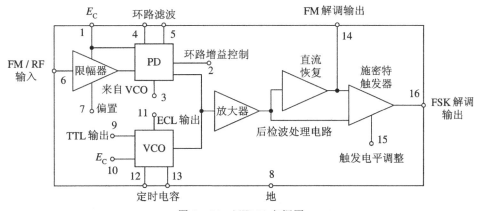

图 6-34 NE564 方框图

限幅器用差动电路,高频性能很好,其作用是在输入幅度不同的条件下,产生恒定幅度的输出电压,作为鉴相器的输入信号。在接收 FM 或 FSK 信号时,它对抑制寄生调幅、提高解调质量是很有利的。限幅电平在 0.3～0.4 V 之间。

鉴相器用普通的双平衡模拟相乘器,鉴相增益与 2 端注入(或吸出)电流 I_B 的关系如下:

$$K_d \approx 0.46(\text{V/rad}) + 7.3 \times 10^{-4}(\text{V/rad} \cdot \mu A) I_B(\mu A) \qquad (6-34)$$

在 $I_B < 800$ mA 范围内,上式是有效的。

压控振荡器是改进型的射极耦合多谐振荡器。定时电容 C_T 接在 12、13 端,电路有 TTL 和 ECL 兼容的输入、输出电路。TTL 由 9 端输出,ECL 可由 11 端输出。根据 NE564 压控振荡器的特定设计,其固有振荡频率为

$$f \approx \frac{1}{16R_C C_T} \qquad (6-35)$$

式中 $R_C = 100$ Ω,是电路内部设定的;C_T 为外接定时电容。在 $f = 1$ MHz 时,得归一化压控灵敏度为

$$K_{on} \approx 5.9 \times 10^6 (\text{rad/V} \cdot \text{s}) \qquad (I_B = 0) \qquad (6-36)$$

和

$$K_{on} \approx 10.45 \times 10^6 (\text{rad/V} \cdot \text{s}) \qquad (I_B = 800 \ \mu A) \qquad (6-37)$$

在任意工作频率时,压控增益 K_o 可用下式计算:

$$K_o = K_{on} \cdot f \qquad (6-38)$$

放大器由差动对组成,它将来自 PD 的差模信号放大后,单端输出作为施密特触发器和直流恢复电路的输入信号。

适当选择直流恢复电路 14 端外接电容的数值,进行低通滤波,使得在 FSK 信号时,产生一个稳定的直流参考电压,作为施密特触发器的一个输入。而在 FM 信号时,14 端输出 FM 解调信号。

施密特触发器与直流恢复电路共同构成 FSK 信号解调时的检波后处理电路,如图 6-35 所示。此时,直流恢复电路的作用是为施密特触发器提供一个稳定的直流参考电压,以控制触发器的上下翻转电平,这两个电平之间的距离(即滞后电压 U_H)可从 15 端进行外部调节。

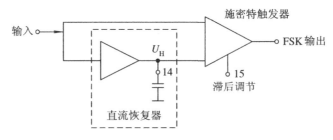

图 6-35 FSK 检波后处理电路示意图

NE564 的最高工作频率为 50 MHz,最大锁定范围达 $\pm 12\% f$,输入阻抗大于 50 kΩ,电源电压为 5～12 V,典型工作电流为 60 mA。该电路作为一块超高频运用单片集成锁相环路,可用于高速调制解调、FSK 信号的接收与发射、频率合成等多种用途。

2. μPC1477C

μPC1477C 是一块主要用作卫星直播接收机(室内装置)锁相解调器的超高频单片集成

锁相环路，其方框图如图6-36所示。它由鉴相器、压控振荡器、直流放大器、缓冲放大器和若干调整环节组成。鉴相器信号由7、8端输入，4、5端输出，环路滤波器接在1、2端，解调出的视频信号或误差控制电压由16端输出，压控振荡回路接在12、13端。由于在压控振荡器电路中插入了高截止频率f_T的晶体管，所以它能工作在高达600 MHz的卫星接收机的第二中频。当选用适当的外接变容二极管时，环路能获得宽的捕获和同步范围。

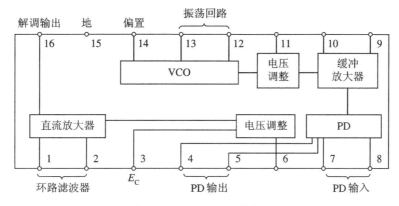

图6-36 μPC1477C方框图

该电路供电电压范围为$10.8 \sim 13.2$ V。在电源电压典型值为12 V和环路输入功率$P_i = 0.1$ mW，压控振荡频率$f = 400$ MHz的条件下，测得环路总典型工作电流为65 mA，捕获范围为± 20 MHz，同步范围为± 25 MHz，解调输出信噪比为60 dB，压控灵敏度为10 MHz/V。

本电路除主要用于卫星直播接收机锁相解调外，由于直流放大器和压控振荡器在环内没有连接，故在外部可插入其它电路，以进一步扩大它的应用。

三、低频单片集成锁相环

1. NE565

NE565是工作频率低于1 MHz的通用单片集成锁相环路，其组成方框图如图6-37所示。它包含鉴相器、压控振荡器和放大器三部分。鉴相器为双平衡模拟相乘电路，压控

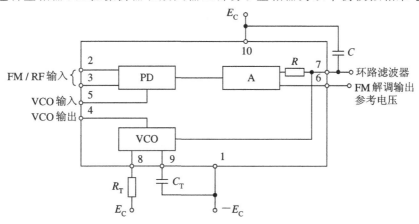

图6-37 NE565方框图

振荡器为积分-施密特电路。输入信号加在 2、3 端，7 端外接电容器 C 与放大器的集电极电阻 R（典型值为 3.6 kΩ）组成环路滤波器。由 7 端输出的误差电压在内部直接加到压控振荡器控制端。6 端提供了一个参考电压，其标称值与 7 端相同。6、7 端可以一起作为后接差动放大器的偏置。压控振荡器的定时电阻 R_T 接在 8 端，定时电容 C_T 接在 9 端，振荡信号从 4 端输出。和 L562 一样，压控振荡器的输出端 4 与鉴相器反馈输入端 5 是断开的，允许插入分频器来做成频率合成器。如果需要，也可设法切断鉴相器输出与压控振荡器输入之间的连接，在其中串入放大器或滤波器以改善环路的性能。

对 NE565 而言，压控振荡器振荡频率可近似表示成

$$f \approx \frac{1.2}{4R_T C_T} \tag{6-39}$$

压控灵敏度为

$$K_o = \frac{50f}{E_C} \tag{6-40}$$

式中 E_C 是电源电压（双向馈电时则为总电压）。鉴相灵敏度为

$$K_d = \frac{1.4}{\pi} \tag{6-41}$$

放大器增益为

$$A = 1.4 \tag{6-42}$$

NE565 工作频率范围为 0.001 Hz～500 kHz，电源电压为 ±6～±12 V，鉴频失真低于 0.2%，最大锁定范围为 ±60% f，输入电阻为 10 kΩ，典型工作电流为 8 mA。NE565 主要用于 FSK 解调、单音解码、宽带 FM 解调、数据同步、倍频与分频等方面。

2. NE567

NE567 是一个高稳定性的低频单片集成锁相环路，图 6-38 示出了 NE567 的方框图。它由主鉴相器（PDI）、直流放大器（A_1）、电流控制振荡器（CCO）和外接环路滤波器组成。此外，还有一个正交鉴相器（PDⅡ），正交鉴相器的输出直接推动一个功率输出级（A_2）。两个鉴相器都用双平衡模拟相乘电路。电流控制振荡器由恒流源、充放电开关电路和两个比较器组成。直流放大器是一个差动电路，输出放大器则由差动电路和达林顿缓冲级构成。

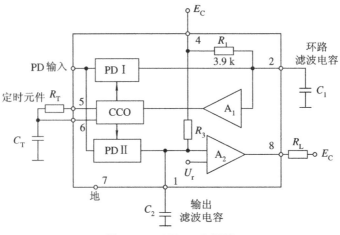

图 6-38　NE567 方框图

输入信号加在 3 端，环路滤波电容器接在 2 端，定时电阻 R_T 与定时电容 C_T 接在 5、6 端。振荡频率可用下式计算：

$$f \approx \frac{1.1}{R_T C_T} \qquad (6-43)$$

由于直流放大器的电流增益等于 8，只要输入信号的有效值大于 7 mV，即使鉴相器输出很小，也能使流控振荡器控制振荡范围达 $\pm 7\% f$，得到满意的控制带宽。当环路用作 FM 解调时，解调信号可从 2 端输出。而当电路用作单音解码(或频率继电器)时，需在 1 端接上输出滤波电容器。经过输出滤波器过滤得到的平均电压，加到输出放大器 A_2 输入端，并与一参考电压 U_r 进行比较。平时输出级是不导通的，当环路锁定时，正交鉴相器输出的电压降低到小于 U_r 时，A_2 导通，8 端就能输出 100～200 mA 电流与 TTL 电路相匹配，推动 TTL 电路工作。

NE567 的工作频率范围为 0.01 Hz～500 kHz，而且工作频率十分稳定。最大锁定范围为 $14\% f$，电源电压为 4.75～9 V，输入电阻为 20 kΩ，典型工作电流为 7 mA。该电路主要用于单音解码，在 FM 和 AM 解调方面也能获得很好的应用。

3. 5G4046(CD4046)

5G4046 是一块低频低功耗通用单片集成锁相环。环路采用 CMOS 电路，最高工作频率达 1 MHz 左右，电源电压为 5～15 V。当 $f=10$ kHz 时，功耗为 0.15～9 mW。与类似的双极性单片集成锁相环相比较，它的功耗降低了很多，这对要求功耗小的设备来说，具有十分重要的意义。

图 6-39 示出了 CD4046 的方框图。整个电路由鉴相器 PDⅠ、鉴相器 PDⅡ、压控振荡器、源极跟随器和一个 5 V 左右的齐纳二极管等几部分组成，PDⅠ为异或门鉴相器，PDⅡ为数字鉴频鉴相器，它们有公共的信号输入端(14 端)和反馈输入端(3 端)。环路滤波器接在 2 端或 13 端。9 端是 VCO 的控制端，定时电容 C_1 接在 6、7 端，接在 11、12 端的电阻 R_1、R_2 同样可以起到改变振荡频率的作用。关于 PDⅠ、PDⅡ和 VCO 等电路原理，在本章第二、三节中均作了详细介绍，在此不再重复。齐纳二极管可提供与 TTL 兼容的电源。

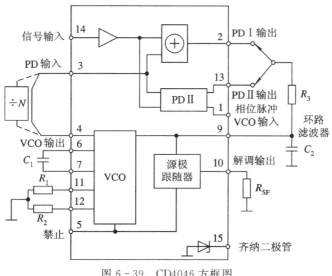

图 6-39 CD4046 方框图

由于 PD 与 VCO 在内部没有连接，故在外部可以插入其它电路，使 5G4046 具有多功能性质。它在 FM 调制解调、频率合成、数据同步、单音解码、FSK 调制及电动机速度控制等方面获得了广泛的应用。

随着集成工艺技术的发展，国外采用高速 CMOS 工艺做成的 MM54HC4046/MM74HC4046 单片集成数字锁相环路，鉴相器的响应时间已高达 20 ns，压控振荡器的工作频率高达 20 MHz。

【习　题】

6-1　模拟乘法器有哪些功能？用作鉴相器时的主要特点是什么？

6-2　比较 MC1496 和 MC1495 的线路和性能特点，并说明其原理。

6-3　试述 MC4044 的鉴频原理。

6-4　门鉴相器对输入信号的占空比有一定的要求，图 6-17 和图 6-19 都是在占空比为 1∶1 条件下得到的。若两输入信号的占空比为 3∶1，试分析或门鉴相器和异或门鉴相器的鉴相特性，作图说明之。

6-5　作出射极耦合多谐振荡器的射极电压波形，并逐点说明其成因和变化规律。

6-6　如何在 NE562 上正确地接上外接元件？如何在此基础上测定它的各项特性？

6-7　画出 NE562 用作 FM 解调器和频率合成器的应用框图。

第七章　锁相频率合成

第一节　概　　述

　　频率合成器是将一个高精确度和高稳定度的标准参考频率，经过混频、倍频与分频等对它进行加、减、乘、除的四则运算，最终产生大量的具有同样精确度和稳定度的频率源。现代电子技术中常常要求高精确度和高稳定度的频率，一般都用晶体振荡器。但是，晶体振荡器的频率是单一的，只能在极小的范围内微调。然而，许多无线电设备都要求在一个很宽的频率范围内提供大量稳定的频率点。例如短波 SSB 通信机，要求在 2～30 MHz 范围内，提供以 100 Hz 为间隔的 28 万个频率点，每个频率点都要求具有与晶体振荡器相同的频率准确度和稳定度，这就需要采用频率合成技术。

　　频率合成的方法主要有三种。最早的方法是直接频率合成，它利用混频器、倍频器、分频器和带通滤波器来完成对频率的四则运算。典型的一种直接合成模块为双混频-分频模块，如图 7-1 所示。模块输入为固定的频率 f_i 和离散的频率 f^*，输出即为所需的 $f_i + f^*/10$。图中 f_1 和 f_2 为辅助频率，其作用是使得混频器输出的和频与差频间隔加大，以便带通滤波器将不需要的差频成分滤除。f_1 和 f_2 的选取应满足

$$f_i + f_1 + f_2 = 10f_i$$

的关系式。例如 $f_i = 1$ MHz，$f_1 = 3$ MHz，$f_2 = 6$ MHz 即可。只要 f^* 为具有一定增量的 10 个频率中的 1 个，那么用多个这样的模块串接，很容易构成所需分辨力的直接频率合成器。

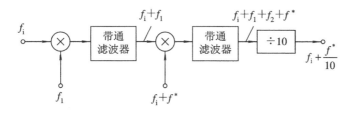

图 7-1　双混频-分频模块

　　直接频率合成能实现快速频率变换、几乎任意高的频率分辨力、低相位噪声以及很高的输出频率。但是，直接合成要比另外两种合成方法使用多得多的硬设备（振荡器、混频器、带通滤波器等），因而体积大、造价高。它的另一个缺点是输出端会出现无用的（寄生）频率，即所谓杂波。这是由于带通滤波器无法将混频器产生的无用频率分量滤净所造成的。频率范围越宽，寄生分量也就越多。这是直接频率合成的一个致命缺点，足以抵消以上所有的优点。因而，几乎在所有的应用场合，直接频率合成已被采用锁相技术的间接合成方法所取代。

应用锁相环路的频率合成方法称为间接合成。它是目前应用最为广泛的一种频率合成方法。锁相频率合成的基本框图如图7-2。

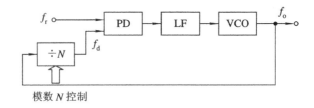

图7-2 锁相频率合成的基本框图

在环路锁定时，鉴相器两输入信号的频率相同，即

$$f_r = f_d \qquad (7-1)$$

f_d 是 VCO 输出频率 f_o 经 N 次分频后得到的，即

$$f_d = \frac{f_o}{N} \qquad (7-2)$$

所以输出频率

$$f_o = Nf_r \qquad (7-3)$$

是参考频率 f_r 的整数倍。

这样，环中带有可变分频器的 PLL 就提供了一种从单个参考频率获得大量频率的方法。环中的除 N 分频器用可编程分频器来实现，这就可以按增量 f_r 来改变输出频率。这是组成锁相频率合成的一种最简便的方法。

然而，这种简单的锁相频率合成器也存在一些问题，以致难于满足合成器多方面的性能要求。问题之一是，可编程分频器的最高工作频率往往要比合成器所需的工作频率低许多，如图7-2那样将 VCO 输出直接加到可编程分频器是不行的。解决这个问题可采用前置分频器、多模分频器以及下变频等多种方法。问题之二是，从(7-2)式可见输出频率以增量 f_r 变化，即分辨力等于 f_r。然而，这与转换时间短的要求是矛盾的。虽然转换时间的精确公式还难于导出，工程上可用经验公式

$$t_s = \frac{25}{f_r} \qquad (7-4)$$

即转换时间大约需要 25 个参考信号周期，所以分辨力与转换时间成反比。为了获得高频率分辨力，参考频率 f_r 要低。但是，从前几章 PLL 性能分析中知道，为了减小环路的暂态时间以及过滤 VCO 的噪声都需要 f_r 大，这两者是矛盾的。为解决高频率分辨力与快速转换频率之间的矛盾，可采用多环频率合成或小数分频等多种方法。

另一种频率合成方法是直接数字频率合成。它用数字计算机和数模变换器来产生信号。完成直接数字频率合成的办法，或者是用计算机求解一个数字递推关系式，或者是查阅表格上所存储的正弦波值。目前用得较多的是查表法。这种合成器体积小、功耗低，并且可以几乎是实时地以连续相位转换频率，给出非常高的频率分辨力。

以上三种频率合成方法中，目前用得最多的是锁相频率合成。在某些特殊应用场合，例如要求极高的工作频率、非常高的频率分辨力或者快速的频率转换性能等，PLL 合成器难于实现这些性能时，可采用另外两种合成方法，或者将这三种合成方法结合使用，构成

混合式的频率合成器。

第二节　变模分频合成器

一、基本原理

如图7-2所示的基本锁相频率合成器中，VCO输出频率直接加到可编程分频器上。各种工艺的可编程分频器都有一定的上限频率，这就限制了这种合成器的最高工作频率。解决这个问题的办法之一是在可编程分频器的前端加一个固定模数 V 的前置分频器，如图7-3所示。ECL或CaAs的固定模数分频器可工作到1GHz以上，这就大大提高了合成器的工作频率。采用前置分频之后，合成器的输出频率为

$$f_o = N(Vf_r) \tag{7-5}$$

工作频率是提高了，但输出频率只能以增量 Vf_r 变化。为了获得与未加前置分频器时同样的分辨力，参考频率必须降为 f_r/V，这就使频率转换时间延长到原来的 V 倍，这是十分不利的。

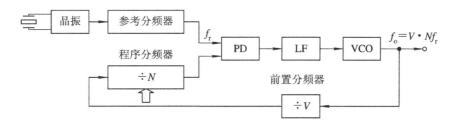

图7-3　用前置分频的PLL合成器

在不改变频率分辨力的同时提高合成器输出频率的有效方法之一就是采用变模分频器（也称吞脉冲技术）。变模分频器的工作速度虽不如固定模数的前置分频器那么快，但比可编程分频器要快得多。图7-4为采用双模分频器的锁相频率合成器框图。

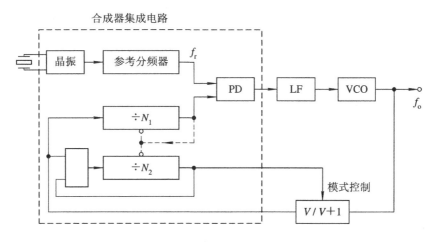

图7-4　双模分频PLL合成器

双模分频器有两个分频模数，当模式控制为高电平时分频模数为 $V+1$，当模式控制为低电平时分频模数为 V。变模分频器的输出同时驱动两个可编程分频器，它们分别预置在

N_1 和 N_2，并进行减法计数。在除 N_1 和除 N_2 分频器未计数到零时，模式控制为高电平，双模分频器输出频率为 $f_0/(V+1)$。在输入 $N_2(V+1)$ 个周期之后，除 N_2 分频器计数到达零，将模式控制电平变为低电平，同时通过除 N_2 分频器前面的与门使其停止计数。此时，除 N_1 分频器还存有 N_1-N_2 个。由于受模式控制低电平的控制，双模分频器的分频模数变为 V，输出频率为 f_0/V。再经 $(N_1-N_2)V$ 个周期，除 N_1 计数器计数到达零，输出低电平，将两个计数器重新赋以它们的预置值 N_1 和 N_2，同时对鉴相器输出比相脉冲，并将模式控制信号恢复到高电平。在这一个完整的周期中，输入的周期数为

$$D = (V+1)N_2 + (N_1-N_2)V$$
$$= VN_1 + N_2 \qquad\qquad (7-6)$$

若 $V=10$，则

$$D = 10N_1 + N_2 \qquad\qquad (7-7)$$

从上面的原理说明中可知，N_1 必须大于 N_2。例如 N_2 为从 0 到 9 变化，则 N_1 至少为 10。由此得到最小的分频比为 $D_{\min}=100$；若 N_1 从 10 变化到 19，那么可得到最大分频比为 $D_{\max}=199$。

其它的双模分频比，例如 5/6、6/7、8/9，以及 100/101 也是常用的。若用 100/101 的双模分频器，那么 $V=100$

$$D = 100N_1 + N_2 \qquad\qquad (7-8)$$

若选择 $N_2=0\sim99$，$N_1=100\sim199$，则可得到 $D=10\,000\sim19\,999$。

在这种采用变模分频器的方案中也要用可编程分频器，这时双模分频器的工作频率为合成器的工作频率 f_0，而两个可编程分频器的工作频率已降为 f_0/V 或 $f_0/(V+1)$。合成器的频率分辨力仍为参考频率 f_r，这就在保持分辨力的条件下提高了合成器的工作频率，频率转换时间也未受到影响。

二、集成芯片说明

集成频率合成器是近年来发展最快、种类和采用新工艺最多的一种专用锁相电路。它区别于通用单片集成锁相环，通常总是把合成器中性质相同（或相近）的参考振荡器、参考分频器、数字鉴相器、程序分频器、各种逻辑控制电路以及高速双模或多模前置分频器等部件集成在一个或几个单片中，以构成集成频率合成器的电路系统。下面以两种型号通用的集成芯片加以说明。

1. 中规模（MSI）集成频率合成器

在这种类型的集成频率合成器中，最典型的例子是 MC145100 系列中的 MC145104/06/07/09/12/43/等几个产品，它们都是 CMOS、MSI 电路（不包括 VCO）。图 7-5 示出了 MC145106 的方框图（其它产品大同小异），电路包含有参考振荡器或放大器、参考分频器、程序分频器和鉴相器。只要外接环路滤波器和压控振荡器，就可组成一个锁相环频率合成器。参考晶振接在 3、4 两端，在民用波段收发信机中通常工作在 10.24 MHz 上，经 ÷2 分频后，得到 5.12 MHz 信号，加到参考分频器上，参考分频比为 2^9 或 2^{10}，由 FS 选择：当 FS 端接 "1" 时，参考分频比为 2^9，鉴相频率为 10 kHz；反之，当 FS 端接 "0" 时，参考分频比变成 2^{10}，鉴相频率则为 5 kHz。程序分频器最高工作频率在 4.5 MHz 左右。程序分频比为 $3\sim(2^9-1)$，用二进制码置定，加在预置端 $P_0\sim P_8$ 上的二进制码与分频比 N 的关系如

表7-1所示。这种控制作用既可用机械开关，也可用电子开关来完成。压控振荡器输出的信号加在2端。7端为鉴相器输出端。当反馈信号频率高于参考鉴相频率时，7端输出为高电平；当反馈信号频率低于参考鉴相频率时，7端输出为低电平。8端为锁定检测指示端，当环路失锁时8端输出低电平。5端输出经过÷2的参考晶振频率，供产生收发信机其它所需频率之用。上述电路非常适合在民用波段(CB无线电台或其它系统中)应用，一般单环频率合成可得到频率间隔 $\Delta f = 25$ kHz 或 50 kHz 的数十至二三百个波道。若用混频环将两个同样的单环相加，则可以把波道数扩展到 $700\sim800$ 个。采用这两种方案都已制成了海上和空中应用的 VHF 频率合成器。

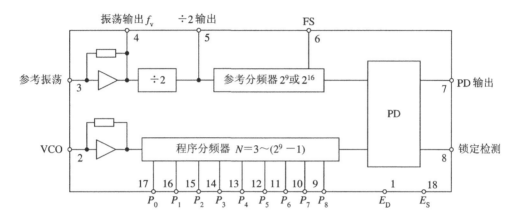

图 7-5　MC145106 方框图

表 7-1　MC145106 程序分频器真值表

P_8	P_7	P_6	P_5	P_4	P_3	P_2	P_1	P_0	分频比 N
0	0	0	0	0	0	0	0	0	2(注)
0	0	0	0	0	0	0	0	1	3(注)
0	0	0	0	0	0	0	1	0	2
0	0	0	0	0	0	0	1	1	3
0	0	0	0	0	0	1	0	0	4
·	·	·	·	·	·	·	·	·	
·	·	·	·	·	·	·	·	·	
0	1	1	1	1	1	1	1	1	255
·	·	·	·	·	·	·	·	·	
·	·	·	·	·	·	·	·	·	
1	1	1	1	1	1	1	1	1	511

注：P_8 至 P_0 置定 000000000 和 000000001 时，分别为 ÷2 和 ÷3 分频(不按 2^N-1 分频)。

另外，由一系列 TTL-ECL 的中、小规模频率合成器集成部件 T4044/E1648/E12013/E12014/T4016 可构成 MSI 频率合成器，其组成方框图如图 7-6 所示。鉴相器采用 T4044，压控振荡器采用 E1648(在集成鉴相器与压控振荡器两节中均已介绍过)；环路采用吞脉冲分频器，E12013 为 ÷10/11 双模前置分频器；E12014 为计数控制逻辑；T4016 为可编程序十进分频器。VCO 的工作频率可达 225 MHz。用外接 L、C（变容管）来调整其中心频率，整个系统用 5 V 电源供电。这种合成器已经用作 FM 广播解调器、航海、航空、陆地移动通信和 CB 接收机的调谐器等。

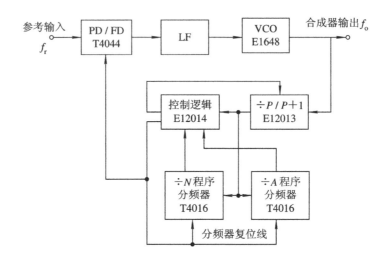

图 7-6　T4044/E1648/E12013/E12014/T4016 组合式集成频率合成器方框图

2. 大规模(LSI)集成频率合成器

MC145144/45/46/51/52/55/56/57/58/59 等是 MC145100 系列中 CMOS-LSI 频率合成器的典型产品。

(1) 图 7-7 示出了 MC145145-1 的方框图，它是一块用 4 bit 数据总线输入方式置定的单模 CMOS-LSI 频率合成器电路。与 MC145106 相比较，除参考晶振、参考分频器（÷R）和程序分频器（÷N）外，它增加了相应的锁存器和锁存控制电路，并有 A、B 两个性能不同的鉴相器（其中 B 为三态鉴相器），以满足实际的需要。锁定检测器用作环路失锁指

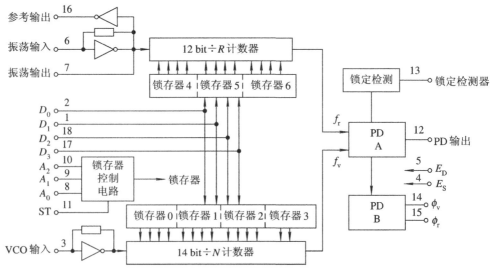

图 7-7　MC145145-1 方框图

示。锁存器的作用是接收和记忆输入数据，并将它们在允许的时候输出给 $\div R$ 或 $\div N$ 计数器，以控制它们的分频比。$D_0 \sim D_3$ 四根数据输入线的数据输入形式又受到地址输入 $A_0 \sim A_2$ 的编码控制，其控制功能见表 7 - 2。当 ST 端为高电位时，把输入数据送入锁存器；当 ST 端为低电位时，锁存器闩锁。

表 7 - 2 MC145145 - 1 地址功能表

A_2 A_1 A_0	锁存器选择	功 能	D_0 D_1 D_2 D_3
0 0 0	0	$\div N$ 位	0 1 2 3
0 0 1	1	$\div N$ 位	4 5 6 7
0 1 0	2	$\div N$ 位	8 9 10 11
0 1 1	3	$\div N$ 位	12 13 — —
1 0 0	4	$\div R$ 位	0 1 2 3
1 0 1	5	$\div R$ 位	4 5 6 7
1 1 0	6	$\div R$ 位	8 9 10 11
1 1 1	—		

（2）另一个典型产品是 MC145152 - 1，它是一块用并行码输入方式置定的双模 CMOS - LSI 频率合成器。其方框图如图 7 - 8 所示，电路包含参考振荡器、12 bit $\div R$ 计数器、12 $\times$ 8ROM 参考译码器、10 bit $\div N$ 计数器、6 bit $\div A$ 计数器、控制逻辑、鉴相器和锁定检测等部分。

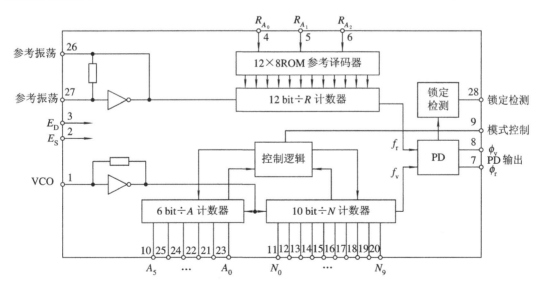

图 7 - 8 MC145152 - 1 方框图

参考振荡从 27 端输入，参考地址码 R_{A_0}、R_{A_1}、R_{A_2} 分别加在 4、5、6 端，通过 12 $\times$ 8ROM 参考译码器对 12 bit $\div R$ 计数器进行编程。分频比有 8 种选择，参考地址码与总参考分频比的关系见表 7 - 3。6 bit $\div A$ 计数器、10 bit $\div N$ 计数器、模式控制逻辑和外接双模前置分频器可方便地组成吞脉冲程序分频器。11～20 端为 $\div N$ 计数器的预置端；10

端、21～25 端为 $\div A$ 计数器的预置端。$\div A$ 计数器的预置数决定了 $\div V/(V+1)$ 双模前置分频器的 $\div (V+1)$ 的次数，则吞脉冲程序分频器的总分频比可写成

$$D = VN + A \tag{7-9}$$

表 7 - 3 MC145152 - 1 参考地址码与总参考分频比的关系

参 考 地 址 码			总参考分频比
R_{A_2}	R_{A_1}	R_{A_0}	
0	0	0	8
0	0	1	64
0	1	0	128
0	1	1	256
1	0	0	512
1	0	1	1024
1	1	0	1160
1	1	1	2048

控制逻辑输出的模式控制信号（9 端）加到前置双模分频器即可实现模式变换。鉴相器由 7、8 端双端输出 ϕ_v、ϕ_r。如果 $f_v > f_r$ 或 f_v 的相位超前 f_r 的相位，则 ϕ_v 起作用，反之 ϕ_r 起作用。锁定检测器用作环路失锁指示，当环路锁定时 28 端输出高电平，反之输出低电平。MC145152 - 1 本身工作频率为 30 MHz，电源电压为 ±5 V。

三、多环频率合成器

用高参考频率而且仍能得到高频率分辨力的一种可能的方法是，在锁相环路的输出端再进行分频，如图 7 - 9 所示。VCO 输出频率经 M 次分频之后为

$$f_o = \frac{Nf_r}{M} \tag{7-10}$$

式(7-10)中 M 为后置分频器的分频比；N 为可编程分频比。由式可见，频率分辨力为 f_r/M。只要 M 足够大，就可得到很高的分辨力。这种技术的问题是，环路工作频率需比要求的输出频率高 M 倍，有时可能是难于做到的。

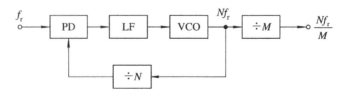

图 7 - 9 后置分频器的 PLL 合成器

上述后置分频器的概念在多环合成器中是十分有用的。多环频率合成器中用几个锁相

环路。其中，高位锁相环路提供频率分辨力相对差一些的较高频率输出；低位锁相环路提供高频率分辨力的较低频率输出；而后再用一个锁相环路将这两部分输出加起来，从而获得既工作频率高，而且频率分辨力也很高，又能快速转换频率的合成输出。图 7 - 10 就是一个以这种方式构成的三环频率合成器。

图 7 - 10 中 B 环为高位环，它工作在合成器的工作频段，但分辨力等于 f_r，尚未满足合成器的性能要求。A 环为低位环，它的输出经后置分频器除 M 分频之后输出频率较低，工作频段只等于高位环输出的频率增量，分辨力则可达到 f_r/M，满足合成器的性能要求。

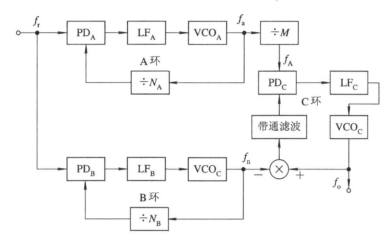

图 7 - 10　三环锁相频率合成器

例如 $f_r = 100$ kHz，$N_B = 351 \sim 396$，则 B 环的输出频率为 $f_B = 35.1 \sim 39.6$ MHz，频率分辨力为 100 kHz。若 $N_A = 300 \sim 399$，则 A 环输出频率 $f_A = 30.0 \sim 39.9$ MHz，取 $M = 100$，则经后置分频之后的低位环输出频率为 $f_A = 300 \sim 399$ kHz，其频段为 100 kHz，正好等于 B 环输出的频率增量。通过 C 环将 f_A 和 f_B 相加，最后得到三环合成器的输出频率为 $f_o = 35.400 \sim 39.999$ MHz，频率分辨力为 1 kHz。

合成器的频率转换时间是由 A、B、C 三个环共同决定的。因为 A、B 两个环的参考频率 $f_r = 100$ kHz，C 环的参考频率更高，所以即使频率分辨力达到 1 kHz，而总的频率转换时间仍为

$$t_s = \frac{25}{f_r} = \frac{25}{10^5} = 0.25 \text{ ms}$$

这是单环锁相频率合成无法做到的。

具体的多环构成方式按合成器的性能要求而定，可以是双环也可以是三环。频率的相加工作也可以直接在高位环中完成。应用 CMOS 集成频率合成器可以很方便地构成所需要的多环频率合成器。图 7 - 11 是用 CMOS 集成频率合成器 MC145106 构成的 VHF 调频电台的双环合成器。

图中下面环路是低位环，它的参考频率为 5.12 MHz，控制参考分频器的分频比等于 $2^{11} = 2048$，得鉴相频率为 2.5 kHz，即能产生频率分辨力为 2.5 kHz 的信号输出。环中有下变频，本地振荡器的频率 f_m 在发射状态为 10.24 MHz，接收状态为 11.31 MHz。两者频率相差 1.07 MHz，等于接收机中频的 1/10。可编程分频器的分频比取 $N_A = 324$ 或 325。这样可算出下环路的输出频率

$$f_A = N_A f_r + f_m$$

发射状态下为

$$f_A = (324 \sim 325) \times 0.0025 + 10.24$$
$$= 11.0500 \sim 11.0525 \text{ MHz}$$

接收状态下为

$$f_A = (324 \sim 325) \times 0.0025 + 11.31$$
$$= 12.1200 \sim 12.1225 \text{ MHz}$$

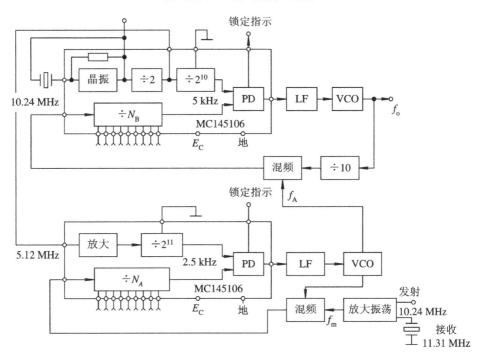

图 7-11　CMOS集成双环合成器

上环路为高位环。参考晶振频率等于 10.24 MHz，控制参考分频器的分频比等于 $2^{10} = 1024$，再加上除 2 分频的作用，得到鉴相频率为 5 kHz。控制可编程分频器的分频比 $N_B = 150 \sim 509$。VCO 的输出先经除 10 前置分频，再用下变频完成与低位环输出 f_A 的相加作用。这样，环路的输出频率应为

$$f_o = 10[N_B f_r + f_A]$$

发射状态下为

$$f_o = 10[(150 \sim 509) \times 0.005 + (11.0500 \sim 11.0525)]$$
$$= 118.000 \sim 135.975 \text{ MHz}$$

接收状态下为

$$f_o = 10[(150 \sim 509) \times 0.005 + (12.1200 \sim 12.1225)]$$
$$= 128.700 \sim 146.675 \text{ MHz}$$

这样就合成出电台所需的 VHF 信号。每当 N_A 变一位时，输出频率增量为 25 kHz，即改变一个信道。当 N_B 变化一位时，输出频率增量为 50 kHz，即改变两个信道。合成器总共

能提供 720 个信道。收发频差为 10.7 MHz 正好满足电台的要求。

第三节　小数分频合成器

一、基本原理

锁相频率合成器的基本特性是，每当可编程分频器的分频比改变 1 时，得到输出频率增量为参考频率 f_r。为提高频率的分辨力就需减小参考频率 f_r，这对转换时间等性能是十分不利的。我们设想，假若可编程分频器能提供小数的分频比，每次改变某位小数，就能在不降低参考频率的情况下提高频率分辨力。这是一个理想的办法，可惜数字分频器本身无法实现小数分频。

然而，还是有办法使整数分频的数字分频器来完成小数分频作用的。例如，虽然数字分频器本身不能实现 $N=10.5$ 的小数分频，若能控制它先除一次 10，再除一次 11，这样交替进行，那么从输出的平均频率看，不就完成了 10.5 的小数分频了吗？因此，只要能控制整数分频器的分频比按一定的规则变化，就能实现小数分频。按上述的概念类推，若要 $N.F=5.3$ 的小数分频（N 表示整数部分，F 表示小数部分），只要在每 10 次分频中，作七次除 5，再作三次除 6，就可得到

$$N.F = \frac{1}{10}(5 \times 7 + 6 \times 3) = 5.3$$

若要 $N.F=27.35$ 的小数分频，只要在每 100 次分频中，作 65 次除 27，再作 35 次除 28，就可得到

$$N.F = \frac{1}{100}(65 \times 27 + 35 \times 28) = 27.35$$

按上述方法实现小数分频的电路有如图 7-12 所示的小数分频环。图的上半部分（虚线以上）是一个基本的单环频率合成器，输出频率为 Nf_r。所不同的是在 VCO 和可编程分频器之间增加一个脉冲删除电路，在鉴相器与环路滤波器之间串接了一个相加器。虚线以下为控制部分，其核心是一个累加器（ACCU）。所要求的分频比，其整数部分 N 和小数部分 F 分别存在两个存储器中，N 与 F 都用微机控制。

下面说明图 7-12 电路的工作过程。例如，要求环路输出 $f_o=5.3f_r$（即 $N=5$，$F=3$），假如环路已经正常工作，输出电压 u_2^{**} 和输入电压 u_r 的波形如图 7-13 所示，在 u_r 的 10 个周期内 u_2^{**} 为 53 个周期。

在第一个参考周期内，上面环路以除 $N=5$ 工作，累加器（ACCU）加进小数 $F=0.3$，并记忆住。第二、三个参考周期上面环路仍以除 5 工作，累加器的存数从 0.3 递增到 0.6，再递增到 0.9。在第四个参考周期，累加器再递增 0.3，使 OVF 溢出一次，控制脉冲删除电路删去一个脉冲，其输出见 u_2^* 的波形图。u_2^* 再经除 5 后得到 u_2，但从 u_2^* 到 u_2 的总的分频效果已变为除 6。累加器在溢出之后仍存有余数 0.2。再经三个参考周期，在第 7 个参考周期累加器又溢出一次，脉冲删除电路再删一个脉冲，再作一次除 6，累加器所存余数变为 0.1。再经三个周期又溢出一次，作一次除 6，累加器余数为零。这样经过 10 个参

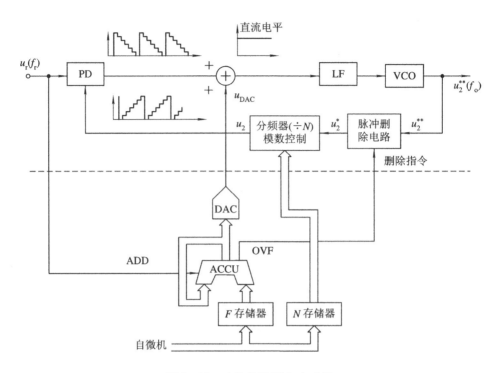

图 7-12　小数分频 PLL 合成器

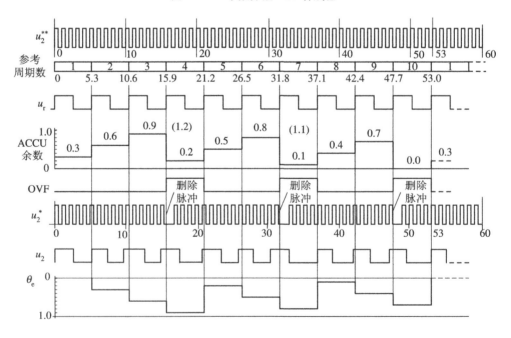

图 7-13　图 7-12 电路的波形图

考周期完成一次循环。期间 OVF 溢出三次，作三次除 6，另外七次为除 5。至此，完成了 $N.F=5.3$ 的小数分频。

　　假若要完成 $N.F=27.35$ 的小数分频，则用 $F=0.35$ 加到累加器，在 100 次累加中将溢出 35 次。环中 N 置为 27。每溢出一次作一次除 28。这样就能准确完成 27.35 的小数分频。

在这个环路中有一个现象必须注意到。由于 f_o 为 f_r 的 5.3 倍，每经 f_r 的一个周期，f_o 为 5.3 个周期。这样一来，在一个参考周期之后，在鉴相器输入端就出现 $0.3 \times 2\pi$ 的相位误差。再经一个参考周期又出现 $0.6 \times 2\pi$ 的相位误差。以此类推，得到相位差随时间的变化如图 7-13 中的 θ_e 图形，相应鉴相器输出电压如图 7-13 中递减的阶梯电压。这个电压如果经环路滤波器后加到 VCO，会使 VCO 调频，形成所谓"尾数调制"，使合成器输出频谱变差。一个办法可以消除这个阶梯电压的影响。从图可见，将 ACCU 存数经数模变换之后，恰好可以形成一个递增的阶梯电压，两者可以相消。在环路达到稳态时，两个极性相反的阶梯电压相加后，得到所需的直流电平。环中相加器就是专门为此而设置的，它对改善合成器输出频谱有重要的作用。

二、相位杂散分析

图 7-12 所示小数分频合成器，若不考虑模拟相位补偿，则可以简化为图 7-14 所示形式。相位累加器溢出控制双模分频器分频比 $N/N+1$ 的转换，从而实现小数分频。设在 MT_r 周期内，溢出控制 a 次 N 分频，b 次 $N+1$ 分频，有 $M=a+b$。这样，环路锁定时，环路输出平均频率 $\bar{f}_o$，

$$\bar{f}_o = \frac{1}{MT_r}[aNT_r + b(N+1)T_r] = \left[N + \frac{b}{M}\right]f_r = N.Ff_r \qquad (7-11)$$

式中 N 为整数，$.F$ 为小数分频比。

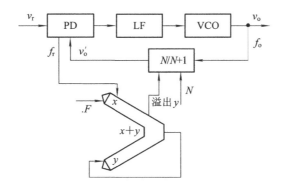

图 7-14　图 7-12 所示电路的简化形式

显然，在小数分频过程中，分频器输出平均频率与参考频率 f_r 相等，但二者瞬时频率可能不等，使得鉴相器的两输入信号 v_r 与 v_o' 存在着相位差 $\varphi_F(t)$。如前所述，每个 T_r 周期内，累加器以 $.F$ 增量形式使 v_o' 信号相位作增量变化，相位增量值为

$$\Delta\varphi = \frac{2\pi}{N.F} \times .F \qquad (7-12)$$

k 个 T_r 周期内，相位差 $\varphi_F(t)$ 为

$$\varphi_F(t) = \frac{2\pi}{N.F} < k \times .F > \{u(t-kT_r) - u[t-(k+1)T_r]\} \qquad (7-13)$$

式中 $<>$ 表示小数部分取余运算，它由相位累加器余数值获得，其含义是：在 kT_r 个周期内，若相位累加器无溢出，则 $<k \times .F> = k \times .F$；若有 L 次溢出，则 $<k \times .F> = k \times .F$

—L。式中 $u(t)$ 为单位阶跃函数，所以 $\varphi_F(t)$ 是周期函数，可用傅氏级数展开，表示为

$$\varphi_F(t) = \sum_{i=-\infty}^{\infty} C_i \exp(ji\omega_m t) \qquad (7-14)$$

式中 $\omega_m = \dfrac{2\pi}{MT_r} = \dfrac{\omega_r}{M}$，系数 C_i 为

$$C_i = \frac{1}{MT_r} \int_0^{MT_r} \varphi_F(t) \exp(-ji\omega_m t)\, dt \qquad (7-15)$$

可以看出，$\varphi_F(t)$ 中含有低频与高频分量，通过环路滤波器时，高频分量受到较大衰减，而衰减小的低频分量会产生严重的相位杂散干扰。

图 7-14 中相位累加器的数学模型如图 7-15 所示。图中 $.F(k)$ 为分频比的小数，$y(k)$ 为累加器溢出值，当 $y(k)=1$ 时，表示有溢出；$y(k)=0$ 时，表示无溢出，而 $e(k)$ 是 1 bit 量化器引入的量化误差，其与 $v(k)$ 的关系应是 $e(k)=y(k)-v(k)$。在 kT_r 周期中，$y(k)=0$，$e(k)=-<k\times.F>$，而 $y(k)=1$，$e(k)=-<k\times.F>-L$，所以量化误差 $e(k)$ 反映了相位误差的变化。

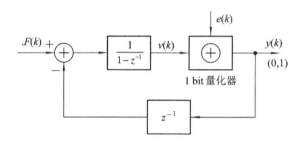

图 7-15　相位累加器数学模型

三、使用 $\Sigma-\Delta$ 调制的小数分频技术

$\Sigma-\Delta$ 调制又称为总和增量调制，其基本组成如图 7-16 所示。

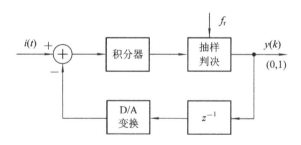

图 7-16　总和增量调制器组成

通过抽样判决比较输入信号相邻样品的差值，生成 0 与 1 的数字信号 $y(k)$，积分器的作用是衰减信号中的高频分量以降低过载量化噪声。一阶数字 $\Sigma-\Delta$ 调制器的数学模型与图 7-15 的相位累加器数学模型相同，数字 $.F(k)$ 输入对应模拟输入 $i(t)$，D/A 变换器为线性变换，可用单位增益代替。

对图 7-15 进行 Z 域分析得

$$Y(z) = (1-z^{-1})E(z) + .F(z) = H_1(z)(.F(z)) + H_{e1}(z)E(z) \qquad (7-16)$$

式中，$Y(z)$，$.F(z)$ 与 $E(z)$ 分别是 $y(k)$，$.F(k)$ 与 $e(k)$ 的 Z 变换；$H_1(z)=1$，为一阶 $\Sigma-\Delta$ 调制器的信号传递函数；$H_{e1}(z)=1-z^{-1}$，为一阶 $\Sigma-\Delta$ 调制器的误差传递函数，它对量化噪声呈高通特性，其作用是把噪声能量推向高频端，即具有一定的噪声整形特性。显然，一阶数字 $\Sigma-\Delta$ 调制器与相位累加器相当，都具有这种噪声整形特性，环路滤波器可以滤除掉高频杂散干扰。为更好地抑制低频噪声，可应用高阶 $\Sigma-\Delta$ 调制，以获得更加明显的噪声整形。分析表明，L 阶的误差传递函数 $H_{eL}(z)=(1-z^{-1})^L$，即有

$$Y(z)=.F(z)+(1-z^{-1})^L E(z) \tag{7-17}$$

图 $7-17$ 表示了 $H_{eL}(f)$ 的幅频特性，可见阶次愈高则整形效果愈加明显，低频抑制愈好，而放大的高频噪声易被环路滤波器滤除。

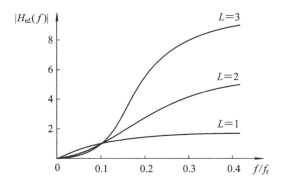

图 $7-17$　噪声整形特性

显然，高阶 $\Sigma-\Delta$ 调制将使控制分频比转换的溢出密度加大，为保证高阶 $\Sigma-\Delta$ 调制器电路稳定，常用 L 个一阶 $\Sigma-\Delta$ 调制器串联来实现，由此构成的 $\Sigma-\Delta$ 调制频率合成器如图 $7-18$ 所示。

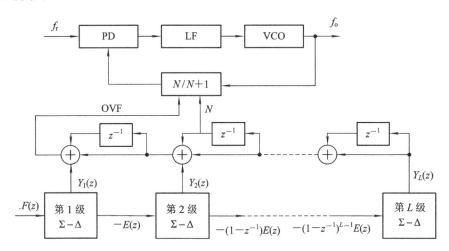

图 $7-18$　L 个 $\Sigma-\Delta$ 调制器级联的频率合成器

在图 $7-18$ 中，分数部分 $.F(z)$ 经第一级 $\Sigma-\Delta$ 调制器就可控制分频比，但存在着误差 $H_{e1}(z)E(z)$。为修正误差，可将 $-E(z)$ 作为第二级调制器输入，第二级调制器输出 $y_2(z)=-E(z)+H_{e2}(z)E(z)$ 经 $(1-z^{-1})$ 差分运算后去抵消第一级输出噪声，产生的噪声为二阶调制噪声 $H_{e2}(z)E(z)=(1-z^{-1})^2 E(z)$。以此类推，最终加在分频比控制上调制噪

声为 $H_{eL}(z)E(z)=(1-z^{-1})^L E(z)$ 的三阶调制噪声。由下面联立方程很容易推得上面的结果。

$$Y_1(z) = . F(z) + (1-z^{-1})^L E(z)$$
$$Y_2(z) = -E(z)(1-z^{-1}) + (1-z^{-1})^2 E(z)$$
$$\vdots$$
$$Y_L(z) = -E(z)(1-z^{-1})^{L-1} + (1-z^{-1})^L E(z)$$

将各方程式相加,可得

$$Y(z) = Y_1(z) + Y_2(z) + \cdots + Y_L(z) = . F(z) + (1-z^{-1})^L E(z) \qquad (7-18)$$

第四节　技术指标与设计

一、主要技术指标

1. 频率范围

频率范围是指频率合成器输出最低频率 f_{omin} 和最高频率 f_{omax} 之间的变化范围,也可用频率覆盖系数表示,即

$$k = \frac{f_{omax}}{f_{omin}} \qquad (7-19)$$

k 的大小取决于 VCO 的线性可控范围,一般 $k > 3$ 时,单个 VCO 就很难满足要求。因此实践中,可把 $f_{omax} \sim f_{omin}$ 分成几个分波段,每个分波段由一个 VCO 来满足分波段频率范围。

2. 频率间隔

频率合成器的输出频率是不连续的,以点频方式出现,两相邻点频之间的间隔称为频率间隔,又称为频率分辨率。在锁相频率合成中,整数分频的频率间隔由参考频率 f_r 决定,而小数分频的频率间隔由分频系数 $N.F$ 中小数 $.F$ 决定。由频率范围与频率间隔可以确定频率合成器的工作频率点数(波道数)。

3. 频率稳定度

频率稳定度是指一定时间间隔内,频率合成器输出频率的相对变化,通常分为长期、短期与瞬时频率稳定度。

长期频率稳定度是指年或月时间范围内频率的相对变化,主要由晶体参考振荡器中晶体的老化特性引起。

短期频率稳定度是指日或小时时间范围内输出频率的相对变化,主要取决于 VCO 内部参数的变化,以及电源电压波动、温度与环境因素的变化等。

瞬时频率稳定度是指秒或毫秒时间间隔内频率的随机变化,主要影响因素是干扰与噪声,通常又以频谱纯度来表征。

4. 频率转换时间

频率转换时间是指频率合成器输出频率从一个工作频点转换到另一个工作频点并稳定工作所需要的时间。对于锁相频率合成,转换时间主要取决于环路的捕获时间,由频率捕获时间与相位捕获时间所构成。环路采用鉴频鉴相器(FPD),频率捕获时间极短,可不考

虑，而相位捕获时间大约为参考频率信号周期$(1/f_r)$的 25 倍左右。因此，锁相频率合成器中，频率转换时间 t_s 为

$$t_s \approx \frac{25}{f_r}（秒）\tag{7-20}$$

频率转换时间在快速跳频频率合成器中极为重要，如要求跳频数在 1 万跳以上（大于等于 1×10^4 次/秒），则要求 $t_s \leqslant 100\ \mu s$。

5. 频谱纯度

频谱纯度是指频率合成器输出频率信号接近正弦波的程度。显然，一个理想的输出频率信号应当是

$$u_o(t) = U_o \cos(\omega_o t + \varphi_o)$$

式中，U_o、ω_o、φ_o 均为常数，其频谱应是一根谱线。实际上，由于干扰与噪声的存在，频谱合成器输出频率信号是一个存在有寄生调幅 $a(t)$ 与寄生调相 $\varphi(t)$ 的正弦波，即

$$u_o(t) = U_o[1 + a(t)] \cos[\omega_o t + \varphi(t)]\tag{7-21}$$

寄生调幅与寄生调相会使主频谱线的两侧出现一些不需要的附加频谱成分，如图 7-19 所示。其中离散谱称为杂波干扰，连续谱称为相位噪声。通常，一个电源稳定、屏蔽良好的正常工作的频率合成器寄生调幅较小，可以忽略，主要考虑寄生调相引起的频谱不纯。

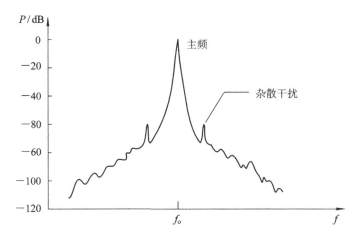

图 7-19　频率合成器输出信号频谱示意图

寄生调幅 $\varphi(t)$ 生成的离散谱主要是由数字鉴相器与数字分频器等数字部件的触发噪声，鉴相频率泄露，50 Hz 或 100 Hz 电源等信号作用 VCO 输入控制端引起的正弦波调频；而连续谱是由晶振、VCO 等部件内部噪声引起的相位随机变化。

对于离散谱，通常使用杂散抑制比指标，即靠近主频谱线幅度 U_o 与第一对边频谱线幅度 U_1 之比的 dB 数，即

$$S_1 = 20 \log \frac{U_o}{U_1}\ dB\tag{7-22}$$

离散谱可处在环路带宽之内，也可在环路带宽之外。处于带外还可能有 VCO 输出频率的谐波，合成器也会对谐波抑制提出一定要求。谐波抑制比是指 VCO 输出的二次谐波振幅 U_2 与基波振幅 U_o 之比的 dB 数，即

$$S_2 = 20 \log \frac{U_o}{U_2} \text{ dB} \qquad (7-23)$$

对于相位噪声，通常用相当于主频谱一定频率间隔的单位 Hz 的相位噪声功率谱密度来表征。例如距离 1 kHz 间隔的相位噪声指标可表示为小于 -70 dBC@1 kHz。

二、指标设计实例

设计一个超高频整数分频频率合成器，指标如下：工作频率 7400 MHz～7800 MHz，频率间隔 5 MHz，频率转换时间小于 20 μs，输出相位噪声小于 -70 dBC/Hz@1 kHz；小于 -80 dBC/Hz@10 kHz，杂散抑制大于 60 dB，谐波抑制大于 40 dB。

1. 选择芯片

由于工作频率高，应当选用变模分频的合成器芯片。这里选用 AD 公司的频率合成器芯片 ADF4108，其基本特性如下：工作频率范围 1 GHz～8 GHz，由低噪声 FPD、电荷泵、程控参考分频器、程控 A 与 B 计数器，双模前置分频器（$P/P+1$）所组成。整数分频比 $N=BP+A$。外接 VCO 选用 HMC532LP4，可控频率范围为 7.1～7.9 GHz，相位噪声 -101 dBC/Hz@100 kHz，功率输出 $+14$ dBm；10 MHz 恒温晶振相位噪声 -140 dBC/Hz @1 kHz，-150 dBC/Hz@10 kHz。

2. 参数计算

由于频率间隔 5 MHz 等于鉴相器输入参考频率 f_r，所以 10 MHz 晶振须经 $R=2$ 的二次分频。按照 $f_o=Nf_r$，$N=BP+A$，有 $N_{\min}=7400/5=1480$，$N_{\max}=7800/5=1560$。根据芯片要求，双模前置分频器输出频率应 $\leqslant 300$ MHz，因此双模比要用 32/33 或 64/65。设用 32/33，则 $P=32$。芯片许可 A、B 取值范围 A：0～63，B：3～8191。按照 $N=BP+A$，在 $P=32$ 下，B 取 46～48，A 取 8～31，满足 $B>A$，及 N 为 1480～1560 的整数取值。

3. 频率转换时间的计算

由于芯片使用 FPD，故环路入锁时间只计及相位捕获，按照(7-18)式计算

$$t_s \approx \frac{25}{f_r} = \frac{25}{5 \times 10^6} = 5 \ \mu s < 20 \ \mu s$$

4. 相位噪声的计算

频率合成器总输出相位噪声主要由晶振相位噪声，芯片 ADF4108 带内相位噪声及 VCO 相位噪声三部分经环路作用后所构成。

晶振相位噪声对环路输出的贡献，依据 $f_o=N/R \cdot f_r'$（f_r' 为晶振频率），可在晶振相位噪声功率谱密度基础上附加 $20 \lg N/R$。以 $N_{\max}=1560$，$R=2$ 代入，可得附加值为 58 dB。因此，计算出晶振相噪对环路输出贡献是：

-82 dBC/Hz@1 kHz，-92 dBC/Hz@10 kHz，-102 dBC/Hz@100 kHz

芯片贡献的相位噪声可按 ADF4108 提供的带内相位噪声计算公式计算：

$$-219 + 10 \lg f_r + 20 \lg N \text{ dBC/Hz}$$

将 $f_r=5$ MHz，$N=1560$ 代入上式可得

$$-219 + 10 \lg(5 \times 10^6) + 20 \lg(1560) = -88 \text{ dBC/Hz}$$

VCO 相位噪声已处于环路带宽之外，对输出贡献即是其初值：-101 dBC@100 kHz。上述计算值皆远超过设计要求的输出相位噪声指标，因此，把各个贡献的功率谱相加

所得 dB 数也会满足设计要求。

5. 杂波抑制与谐波抑制

杂波干扰主要是频率为 5 MHz 的正弦波寄生调相生成的。由于 5 MHz 已处于环路带宽之外,可受到环路的较大抑制。根据 ADF4108 给出的 1MHz 参考频率上有 60.7dB@1 MHz 的杂散抑制比,显然对于 5 MHz 频率,杂散抑制比会满足大于 60 dB 的要求。

谐波抑制主要由 VCO 本身的特性所决定。根据 HMC532LP4 的性能,对二次谐波抑制只有 14 dB,因此须外接五阶低通滤波器,可使抑制比提高到 44 dB,满足抑制比大于 40 dB 的要求。

【习　题】

7-1　设计一个锁相频率合成器,频率范围为 25~29.999 MHz,步进为 1 kHz。问:

(1) 参考频率为多大?

(2) 分频比的范围是多少?

(3) 若因可编程分频器的频率上限达不到 25 MHz,需用前置变模分频器,当采用 $\div 10/11$ 双模分频器,为生成 26.111 MHz 的频率输出,应如何确定可编程分频器的分频模?

7-2　在图 7-10 所示三环频率合成器中,为得到 38.912 MHz 的输出频率,N_A 和 N_B 应为多大?

7-3　试以 $N.F=10.75$ 来说明小数分频原理。

7-4　若一小数分频器的参考频率 $f_r=10$ kHz,试求 $N.F=27.35$ 小数分频比时的平均低频杂散频率。

7-5　试证明一阶数字 $\Sigma-\Delta$ 调制器与图 7-13 所示累加器电路的等效性。是否可以说图 7-13 所示累加器也具有噪声整形功能? L 阶 $\Sigma-\Delta$ 调制器功能可否用 L 级累加器级联来实现?

7-6　造成频率合成器输出信号频谱不是一根纯谱线的因素是什么? 寄生调幅与寄生调频造成频谱不纯的机理是否相同? 哪一个因素危害更大,为什么?

7-7　杂散抑制比与谐波抑制比是否同一指标? 二者有何不同? 如果环路对二次谐波抑制只有 20 dB,要达到大于 40 dB 的抑制比要求,可采取什么样的措施?

第八章　数字通信中的锁相同步环路

数字通信中的解调技术中，相干解调（又称同步检波）与码位同步是最基本的环节。相干解调中，要求接收端提供一个与信号同频同相的相干载波，才能实现相干解调。通常，总是直接从接收的已调信号中提取相干载波（或称载波同步），而相移键控等数字载波调制信号中并不含有载频分量，用普通锁相环无法提取，需用特殊结构的锁相环，如平方环与同相-正交环可以实现提取相干载波的功能。对相干解调后的数字信号波形，须通过抽样判决来恢复码元序列，抽样时刻应当是一个码元的终止时刻，正确地确定码元序列中每一码元的起止时刻就成为码位同步（又称位同步或时钟同步）。同样，通常也是用特殊设计的锁相环路直接从接收的码元序列中提取码位同步信号，以提供精准的抽样判决时刻。常用的位同步环路有同相-中相位同步环、早-迟积分与清除位同步环等。

扩频通信是一种应用广泛的宽带数字通信，有直接序列扩频、跳频等方式。这种通信方式是用伪随机码序列（简称 PN 序列）实现展宽频谱的扩频调制。因此扩频接收机检测信码之前首先要做的就是解除发送端对信码的扩频调制，也就是所谓的解扩与解跳。解扩主要依靠接收端本地产生一个与发端扩频一样的 PN 码序列，通过 PN 码捕获使本地 PN 码序列与接收的扩频码序列时位或相位基本一致，就转入同步跟踪。所谓跟踪，就是使本地 PN 码相位一直跟踪接收的扩频序列的相位变化，并且保持在一个比较小的相位误差内，不使已取得捕获同步的码序列因噪声的干扰、时钟频率漂移、信道传输时延变化等因素失去同步。同步跟踪一般使用具有自动相位调节功能的特定锁相环路，如延迟锁相环与抖动跟踪环等。

第一节　载　波　同　步

一、平方环

接收信号本身虽然没有载波的频谱分量，但其中含有载频的信息，只要经过非线性变换即可产生载波的倍频分量，例如 BPSK 信号

$$u_i(t) = U_i m(t) \sin[\omega_0 t + \theta_1(t)] \qquad (8-1)$$

式中 U_i 为未调载波振幅，$m(t)$ 为信号调制，当 $m(t)$ 不包含直流分量时，$u_i(t)$ 中就不含有载频 ω_0 的频谱分量。

当 $u_i(t)$ 与噪声 $n(t)$ 同时进入接收机之后，只要经过平方律的非线性变换，即可产生 $2\omega_0$ 的频谱分量，即

$$[u_i(t) + n(t)]^2 = U_i^2 m^2(t) \sin^2[\omega_0(t) + \theta_1(t)]$$
$$+ 2U_i m(t) \sin[\omega_0 t + \theta_1(t)] n(t) + n^2(t) \qquad (8-2)$$

式中第一项展开即可得到 $2\omega_0$ 的分量。应用锁相环路提取出这个 $2\omega_0$ 成分，再经二分频即

可获得 BPSK 信号的相干载波成分 ω_{o}。由此即可构成提取 BPSK 信号相干载波的平方环，如图 8-1 所示。

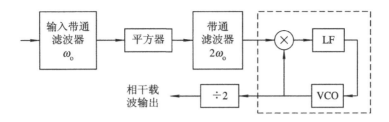

图 8-1　平方环

设输入带通滤波器的带宽 B_i 足够宽，可以不失真地传输原始数据信号 $m(t)$，而 B_i 与中心频率 ω_{o} 相比又小得多，故输出 $n(t)$ 为带限白高斯噪声，可表示为

$$
\begin{aligned}
n(t) &= n_{\mathrm{c}}(t)\cos \omega_{\mathrm{o}}t - n_{\mathrm{s}}(t)\sin \omega_{\mathrm{o}}t \\
&= N_{\mathrm{c}}(t)\cos [\omega_{\mathrm{o}}t + \theta_1(t)] - N_{\mathrm{s}}(t)\sin[\omega_{\mathrm{o}}t + \theta_1(t)]
\end{aligned} \tag{8-3}
$$

式中

$$
N_{\mathrm{c}}(t) = n_{\mathrm{c}}(t)\cos \theta_1(t) + n_{\mathrm{s}}(t) + \sin \theta_1(t)
$$

$$
N_{\mathrm{s}}(t) = - n_{\mathrm{c}}(t)\sin \theta_1(t) + n_{\mathrm{s}}(t)\cos \theta_1(t) \tag{8-4}
$$

将此代入(8-2)式，经 $2\omega_{\mathrm{o}}$ 带通滤波器提取出 $2\omega_{\mathrm{o}}$ 附近的成分，得输出信号为

$$
\begin{aligned}
z(t) = & \left[-\frac{1}{2}U_i^2 m^2(t) + U_i N_{\mathrm{s}}(t)m(t) + \frac{1}{2}N_{\mathrm{c}}^2(t) - \frac{1}{2}N_{\mathrm{s}}^2(t) \right] \cos [2\omega_{\mathrm{o}}t + 2\theta_1(t)] \\
& + [N_{\mathrm{c}}(t)U_i m(t) - N_{\mathrm{c}}(t)N_{\mathrm{s}}(t)] \sin [2\omega_{\mathrm{o}}t + 2\theta_1(t)]
\end{aligned} \tag{8-5}
$$

它与压控振荡器输出电压

$$
u_{\mathrm{o}}(t) = U_{\mathrm{o}}\sin[2\omega_{\mathrm{o}}t + 2\hat{\theta}_1(t)] \tag{8-6}
$$

相乘，经环路滤波器滤除 $4\omega_{\mathrm{o}}$ 的分量，得到误差电压

$$
u_{\mathrm{d}}(t) = K_{\mathrm{d}}\sin 2\theta_{\mathrm{e}}(t) + N(t) \tag{8-7}
$$

式中

$$
K_{\mathrm{d}} = \frac{1}{2}K_{\mathrm{m}}U_{\mathrm{o}}\left(\frac{1}{2}U_i^2 m^2(t) \right)
$$

$$
\theta_{\mathrm{e}}(t) = \theta_1(t) - \hat{\theta}_1(t)
$$

其中 K_{m} 为相乘器的系数；

$$
\begin{aligned}
N(t) = & \frac{1}{2}K_{\mathrm{m}}U_{\mathrm{o}}\left\{ \left[-U_i m(t)N_{\mathrm{s}}(t) - \frac{1}{2}N_{\mathrm{c}}^2(t) + \frac{1}{2}N_{\mathrm{s}}^2(t) \right] \sin 2\theta_{\mathrm{e}}(t) \right. \\
& \left. + [U_i m(t)N_{\mathrm{c}}(t) - N_{\mathrm{c}}(t)N_{\mathrm{s}}(t)]\cos 2\theta_{\mathrm{e}}(t) \right\}
\end{aligned} \tag{8-8}
$$

为等效噪声电压。

据此可建立环路方程

$$
2\frac{\mathrm{d}\theta_{\mathrm{e}}(t)}{\mathrm{d}t} = 2\frac{\mathrm{d}\theta_1(t)}{\mathrm{d}t} - K_{\mathrm{o}}F(p)[K_{\mathrm{d}}\sin 2\theta_{\mathrm{e}}(t) + N(t)] \tag{8-9}
$$

式中 K_{o} 是 VCO 的灵敏度，$F(p)$ 是 LF 的传输算子，相应的等效模型如图 8-2 所示。图中等效鉴相器特性

$$
D(\theta_{\mathrm{e}}) = K_{\mathrm{d}}\sin 2\theta_{\mathrm{e}}(t)
$$

它仍是一个正弦鉴相器,只是周期不是 2π,而是 π。

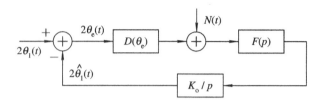

图 8 - 2 平方环的等效模型

经过线性近似,即当 $\theta_e(t)$ 比较小时

$$K_d \sin 2\theta_e(t) \approx 2K_d\theta_e(t)$$

则方程(8 - 9)式简化为

$$\frac{\mathrm{d}\theta_e(t)}{\mathrm{d}t} = \frac{\mathrm{d}\theta_1(t)}{\mathrm{d}t} - KF(p)[\theta_e(t) + \theta_{ni}(t)] \tag{8-10}$$

式中,$K = K_o K_d$ 是环路增益;$\theta_{ni}(t) = \dfrac{1}{2K_d}N(t)$ 是等效输入相位噪声。

相应的线性化噪声相位模型如图 8 - 3 所示。

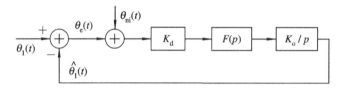

图 8 - 3 平方环线性化噪声相位模型

利用这个模型,可在已知输入信号功率 P_s、输入噪声单边功率谱密度 N_o 等条件下,求得环路的输出相位噪声方差

$$\sigma_{\theta no}^2 = \frac{B_L N_o}{k_r^2 P_s}\left[1 + \frac{N_o B_i}{2k_r^2 P_s}\right] \tag{8-11}$$

式中,B_i 是输入带通滤波器的带宽;

B_L 是锁相环路的等效噪声带宽;

k_r^2 是原始数据 $m(t)$ 通过输入带通滤波器的等效低通特性之后的功率损失。

(8 - 11)式还可以用码元能量、码元速率等表示。例如码元速率 $r_b = 1200$ bit/s,$B_i = 2r_b = 2400$ Hz,$B_L = 20$ Hz,$P_s/(N_o B_i) = 4$。可求得 $k_r^2 = 0.9$。代入(8 - 11)式得 $\sigma_{\theta no}^2 = 0.051\ 35$ rad$\approx 3°$。

二、同相-正交环

同相-正交环又称考斯塔斯(Costas)环,其组成如图 8 - 4 所示。接收信号被分别送到上下两个支路的两个鉴相器上,上支路与 VCO 输出正交鉴相,下支路与经 90°相移的 VCO 输出同相鉴相。上下鉴相器输出经低通过滤之后相乘,获得误差电压通过环路滤波器之后去控制 VCO 的相位与频率。

图 8 - 4 同相-正交环中,除 VCO 和 LF 之外的所有部分的作用是,在接收信号

$$x_i(t) = u_i(t) + n(t) = U_i m(t)\sin[\omega_o t + \theta_1(t)] + n(t) \tag{8-12}$$

和 VCO 输出信号

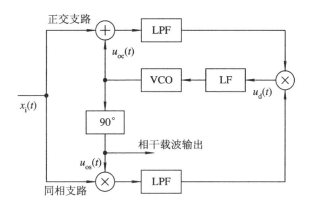

图 8 - 4　同相-正交环

$$u_{oc}(t) = U_o \cos \left[\omega_o t + \overset{\wedge}{\theta}_1(t) \right] \qquad (8-13)$$

共同作用之下，产生一个误差电压 $u_d(t)$，所以它完全等效为一个鉴相器。不难证明，误差电压

$$u_d(t) = K_d \sin 2\theta_e(t) + N(t) \qquad (8-14)$$

式中

$$K_d = \frac{1}{4} K_m^2 U_o^2 \left[\frac{1}{2} U_i^2 m^2(t) \right] \qquad (8-15)$$

是这个等效鉴相器的灵敏度；

$$N(t) = \frac{1}{4} K_m^2 U_o^2 \{ \left[-U_i m(t) N_s(t) - \frac{1}{2} N_c^2(t) + \frac{1}{2} N_s^2(t) \right] \sin 2\theta_e(t)$$
$$+ \left[U_i m(t) N_c(t) - N_s(t) N_c(t) \right] \cos 2\theta_e(t) \} \qquad (8-16)$$

是等效噪声电压。

　　与平方环的鉴相特性(8-6)式相比，两者的特性是相同的，只是比例系数差 $\frac{1}{2} K_m U_o$，因而这两者是等效的，平方环的环路方程和模型完全可以适用于同相-正交环路。

　　同相-正交环中相乘器的非线性作用是十分关键的，它完成了与平方环中平方器相同的作用。同相-正交环中低通滤波器对噪声有过滤作用，它取代了平方环中输入滤波器对噪声的过滤作用。如果同相-正交环中低通滤波器的特性与平方环中输入带通滤波器的等效低通特性一样，再调整鉴相器系数 K_m 和 VCO 振幅 U_o 使两者的等效鉴相增益 K_d 在数值上相同，那么两个环路完全可以等效。

　　还有一种抑制载波跟踪的环路是反调制环，或称判决反馈环。它的构成原理是：首先对接收信号进行相干解调，而后将解调出来的信号去抵消接收信号中的调制，这样就减小了信号的调制度，恢复出一部分载波分量，再用锁相环路把它提取出来。此种环路适用于要求快速提取载波的应用场合，有关性能分析可参看专门的书籍。

第二节　码位同步

一、非线性变换-滤波法

归零码中含有码元速率的频谱谱线，可以用锁相环路直接提取位同步信号。归零码所需的带宽约为非归零码的一倍，因此更为常用的数据信号是非归零码。因为非归零码中没有码元速率的谱线，码元同步的提取需先对码序列进行非线性变换，恢复其位信号之后才能用锁相环路来提取，方法如图 8-5 所示。接收码序列先经过微分，然后将其用绝对值电路整流。由图可见，经整流之后的信号中已包含有位速率的频率分量，因而可以用锁相环路提取，最后从环中 VCO 得到位同步信号 u_o。

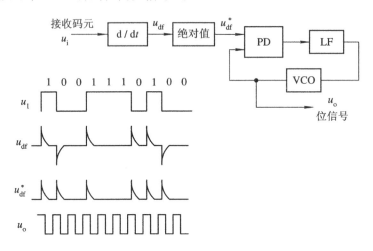

图 8-5 非归零码的位同步

二、同相-中相位同步环

与同作载波同步的同相-正交环相类比，可以构成用于位同步的同相-中相环，如图 8-6 所示。由于这是利用输入数据信号的转换时刻来提取位同步误差信号的，故又称之为数据转换跟踪环 DTTL。环路中除 VCO 和 LF 之外的全部电路，与同相-正交环一样，可以等效为一个鉴相器，这里还可以称为定时误差鉴别器。环路分上下两个支路。上支路进入同相积分清除电路。清除时刻由 VCO 输出的定时脉冲 $T_1(t)$ 决定。每次清除将积分结果加至判决器，在通过判决器和转换判别之后，得到输入信号码转换的信息，包括转换与否及转换的方向。下支路进入中相积分清除电路。清除时刻由 VCO 输出的 $T_2(t)$ 决定。$T_2(t)$ 与 $T_1(t)$ 在时间上差 $T/2$。中相积分清除电路的输出中含有定时误差的信息，但与信号码元的转换仍然有关。将其输出经适当延迟之后，与上支路的输出相乘，消除码元转换的影响，获得与定时误差成比例的误差电压 $u_d(t)$。误差电压经滤波后去控制 VCO，以调整相位，实现位同步。

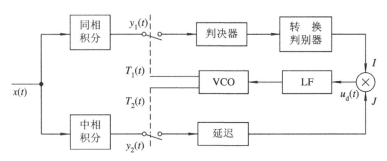

图 8-6 同相-中相位同步环

设输入信号为

$$x(t) = m(t - \tau) \tag{8-17}$$

式中，τ 是传输时延。这里为便于说明工作原理，$x(t)$ 中未考虑噪声。

环路实现跟踪之后，获得对传输时延 τ 的估值 $\hat{\tau}$，VCO 的定时脉冲 $T_1(t) = B(t - \hat{\tau})$，$T_2(t) = T_1\left(T - \dfrac{T}{2}\right)$，式中 T 为码元宽度。

同相积分区间为

$$y_{1k}(t) = K_1 \int_{(k-1)T+\tau_e}^{kT+\tau_e} m(t - \tau)\mathrm{d}t \tag{8-18}$$

式中，K_1 是积分器的常数，τ_e 是 VCO 输出同步信号对输入信号的迟延量。准确同步时 $\tau_e = 0$，同步滞后时 $\tau_e > 0$，同步超前时 $\tau_e < 0$。当 $\tau_e = 0$ 时，积分清除器的输出值为 $\pm K_1 AT$，$\tau_e < 0$ 或 $\tau_e > 0$ 且存在码元转换时的输出为 $\pm AK_1(T - 2\tau_e)$，式中 A 是输入码元的幅度。其极性取决于信号码的极性。三种情况的积分波形如图 8-7 所示。

中相积分区间为

$$y_{2k}(t) = K_2 \int_{(k-1/2)T+\tau_e}^{(k+1/2)T+\tau_e} m(t - \tau)\mathrm{d}t \tag{8-19}$$

在 $\tau_e = 0$ 时，只要有码元转换，积分清除器输出都等于零。当无码元转换时，输出值为 $\pm K_2 AT$。在 $\tau_e \neq 0$ 时，输出的模值均为 $2K_2 A\tau_e$，其极性则取决于 τ_e 和转换的极性。当 $\tau_e < 0$ 时，码元由负转换到正，输出为负；码元由正转换到负，输出为正。当 $\tau_e > 0$ 时，极性与 $\tau_e < 0$ 时的情况相反。

几种情况的积分波形如图 8-7 所示。

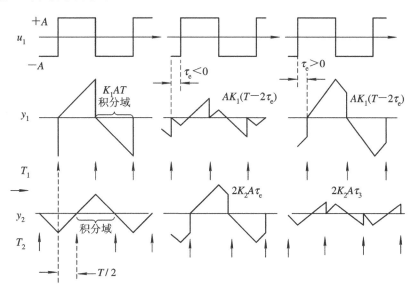

图 8-7　三种情况下的同相和中相积分

判决器的输出为

$$a_k = \mathrm{sgn}[y_{1k}] = \begin{cases} 1 & y_{1k} > 0 \\ -1 & y_{1k} < 0 \end{cases} \tag{8-20}$$

转换判别器的输出为

$$I_k = \frac{a_{k-1} - a_k}{2} = \begin{cases} 0 & a_k = a_{k-1} \\ 1 & a_{k-1} = 1, \ a_k = -1 \\ -1 & a_{k-1} = -1, \ a_k = 1 \end{cases} \qquad (8-21)$$

式中，I_k 是数字量。

延迟器的延迟量是 $T/2$。由图 8-7 可见，两积分清除器的输出在时间上差 $T/2$。为使中相积分清除器输出的模拟量 J_k 与转换判别器输出的数字量同时加入相乘器，此延迟器是必要的。

相乘器输出

$$u_d(t) = I_k \cdot J_k \qquad (8-22)$$

它的作用是对反映定时误差大小的中相积分清除输出模拟量 J_k，按码元转换的不同情况进行处理。无码元转换时，使 $u_d(t)$ 为零；码元由正转换到负时，维持 J_k 极性不变；码元由负转换到正时，J_k 极性反转。这样就得到准确反映环路定时误差的闭环误差信号 $u_d(t)$。

由于输入码元序列出现数据转换的概率为 $1/2$，故平均误差电压为

$$\overline{u_d(t)} = \frac{1}{2} u_d(t) = K_2 A \tau_e \qquad (8-23)$$

此等效误差鉴相特性如图 8-8 中直线所示。以上是无噪声情况。在有噪情况下，根据能量比 E/N_o 的不同（其中 $E = P_s T$ 是一码元的能量），特性变为图 8-8 中的曲线，由图可见，只要输入信噪比较高（$E/N_o > 6 \text{ dB}$），且误差 τ_e/T 较小时，可以认为是一等效鉴相特性，其曲线的斜率为

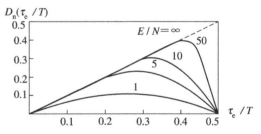

图 8-8　同相-中相位同步环的
归一化等效鉴相特性（$\zeta = 1$）

$$u_d(t) = K_2 A T \left(\frac{\tau_e}{T} \right) = D \frac{\tau_e}{T} \quad (8-24)$$

归一化等效鉴相特性 $D_n(\tau_e/T) = \dfrac{D(\tau_e/T)}{K_2 A K}$，如图 8-8 所示。

在线性化条件下，用等效鉴相特性代入一般环路方程，在输入信噪比较大的条件下，可以算得同步误差 τ_e/T 的方差为

$$\sigma_{\tau_e/T}^2 = \frac{B_L T}{2E/N_o} = \frac{N_o B_L}{2P_s} \qquad (8-25)$$

以上讨论的是中相积分区间正好等于码元宽度 T 的情况。实际应用中可以取积分区间（或称积分"窗口"）小于 T，同样可以得到误差信号。一般情况下，中相积分可表示为

$$y_{2k}(t) = K_2 \int_{(k-\zeta/2)T+\tau_e}^{(k+\zeta/2)T+\tau_e} m(T-\tau) dt \qquad (8-26)$$

前面讨论的情况即为 $\zeta = 1$。另一种常用的情况是 $\zeta = 1/2$，此时的归一化等效鉴相特性变为图 8-9 所示。同步误差的方差为

$$\sigma_{\tau_e/T}^2 = \frac{N_o B_L}{4P_s} \quad (\zeta = 1/2) \qquad (8-27)$$

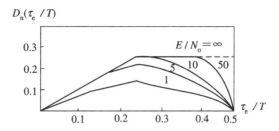

图 8-9　同相-中相位同步环的归一化等效鉴相特性($\zeta=1/2$)

三、早-迟积分清除位同步环

早-迟积分清除位同步环是一种较易实现的亚最佳同步环。具体电路有几种形式，图 8-10 为绝对值型早-迟积分清除位同步环，信号与噪声同时进入早、迟积分器。它们的积分区间都等于一个码元持续时间。早积分器的积分起始时刻相对于 VCO 的相位中心(对信号码元转换时刻 t_k 的估值 t_k')超前 $T-\Delta$，而迟积分器则超前 Δ，两者之间覆盖等于 2Δ，如图 8-11 所示。两积分器的输出分别取其绝对值。

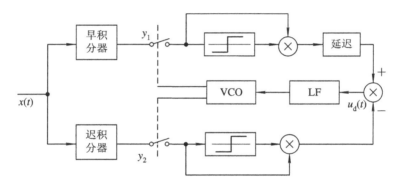

图 8-10　绝对值型早-迟积分清除位同步环

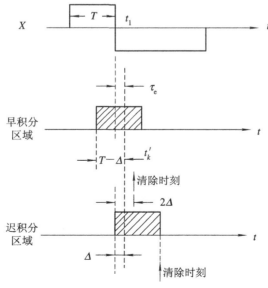

图 8-11　早-迟积分器的积分区域

　　由图8-11可见，早积分器的清除时刻超前于迟积分器的清除时刻，超前量为 $T-2\Delta$。为使两者在时间上对齐，图中的延迟是必要的。两路积分输出在比较器中相减，则可获得所需要的误差电压，误差电压经滤波后控制 VCO 就可实现同步。

　　同样，早-迟积分清除位同步环中，除了 VCO 和 LF 之外的全部电路可等效为一个鉴相器，其等效鉴相特性为

$$D\left(\frac{\tau_e}{T}\right) = 2KAT_s D_n\left(\frac{\tau_e}{T}\right) \tag{8-28}$$

式中，$D_n(\tau_e/T)$ 为归一化等效鉴相特性，

$$D_n\left(\frac{\tau_e}{T}\right) = \frac{\overline{u_d(t)}}{2KAT} \tag{8-29}$$

如图8-12所示。式中 K 是两积分器的常数，A 是输入码元的幅度，T 是码元的宽度。在无噪声的情况下，等效鉴相特性呈三角形，在 τ_e 较小时可近似为线性，用一鉴相增量代替，沿用锁相环路的线性理论可分析其性能。图上也表明，在信噪比下降时，等效鉴相增益（直线的斜率）随之下降，由此导致环路增益的下降，环路带宽变窄，对噪声的滤除能力反而增强，因此这种环路还具有一定的自适应能力。回顾图8-6的同相-中相位同步环，观察其等效鉴相特性图8-8，可以发现它也具有类似的特性。

　　以上介绍的三种位同步方法中，非线性变换-滤波法的电路结构最为简单，其中的锁相环路可以直接用集成锁相环路。从性能上说，它可适用于对 $\sigma^2\tau_e/T$ 要求不太严格或输入信噪比较高的场合。在性能要求严格的情况下，则需采用同相-中相位同步环或早-迟积分清除位同步环，从电路上说后者比前者还简单一些。

　　目前更为常用的位同步方法是用数字锁相环路，它的电路结构简单，成本低，性能也很好。这部分内容已在数字环中讲述。

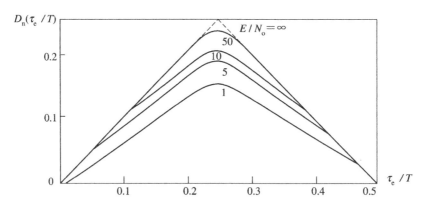

图8-12　绝对值型早-迟积分清除同步环的归一化等效鉴相特性

第三节　扩频码的同步跟踪

　　捕获过程结束，表示着本地 PN 码序列与接收的扩频序列时位或相位基本取得一致，就转入同步跟踪。所谓跟踪，就是使本地 PN 码相位一直跟踪接收的扩频序列的相位变化，并且一直保持在一个比较小的相差误差内。这是因为噪声的干扰、时钟频率的漂移、信道

传输时延的变化，都会使接收的扩频序列相位状态发生起伏变化。如果本地 PN 码相位不跟踪这种变化，就会使取得的捕获同步失去。同步跟踪一般使用具有自动相位调节功能的锁相环路。用于扩频序列同步跟踪的锁相环路主要有延迟锁定环与抖动跟踪环两种。

一、直扩序列的延迟锁定跟踪环

通常，扩频接收机总是工作在低信噪比条件下，因此一般先解扩后解调。如果先解调，无法提供准确的本地相干载波，影响解调质量。这样，解调器的输入信号就是包含由信息数据的扩频序列所调制的扩频信号 $u_i(t)$，设为 BPSK 调制，则有

$$u_i(t) = Ac_r(u, t-\tau)\cos(\omega_o t + \theta + \theta_i) \tag{8-30}$$

式中，A 为信号振幅，θ_i 可取 $0°$ 与 $180°$，与数据"1"码及"0"码相对应，表示信息数据的 BPSK 调制，$c_r(u, t-\tau)$ 代表扩频码序列，$c_r(u, t-\tau)$ 为可取 ±1 的二值序列。在二值序列下，$c_r(u, t-\tau)$ 可用 $c_r(t-\tau)$ 表示，τ 表示传输时延。加上信道的高斯噪声 $n(t)$，则输入信号为

$$x(t) = u_i(t) + n(t) = Ac_r(u, t-\tau)\cos(\omega_o t + \theta + \theta_i) + n(t) \tag{8-31}$$

图 8-13 给出了在中频频率上同步跟踪输入扩频信号的延迟锁定环(DLL)的原理框图。

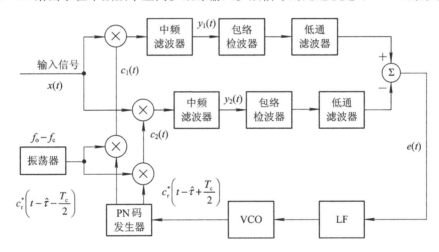

图 8-13　扩频序列调制的延迟锁定跟踪环原理框图

本地 PN 码产生器输出相对相位差各为 $\pm T_c/2$ 的两个本地扩频序列，分别与固定振荡频率为 $f_o - f_c$（f_c 为中频频率）的信号 $\sqrt{2}\cos(\omega_o - \omega_c)t$ 相乘，变成本地序列调制的两路信号

$$\begin{cases} c_1(t) = \sqrt{2}c_r^*\left(t - \hat{\tau} + \dfrac{T_c}{2}\right)\cos(\omega_o - \omega_c)t \\[3mm] c_1(t) = \sqrt{2}c_r^*\left(t - \hat{\tau} - \dfrac{T_c}{2}\right)\cos(\omega_o - \omega_c)t \end{cases} \tag{8-32}$$

式中，$\hat{\tau}$ 为传输时延 τ 的估值，$c_1(t)$ 和 $c_2(t)$ 分别与输入信号 $x(t)$ 相乘，并经中频滤波后，形成上、下两支路的中频信号 $y_1(t)$ 与 $y_2(t)$，且

$$\begin{cases} y_1(t) = k_m Ac_r(t-\tau)c_r^*\left(t - \hat{\tau} + \dfrac{T_c}{2}\right) \cdot \cos(\omega_o t + \theta + \theta_i) + n_i(t) \\[3mm] y_2(t) = k_m Ac_r(t-\tau)c_r^*\left(t - \hat{\tau} - \dfrac{T_c}{2}\right) \cdot \cos(\omega_o t + \theta + \theta_i) + n_i(t) \end{cases} \tag{8-33}$$

式中，k_m 为相乘系数，$n_i(t)$ 为窄带的白高斯噪声，由噪声经中频窄带滤波器滤波后形成，可表示为

$$n_i(t) = n_c(t) \cos\omega_c t - n_s(t) \sin\omega_c t \tag{8-34}$$

$n_c(t)$ 与 $n_s(t)$ 为低频噪声分量，其功率谱密度与 $n(t)$ 一样，均为 $N_0/2(\mathrm{W/Hz})$。这里要指出的是，信道噪声 $n(t)$ 是功率谱密度均匀分布的宽带噪声，与本地扩频序列相乘，本地扩频序列对其基本上无频谱扩展作用，也就是说基本没有改变 $n(t)$ 的功率分布，经窄带中频滤波后（滤波器带宽满足要求），就成为窄带白高斯噪声 $n_c(t)$。

$y_1(t)$ 与 $y_2(t)$ 经包络检波，再经低通滤波，对信号而言就是对载波的幅度部分去统计平均，令检波系数为 K_D，有

$$e_1(t) = E\left[k_m A K_D c_r(t-\tau) c_r^*\left(t - \overset{\wedge}{\tau} + \frac{T_c}{2}\right)\right] = k_m A K_D R\left(\tau_e - \frac{T_c}{2}\right) \tag{8-35}$$

$$e_2(t) = E\left[k_m A K_D c_r(t-\tau) c_r^*\left(t - \overset{\wedge}{\tau} - \frac{T_c}{2}\right)\right] = k_m A K_D R\left(\tau_e + \frac{T_c}{2}\right) \tag{8-36}$$

两者相减可得误差控制电压 $e_d(t)$，即

$$e_d(t) = k_m A K_D\left[R\left(\tau_e - \frac{T_c}{2}\right) - R\left(\tau_e + \frac{T_c}{2}\right)\right] = k_m A K_D R_{\mathrm{DLL}}(\tau_e) \tag{8-37}$$

式中

$$R_{\mathrm{DLL}}(\tau_e) = \left[R\left(\tau_e - \frac{T_c}{2}\right) - R\left(\tau_e + \frac{T_c}{2}\right)\right] \tag{8-38}$$

$R_{\mathrm{DLL}}(\tau_e)$ 表示了 PN 码序列的位移相关特性，它是序列本身自相关特性 $R(\tau_e)$ 各向右、向左位移 $T_c/2$ 后相减所得的结果，如图 8-14 所示。实际上它就表示这个跟踪环路的等效鉴相特性，输出的误差控制电压 $e_d(t)$ 是一个随着时差 τ_e 作缓慢变化的电压。

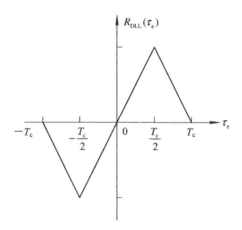

图 8-14 延迟锁定环的等效鉴相特性

对于噪声，包络检波结果为 $n_c(t)$ 与 $n_s(t)$。它们是双边功率谱密度均为 $N_0/2(\mathrm{W/Hz})$ 且相互独立的低频噪声分量。假设低通滤波器的带宽为 B，且有理想矩形特性，则低通滤波器输出噪声功率为 $N_0 B$。上、下两支路的噪声功率和为 $2N_0 B$。这样等效鉴相器输出噪声可视为双边功率谱密度为

$$S_n(f) = \frac{2N_0 B}{2B} = N_0(\mathrm{W/Hz}) \tag{8-39}$$

的低频噪声分量，其时域用 $e_n(t)$ 表示。这样，等效鉴相器输出为

$$e(t) = e_d(t) + e_n(t) \tag{8-40}$$

环路滤波器（LF）的传递函数由微分算子表示为 $p \equiv \mathrm{d}/\mathrm{d}t$，则可得环路压控振荡器（VCO）的控制电压 $v_c(t)$，即

$$v_c(t) = K_d \left[R_{DLL}(\tau_e) + \frac{e_n(t)}{K_d} \right] F(p) \tag{8-41}$$

式中

$$K_d = k_m A K_D$$

$v_c(t)$ 加到 VCO，产生输出相位

$$\theta_o(t) = v_c(t) \frac{K_o}{p} \tag{8-42}$$

式中 K_o 为 VCO 增益。由于 $\theta_o(t) = \omega \hat{\tau}$，$\omega = 2\pi/T_c$（为时钟角频率），因此时钟时延变化

$$\hat{\tau} = \frac{T_c}{2\pi} v_c(t) \frac{K_o}{p} \tag{8-43}$$

将式（8-41）代入式（8-43），有

$$\hat{\tau} = K_d \frac{T_c}{2\pi} \left[R_{DLL}(\tau_e) + \frac{e_n(t)}{K_d} \right] F(p) \frac{K_o}{p}$$

若用相对时延

$$\tau_e = \tau - \hat{\tau}$$

表示，则有环路方程

$$\frac{\mathrm{d}\tau_e}{\mathrm{d}t} = \frac{\mathrm{d}\tau}{\mathrm{d}t} - KF(p) \left[R_{DLL}(\tau_e) + \frac{e_n(t)}{K_d} \right] \tag{8-44}$$

它与一般锁相环路的等效数学模型基本相同，可进行线性跟踪与噪声性能分析。

二、抖动跟踪环（TDL）

延迟锁定环同步跟踪电路必须有两条相关器支路，如果两支路增益不平衡，就会有偏移电压叠加到误差电压中，给同步跟踪性能带来不利影响。显然，只用一个相关器的电路就不存在增益不平衡的问题。抖动跟踪环只用一条相关器支路，用分时方式获得本地超前或滞后的 PN 码序列。抖动跟踪环的原理组成如图 8-15 所示。为简单起见，假定输入的扩频信号就是中频频率信号，图中略去了频率变换电路。

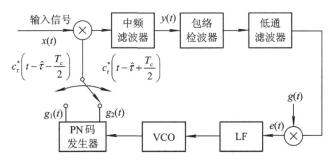

图 8-15　抖动跟踪环原理框图

设环路输入为

$$x(t) = s(t) + n(t) = Ac_r(u, t-\tau)\cos(\omega_0 t + \theta + \theta_i) \tag{8-45}$$

式中 ω_c 为中频角频率。

本地 PN 码序列产生器提供码序列 $c_r^*(t - \overset{\wedge}{\tau} \pm T_c/2)$，加到相乘器之前乘以门控分时信号 $g(t)$。如图 8-16 所示，$g(t)$ 是一个周期为 T_g 的方波信号，其中 $T_g/2$ 时间对应相位超前序列，取 $+1$ 值，用 $g_1(t)$ 表示，另 $T_g/2$ 时间对应相位滞后序列，取 -1 值，用 $g_2(t)$ 表示。所以

$$g(t) = g_1(t) + g_2(t) \tag{8-46}$$

而

$$\begin{cases} g_1(t) = \dfrac{1}{2}\left[1 + g(t)\right] \\[2mm] g_2(t) = \dfrac{1}{2}\left[1 - g(t)\right] \end{cases} \tag{8-47}$$

这样，加入相乘器的本地相位超前与滞后的 PN 码序列为

$$c(t) = g_1(t)c_r^*\left(t - \overset{\wedge}{\tau} - \frac{T_c}{2}\right) - g_2(t)c_r^*\left(t - \overset{\wedge}{\tau} + \frac{T_c}{2}\right) \tag{8-48}$$

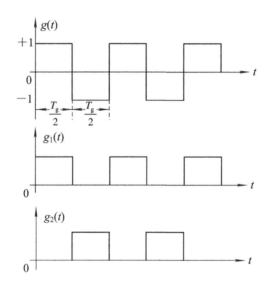

图 8-16　门限信号 $g(t)$、$g_1(t)$ 与 $g_2(t)$

由于门控信号的速率 $1/T_g$ 与信息速率相当或略小，远小于中频滤波器的带宽，因此中频滤波器不会对乘以 $g(t)$ 的输出产生太大影响。因此中频滤波后输出信号为

$$y(t) = k_m Ac_r(t-\tau)\cos(\omega_0 t + \theta + \theta_i) \times \left[g_1(t)c_r^*\left(t - \overset{\wedge}{\tau} - \frac{T_c}{2}\right) - g_2(t)c_r^*\left(t - \overset{\wedge}{\tau} + \frac{T_c}{2}\right) \right]$$

$$\tag{8-49}$$

经包络检波与低通滤波后输出为

$$W(t) = k_m A K_D E\left[g_1(t)c_r(t-\tau)c_r^*\left(t - \overset{\wedge}{\tau} - \frac{T_c}{2}\right) \right]$$

$$- k_{\mathrm{m}} A K_{\mathrm{D}} E\left[g_2(t) c_{\mathrm{r}}(t-\tau) c_{\mathrm{r}}^*\left(t - \overset{\wedge}{\tau} + \frac{T_{\mathrm{c}}}{2}\right)\right] \tag{8-50}$$

由于低通滤波器的统计平均功能主要针对扩频序列，而它的速率远小于扩频序列速率，因此统计平均期间 $g_1(t)$ 与 $g_2(t)$ 基本上可看做常数，因此式 (8-50) 可近似为

$$W(t) \approx k_{\mathrm{m}} A K_{\mathrm{D}} g_1(t) E\left[c_{\mathrm{r}}(t-\tau) c_{\mathrm{r}}^*\left(t - \overset{\wedge}{\tau} - \frac{T_{\mathrm{c}}}{2}\right)\right]$$

$$- k_{\mathrm{m}} A K_{\mathrm{D}} g_2(t) E\left[c_{\mathrm{r}}(t-\tau) c_{\mathrm{r}}^*\left(t - \overset{\wedge}{\tau} + \frac{T_{\mathrm{c}}}{2}\right)\right]$$

$$= k_{\mathrm{m}} A K_{\mathrm{D}} E\left[g_1(t) R\left(\tau_{\mathrm{e}} - \frac{T_{\mathrm{c}}}{2}\right) - g_2(t) R\left(\tau_{\mathrm{e}} + \frac{T_{\mathrm{c}}}{2}\right)\right] \tag{8-51}$$

$W(t)$ 在转换成误差信号 $e_{\mathrm{d}}(t)$ 之前再乘以 $g(t)$，可以消除误差电压中 $g(t)$ 的作用，即

$$e_{\mathrm{d}}(t) = g(t) W(t) = W(t)\left[g_1(t) + g_2(t)\right]$$

$$= k_{\mathrm{m}} A K_{\mathrm{D}} E\left[g_1^2(t) R\left(\tau_{\mathrm{e}} - \frac{T_{\mathrm{c}}}{2}\right) - g_2^2(t) R\left(\tau_{\mathrm{e}} + \frac{T_{\mathrm{c}}}{2}\right)\right]$$

$$+ g_1(t) g_2(t)\left[R\left(\tau_{\mathrm{e}} - \frac{T_{\mathrm{c}}}{2}\right) - R\left(\tau_{\mathrm{e}} + \frac{T_{\mathrm{c}}}{2}\right)\right] \tag{8-52}$$

由于 $g_1^2(t) = g_2^2(t) = 1$，$g_1(t) g_2(t) = 0$，因此

$$e_{\mathrm{d}}(t) = k_{\mathrm{m}} A K_{\mathrm{D}}\left[R\left(\tau_{\mathrm{e}} - \frac{T_{\mathrm{c}}}{2}\right) - R\left(\tau_{\mathrm{e}} + \frac{T_{\mathrm{c}}}{2}\right)\right] = k_{\mathrm{m}} A K_{\mathrm{D}} R_{\mathrm{TDL}}(\tau_{\mathrm{e}}) \tag{8-53}$$

式中

$$R_{\mathrm{TDL}}(\tau_{\mathrm{e}}) = R\left(\tau_{\mathrm{e}} - \frac{T_{\mathrm{c}}}{2}\right) - R\left(\tau_{\mathrm{e}} + \frac{T_{\mathrm{c}}}{2}\right) \tag{8-54}$$

代表着抖动跟踪环路 (DTL) 的等效鉴相特性，它与延迟锁定环等效鉴相特性完全一样，说明两种跟踪环路在原理上是等效的，其噪声性能分析也近似相同。

【 习　题 】

8-1 为什么说同相-正交环与平方环是等效的? 等效的条件是什么?

8-2 试计算 $P_{\mathrm{s}}/(N_{\mathrm{o}} B_{\mathrm{i}})$ 为 1 dB 下，用平方环解调 BPSK 信号带来的平方损失 (设 $k_{\mathrm{r}} \approx 1$)。

8-3 设用同相-正交环来提取 BPSK 信号的相干载波，已知输入信号载波功率为 0 dBm，数据速率为 4800 b/s，环路信噪比 $\rho_{\mathrm{L}} = P_{\mathrm{s}}/(N_{\mathrm{o}} B_{\mathrm{L}})$，约为 10 dB，试求提取的相干载波的噪声相位方差。

8-4 平方环是否存在 180° 相位模糊? 它对 BPSK 信号解调会带来什么影响?

8-5 为什么在码位同步环中必须有非线性处理的部件? 本章介绍的几种码位同步环中的非线性体现在哪里?

8-6 早-迟积分同步基本依据是什么? 环路中的绝对值运算是如何实现的?

8-7 在扩频通信中，延迟锁定环与抖动跟踪环的主要功能是什么? 它们的同步跟踪范围有多大?

8-8 延迟锁定环与抖动跟踪环有没有 PN 码捕获功能? 实际应用时应如何处理?

第九章　锁相环应用综合

　　如前所述,锁相环路具有一些优良的特性,尤其是数字锁相技术与集成锁相环路的发展,使环路应用成本低,使用方便,因而成为电子技术领域中一种相当有用的技术手段,获得了越来越广泛的应用。第七、八章介绍的锁相频率合成技术与数字通信中锁相同步技术只是重要应用的一个方面,其在诸如空间技术、雷达、导航以及民用电子技术等领域均有重要的应用。

　　目前,集成锁相环路芯片发展非常迅速,各种频段(低频、高频、超高频直至 GHz 频段)、功能完善而且价格合理的电路芯片可供设计时选择,极大地促进了锁相环路在各个领域的应用。

　　本章将在第七、八章的基础上,再介绍几种应用,如常见的模拟与数字调制信号的调制与解调、电动机转速控制、空间测速定轨用的锁相接收机、光锁相环及其它应用,以扩展读者的视野。

第一节　调制器与解调器

　　锁相环路芯片经过合理地应用,可以作为许多调制方式的调制器和解调器。

一、调幅信号的调制与解调

　　1. 调幅信号

　　设未调载波为

$$u_c(t) = U_c \sin\omega_c t \tag{9-1}$$

式中,U_c 为载波幅度;ω_c 为载频。调制信号为

$$u_F(t) = \sin(\Omega t + \varphi) \tag{9-2}$$

为分析简化,式中信号幅度已经归一化。经调幅后产生的调幅信号为

$$u_{AM}(t) = [1 + m_A u_F(t)] \cdot u_c(t)$$

$$= U_c\{\underbrace{\sin\omega_c t}_{载波} + \underbrace{\frac{m_A}{2}\cos[(\omega_c - \Omega)t - \varphi]}_{下边带} - \underbrace{\frac{m_A}{2}\cos[(\omega_c + \Omega)t + \varphi]}_{上边带}\}$$

$$\tag{9-3}$$

式中,m_A 为调幅指数。这就是最常用的带载波的双边带调幅信号 AM。

　　另一类调幅信号是抑制载波的 DSB - SC。用调制信号 $u_F(t)$ 与载波 $u_c(t)$ 相乘

$$u_{AM}(t) = u_F(t) \cdot u_c(t)$$

就可直接产生这种信号。由此式可见,若信号 $u_F(t)$ 为单一频率 Ω,已调信号 $u_{AM}(t)$ 只包含两个频率成分 $\omega_c + \Omega$ 和 $\omega_c - \Omega$,并不含有载频 ω_c 的成分。

2. 调制器

用集成锁相环路很容易构成一个性能良好的 AM 调制器。这时，环中的相乘器不再作鉴相器应用，而是直接用它的相乘功能；压控振荡器也不再作被控振荡器，而是直接产生载波信号。由此构成如图 9-1 所示框图。

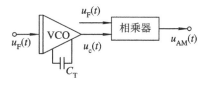

图 9-1 AM 调制器原理图

如果调制信号中包含直流成分，那么经相乘之后产生的已调信号中会含有载波成分，成为 AM 信号。如果没有直流成分，那么已调信号中不含有载波成分，产生抑制载波的 DSB-SC 信号。

因为大多数集成锁相环路中，压控振荡器产生的是方波，不大适合通信的要求。为此，应选择能产生正弦波的集成电路，XR-2206 即为适用的电路。XR-2206 中压控振荡器产生的是方波，但其中有一个变换电路可产生与方波相移 90° 的三角波或正弦波。通过调整外接于⑬、⑭脚的 R_A 和外接于⑮、⑯脚的 R_B，可以得到失真很小的正弦波。将 XR-2206 按图 9-2 连接，调制信号 $u_F(t)$ 从①脚输入，其中交流信号经电容 C_C 耦合，直流偏置可用电位器 R_D 调整。载波信号直接由内部的 VCO 产生，其频率可通过外接于⑤、⑥脚的定时电容 C_T 调节。产生的 AM 信号从②脚输出。若调整 R_D 使①脚输入直流成分为零，即可得到抑制载波的 DSB-SC 信号。

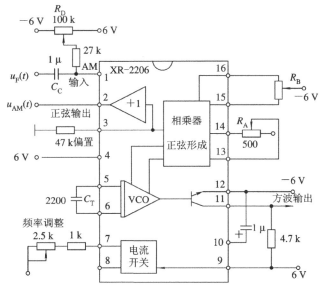

图 9-2 AM 调制器电路图

3. 解调器

常用的 AM 信号解调器是峰值检波器。这种电路无法抑制信号所伴随的噪声，解调输出信噪比较差。若用同步解调则可抑制噪声，使解调输出信噪比得到改善。

同步解调原理简单分析如下：

设带有载波的 AM 信号为

$$u_{AM}(t) = U_c \{ \sin \omega_c t + \frac{m_A}{2} \cos[(\omega_c + \Omega)t + \varphi] - \frac{m_A}{2} \cos[(\omega_c - \Omega)t - \varphi] \} \qquad (9-4)$$

同步的恢复载波为

$$u_r(t) = \sin \omega_c t \tag{9-5}$$

这两个信号相乘即可实现同步解调

$$u_{\text{dem}}(t) = \frac{U_c}{2} \{ \underbrace{\quad 1 \quad}_{\text{直流}} + \underbrace{m_A \sin(\Omega t + \varphi)}_{\text{解调输出}}$$

$$\left. \begin{aligned} &+ \frac{m_A}{2} \cos 2\omega_c t \\ &+ \frac{m_A}{2} \sin[(2\omega_c + \Omega)t + \varphi] \\ &+ \frac{m_A}{2} \sin[(2\omega_c - \Omega)t - \varphi] \end{aligned} \right\} \text{谐波} \tag{9-6}$$

相乘的产物包含直流成分、解调输出以及频率为 $2\omega_c$ 的若干谐波。用低通滤波器很容易将有用的解调输出提取出来。

　　由于窄带锁相环路具有提取同步载波的功能，因而用集成锁相环路很容易构成 AM 信号的同步解调器。因为锁相环路提取的输出载波与原信号载波相差 $90°$，所以在电路中需将信号相移 $90°$，另外再用一个相乘器进行同步检波即可，如图 9-3 所示。

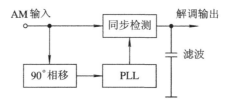

图 9-3　AM 信号的 PLL 同步解调

二、模拟调频和调相信号的调制与解调

1. 调频与调相信号
仍设幅度为 1 的单一频率 Ω 的调制信号为

$$u_F(t) = \sin(\Omega t + \varphi) \tag{9-7}$$

则调频信号的瞬时频率为

$$\omega(t) = \omega_c t + \Delta\omega u_F(t) \tag{9-8}$$

式中，ω_c 为载频；
　　　$\Delta\omega$ 为峰值频偏。
将(9-8)式积分为相位后可得调频信号表示式

$$u_{\text{FM}}(t) = U_c \sin\left\{ \omega_c t + \frac{\Delta\omega}{\Omega} \cos(\Omega t + \varphi)t \right\} \tag{9-9}$$

已调信号的幅度 U_c 为常数，其瞬时频率正比于调制信号。

　　调频信号也可以用频谱来表示。单一频率 Ω 正弦信号调制的调频信号，其频谱不再像调幅信号那样是三条谱线，而是有无限多的谱线。谱线的频率为 $\omega_c \pm \Omega$，$\omega_c \pm 2\Omega$，$\cdots$，$\omega_c \pm n\Omega$，其中 n 为正整数。第 n 对谱线的幅度为（设 $U_c = 1$）

$$A(\omega_c \pm n\,\Omega) = J_n\left(\frac{\Delta\omega}{\Omega}\right) = J_n(m_f) \tag{9-10}$$

式中，$J_n(m_f)$ 是 n 阶贝塞尔函数；

　　m_f 为调频指数。

　　调频信号可分为窄带和宽带两类。所谓窄带调频信号是指峰值频偏 $\Delta\omega$ 远小于调制频率 Ω，即 $m_f \ll 1$。这时，只有 $n=0$ 和 $n=1$ 的贝塞尔函数有值，调频信号只有三条谱线，其带宽为

$$B_{FM} = \pm\frac{\Omega}{2\pi}\,(\text{Hz}) \tag{9-11}$$

所谓宽带调频信号，是指 $m_f \gg 1$，有很多谱线。作为一个粗略的近似，可忽略 $n > m_f$ 的那些频谱，其带宽可近似为

$$B_{FM} = \pm\frac{\Delta\omega}{2\pi}\,(\text{Hz}) \tag{9-12}$$

　　调相信号的特征是其瞬时相位与调制信号成正比，可表示为

$$u_{PM}(t) = U_c \sin[\omega_c t + \Delta\varphi\, u_F(t)] \tag{9-13}$$

式中 $\Delta\varphi$ 为峰值相偏。若调制信号仍同 (9-7) 式，则代入 (9-13) 式得

$$u_{PM}(t) = U_c \sin[\omega_c t + \Delta\varphi\, \sin(\Omega t + \varphi)] \tag{9-14}$$

它的频谱也包含有一组间隔为 Ω 的谱线。频率为 $\omega_c \pm n\Omega$ 的频谱幅度为（设 $U_c = 1$）

$$A(\omega_c \pm n\Omega) = J_n(\Delta\varphi) \tag{9-15}$$

由此可见，调频信号与调相信号很相像。因为信号的相位就是它的角频率对时间的积分，所以调频信号与调相信号之间是可以相互转换的。

　　每个压控振荡器自身就是一个调频调制器，因为它的瞬时频率正比于输入控制信号。图 9-4 说明如何将一个调频调制器变换成一个调相调制器。调制信号 $u_F(t)$ 经微分后得

$$u_f(t) = T_d\frac{du_F(t)}{dt}$$

式中 T_d 是一个常数。$u_f(t)$ 控制 VCO 得到输出瞬时频率为

$$\omega_v(t) = \omega_o + K_o T_d\frac{du_F(t)}{dt} \tag{9-16}$$

VCO 的瞬时相位为

$$\theta_o(t) = \omega_o t + K_o T_d\int_0^t \frac{du_F}{d\tau}d\tau = \omega_o t + K_o T_d u_F(t) \tag{9-17}$$

令 $K_o T_d = \Delta\varphi$，则 VCO 输出信号可表示为

$$u_o(t) = U_c \sin[\omega_o t + \Delta\varphi\, u_F(t)]$$

这就是一个载波频率等于 VCO 自由振荡频率 ω_o 的调相信号，与 (9-13) 式相同，说明图 9-4 完成了调频信号与调相信号之间的变换。

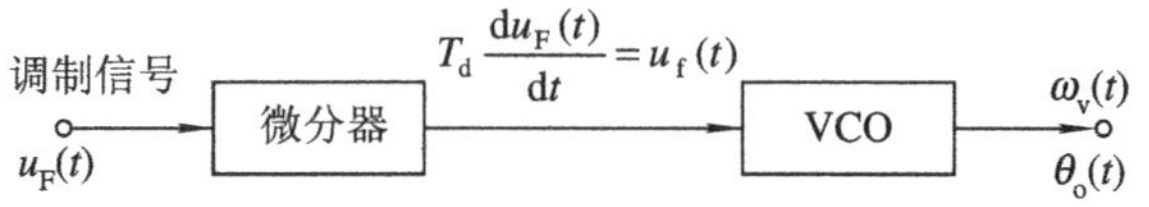

图 9-4　FM 与 PM 的转换

因为调频信号与调相信号的性质相似，又易于互相转换，所以下面将这两者作统一的研究。

2. 调制器

压控振荡器可以直接用作 FM 调制器。但是由于它的振荡频率的温度漂移以及控制特性的非线性等，其不能产生高质量的 FM 信号。

应用如图 9-5 所示的 PLL 调制器，可以获得 FM 或 PM 信号。其载频稳定度很高，可以达到晶体振荡器的频率稳定度。根据环路的线性相位模型，可以导出在调制信号 $u_F(t)$ 作用下，环路的输出相位（以下均用它们的拉普拉斯变换表示）为

$$\theta_2(s) = \frac{\dfrac{K_o}{s}}{1 + F(s) \cdot \dfrac{K_o}{s}} U_F(s) = H_e(s) \cdot \frac{1}{s} \cdot K_o \cdot U_F(s) \qquad (9-18)$$

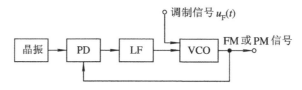

图 9-5　PLL 调制器

VCO 输出频率相对于自由振荡频率 ω_o 的频偏即为 $s\theta_2(s)$。由上式可得

$$s\theta_2(s) = H_e(s) \cdot K_o \cdot U_F(s) \qquad (9-19)$$

由于 K_o 是常数，$H_e(s)$ 具有高通特性，可见只要在 $H_e(s)$ 的带通之内，输出频偏与调制信号的幅度成正比，这样就产生了 FM 信号。

若要产生 PM 信号，需使输出相位 $\theta_2(s)$ 与调制信号成正比。从（9-18）式可见，若先将调制信号经过微分得到 $sU_F'(s)$，再代入（9-18）式，即可得到

$$\theta_2(s) = H_e(s) \cdot K_o \cdot U_F'(s) \qquad (9-20)$$

其原理与图 9-4 的说明相同。

由上面的说明可知，完成 FM 与 PM 都依赖于锁相环路的误差传递函数 $H_e(s)$，必须使调制频率 Ω 在频率特性 $H_e(j\Omega)$ 的通带之内才行。因为 $H_e(j\Omega)$ 具有高通特性，所以图 9-5 的方案在调制频率 Ω 很低，进入 $H_e(j\Omega)$ 的阻带之后，调制频偏（或相偏）是很小的。这是这类方案的一个显著缺点。

为保证调制器具有同样良好的低频调制特性，可用锁相环路构成一种所谓两点调制的宽带 FM 调制器，其组成框图如图 9-6 所示。

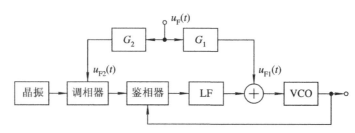

图 9-6　两点调制的宽带 FM 调制器

调制信号 $u_F(t)$ 经网络 G_1 处理得 $u_{F1}(t)$ 加到 VCO 的控制端；经网络 G_2 处理得 $u_{F2}(t)$ 加到鉴相器前端的调相器。在环路的线性相位模型上，可以分别计算 $u_{F1}(t)$ 和 $u_{F2}(t)$ 的调制作用。$u_{F1}(t)$ 产生的输出相位为

$$\theta_{21}(s) = H_e(s) \cdot \frac{1}{s} \cdot K_o \cdot U_{F1}(s) \tag{9-21}$$

$u_{F2}(t)$ 产生的输出相位为

$$\theta_{22}(s) = H(s) \cdot K_p \cdot U_{F2}(s) \tag{9-22}$$

式中 K_p 是前端调相器的调制增益。总的输出相位为

$$\theta_2(s) = \theta_{21}(s) + \theta_{22}(s) = H_e(s) \cdot \frac{1}{s} \cdot K_o \cdot U_{F1}(s) + H(s) \cdot K_p \cdot U_{F2}(s)$$

因为

$$U_{F1}(s) = U_F(s) \cdot G_1(s)$$
$$U_{F2}(s) = U_F(s) \cdot G_2(s)$$

将此式代入上式得

$$\theta_2(s) = U_F(s)\left[H_e(s) \cdot \frac{1}{s} \cdot K_o \cdot G_1(s) + H(s) \cdot K_p \cdot G_2(s)\right]$$

输出频偏

$$s\theta_2(s) = U_F(s)\left[H_e(s) \cdot K_o \cdot G_1(s) + H(s) \cdot K_p \cdot s \cdot G_2(s)\right]$$

若选择 $G_1(s) = 1$，$G_2(s) = 1/s$，则输出频偏为

$$s\theta_2(s) = U_F(s)\left[H_e(s) \cdot K_o + H(s) \cdot K_p\right] \tag{9-23}$$

式中 $H_e(s)$ 呈高通特性，$H(s)$ 呈低通特性。适当选择常数 K_o 和 K_p，可以使 $H_e(s)K_o$ 与 $H(s)K_p$ 两者相互补偿，得到在很宽的调制频率范围之内频偏 $s\theta_2(s)$ 正比于调制信号 $U_F(s)$ 的宽带 FM 调制器。

3. 解调器

调制跟踪的锁相环路本身就是一个 FM 解调器，从压控振荡器输入端得到解调输出。系统的框图如图 9-7 所示。发射机部分用一 PLL 集成电路构成，VCO 作为 FM 调制器；PD 用一个相乘器，这里用作缓冲放大，只要在另一端加一固定偏置电压即可。接收机是一通用的线性 PLL 电路。利用 PLL 良好的调制跟踪特性，使 PLL 跟踪输入 FM 信号瞬时相位的变化，从而在 VCO 控制端获得解调输出。

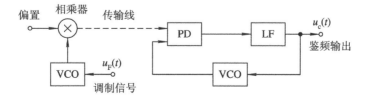

图 9-7　FM 通信系统

假设输入 FM 信号，环路处于线性跟踪状态，且信号载频 ω_c 等于 VCO 自由振荡频率，则由 (9-9) 式可得到输入相位

$$\theta_1(t) = \int_0^t \Delta\omega \sin(\Omega\tau + \varphi)\,\mathrm{d}\tau = -\frac{\Delta\omega}{\Omega}\cos(\Omega t + \varphi) \tag{9-24}$$

现以 VCO 控制电压 $u_c(t)$ 作为输出,那么可先求得环路的输出相位 $\theta_2(t)$,再根据 VCO 控制特性 $\theta_2(t) = K_0 u_c(t)/p$,不难求得解调输出 $u_c(t)$。

设 PLL 的闭环频率响应为 $H(j\Omega)$,则输出相位为

$$\theta_2(t) = -\frac{\Delta\omega}{\Omega}|H(j\Omega)|\cos\{\Omega t + \varphi + \arg[H(j\Omega)]\}$$

因而解调输出电压为

$$u_c(t) = \frac{1}{K_0} \cdot \frac{d}{dt}\theta_2(t) = \frac{1}{K_0}\Delta\omega|H(j\Omega)|\sin\{\Omega t + \varphi + \arg[H(j\Omega)]\} \qquad (9-25)$$

此解调输出与(9-7)式的调制信号比较,解调输出是调制信号经 $H(j\Omega)$ 过滤再乘以常数 $\Delta\omega/K_0$。对于良好设计的调制跟踪 PLL,在调制频率范围以内,$|H(j\Omega)|\approx 1$,相移也很小。常数 $\Delta\omega/K_0$ 中,$\Delta\omega$ 是发射部分的调制系数,$1/K_0$ 是接收部分的解调系数,因此 $u_c(t)$ 确是良好的 FM 解调输出。

各种通用 PLL 集成电路都可以构成 FM 解调器。用 PLL 集成电路 NE565 和 5G4046 构成 FM 解调器的电路分别示于图 9-8(a)、(b)。

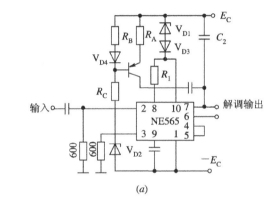

(a)

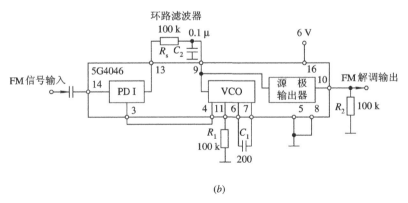

(b)

图 9-8 几种 FM 解调器电路

(a) NE565 构成的电路;(b) 5G4046 构成的电路

三、数字调频和调相信号的调制与解调

1. 数字信号调频与调相

最常见的数字调频与调相信号是,二元数据信号的移频键控信号 FSK,以及移相键控信号 PSK。

根据二元数据信号电平的不同(如图 9-9(a)所示),振荡器在 f_1 和 f_2 两个频率上跳变就形成了 FSK 信号,波形如图 9-9(b)所示。

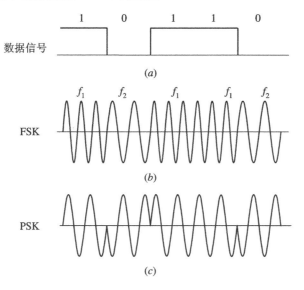

图 9-9 FSK 信号和 PSK 信号

(a) 数据信号;(b) FSK 波形;(c) PSK 波形

只要使振荡器的输出相位按二元数据信号的电平不同,在 0°与 180°之间跳变,即可得到 PSK 信号,波形如图 9-9(c)所示。

2. 数字调频信号的产生

从原理上讲,方波调频与前面讲过的模拟信号调频没有什么本质的不同。这里着重介绍一些常用的实际电路。

数据信号直接加到 VCO 控制端就可以产生 FSK 信号,通常无需使 PLL 闭环工作。用 XR-215 构成的 FSK 调制器如图 9-10 所示。VCO 的中心频率由外接 C_o 和 R_x 决定。方波调制信号从电容耦合到 VCO 调制输入端。频偏大小可用电位器调整。电路中的鉴相器未予应用。

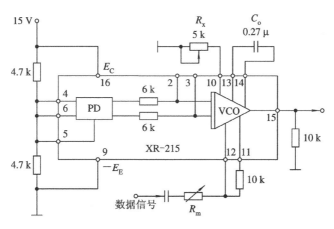

图 9-10 FSK 调制器

很多 PLL 集成电路都可以作与此类同的应用。

3. 解调器

用 PLL 解调 FSK 信号通常是用一个 PLL 使其始终对输入信号的频率锁定或跟踪。用 XR－215 作 FSK 解调的电路示于图 9－11。此电路的参数适用于解调 50 波特的 FSK 信号。

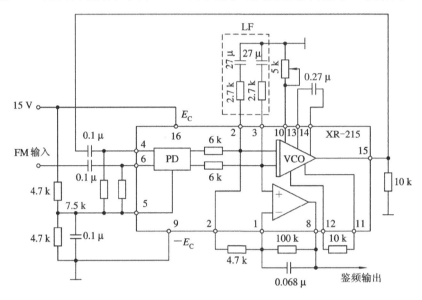

图 9－11　XR－215 的 FSK 解调电路

NE564 是特别适用于 FSK 解调的集成 PLL，因为它内部有电压比较器，并且有与 TTL 电平相匹配的输入输出端。它可以解调数据速率高达 1 兆波特的 FSK 信号。图 9－12 是一个 10.8 MHz 的 FSK 解调器，信号的频偏为 1 MHz。

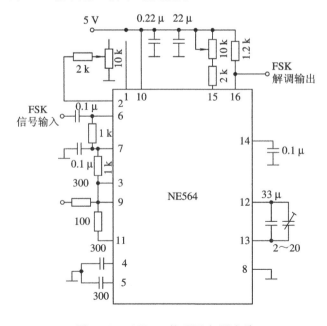

图 9－12　NE564 的 FSK 解调电路

第二节　彩色副载波同步

在彩色电视接收机中，色处理电路必需用锁相环路。

在彩色电视中，彩色全电视信号包括亮度信号、色差信号、色同步信号和行同步信号。其中亮度信号由三基色组成

$$E_Y = 0.3E_R + 0.59E_G + 0.11E_B \qquad (9-26)$$

式中，E_Y、E_R、E_G 和 E_B 分别表示亮度、红色、绿色和蓝色信号电压。

在我国通用的 PAL 制中，色度信号是一种特殊的调幅信号。它利用两个色差信号：一个是红基色信号 E_R 和亮度信号 E_Y 之差

$$E_{R-Y} = E_R - E_Y = 0.7E_R - 0.59E_G - 0.11E_B \qquad (9-27)$$

另一个是蓝基色信号 E_B 与亮度信号 E_Y 之差

$$E_{B-Y} = E_B - E_Y = -0.3E_R - 0.59E_G + 0.89E_B \qquad (9-28)$$

用这两个色差信号分别对互为正交的两个同频色副载波 ω_{sc} 进行平衡调制，得到

$$F = E_{R-Y} \cos\omega_{sc}t + E_{B-Y} \sin\omega_{sc}t = \sqrt{E_{R-Y}^2 + E_{B-Y}^2} \sin(\omega_{sc}t + \varphi) \qquad (9-29)$$

式中相位部分 $\varphi = \arctan\left(\dfrac{E_{B-Y}}{E_{R-Y}}\right)$ 表示色调；幅度部分 $|F| = \sqrt{E_{R-Y}^2 + E_{B-Y}^2}$ 表示色饱和度。

在 PAL 制中，为了克服相位失真而引起的色调变化，色度信号是经过逐行倒相的，如奇数行

$$F_o = E_{B-Y} \cos \omega_{sc}t + E_{R-Y} \sin \omega_{sc}t$$

偶数行

$$F_e = E_{B-Y} \cos \omega_{sc}t - E_{R-Y} \sin \omega_{sc}t$$

将色度信号 F 和亮度信号 E_Y、色同步信号、消隐信号相混合，形成全电视信号 FBAS 后发送出去。在电视接收机中，从 FBAS 中分离出亮度信号、色度信号和色同步信号。完成色差信号解调的电路构成图如图 9-13 所示。

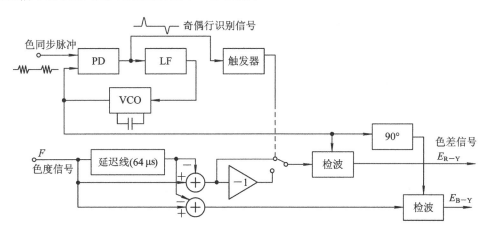

图 9-13　PAL 制彩色电视的色差信号解调

色同步信号是一高频脉冲序列，其高频频率为彩色副载波频率 4.43 MHz，脉冲宽度为 2.25 ± 0.23 μs。为了识别奇数行与偶数行，它们也是逐行倒相的（$\pm 135°$）。锁相环路对彩色副载波脉冲锁定，从 VCO 输出端获得副载波 ω_{sc} 的连续信号。由于 PLL 设计成窄带，逐行倒相的相位调制已被过滤，VCO 输出为其平均相位（$-180°$）。在鉴相器输出端则得到行数奇偶的识别信号。这个奇偶识别信号加到触发器，进而控制 PAL 开关。

逐行倒相的色度信号经过延迟电路，延迟时间为一个行周期（64 μs），使得当前的一行与前一行（即奇数行与偶数行）相合成，这样就可将两个色差调制信号 $E_{B-Y} \cos \omega_{sc} t$ 和 $E_{R-Y} \sin \omega_{sc} t$ 分离开来。图中相加的输出

$$F_o + F_e = 2E_{B-Y} \cos \omega_{sc} t$$

用 PLL 提取的色副载波进行同步检波，即可解调出色差信号 E_{B-Y}。图中相减的输出分为两种情况。若当前为奇数行，则相减输出为

$$F_o - F_e = 2E_{R-Y} \sin \omega_{sc} t$$

若当前为偶数行，则相减输出为

$$F_e - F_o = -2E_{R-Y} \sin \omega_{sc} t$$

PAL 开关的作用就是将它们逐行倒相，之后才能与 PLL 提取的色副载波进行同步检波，解调出色差信号 E_{R-Y}。

这里解调出的色差信号 E_{R-Y}、E_{B-Y} 再与亮度信号 E_Y 一起加到解码矩阵电路，还原成三基色信号 E_R、E_G 和 E_B。

由此可见，在彩色电视接收机中，PLL 提取彩色副载波的作用，对于彩色解调是极其重要的。

现代彩色电视机产品的集成度是很高的，图 9-13 色差信号解调电路与其它许多电路，如色度信号放大、直流色饱和度控制、色同步信号的选通与放大、自动色度控制、解码矩阵等都集成在同一基片上。D7193AP/P 即为一片目前国内用得较多的 PAL 制色处理集成电路产品，它的原理框图如图 9-14 所示。图中下面部分即为提取色同步信号的锁相环路。

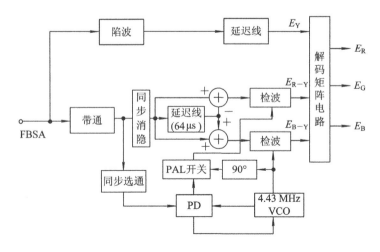

图 9-14 D7193AP/P 色处理电路框图

第三节 电动机转速控制

利用锁相环路可以很低的成本对直流电动机转速实施非常精确的转速控制，这在工业生产技术上是十分有用的。与常规的电机转速控制技术相比，锁相技术具有明显的优点。典型的电机控制方案如图 9-15 所示。用信号 u_1 来设定电机的转速，电机的转速用转速表测量，它的输出 u_2 正比于电机的转速 n。实际转速相对于设定转速的任何偏离都由伺服放大器放大，它的输出再驱动电机，使电机的实际转

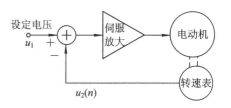

图 9-15 电机转速控制系统框图

速向设定转速靠近。伺服放大器的增益通常是很高的，但不论增益有多高，这种误差反馈控制系统最终仍有非零的稳态误差。此外，转速表的非线性、伺服放大器的漂移等都会带来误差。转速表的成本也较高。

用锁相环路构成的电机转速控制系统的框图如图 9-16 所示，其中 VCO 已由电机和光转速表取代。激励电压 u_c 调节电机的转速，在电机的轴上安装一个开槽的扇形平盘。扇形盘转动时不断地切断发光二极管发出的光线，使光耦合器中的光敏管产生频率与电机转速成整数倍的方波脉冲序列。这样，方波脉冲的频率与激励电压 u_c 有一定的函数关系，等效为锁相环中的压控振荡器。为了使光耦合器能输出波形良好的方波，在光敏管之后通常还要接一个施密特触发器，如图 9-17 所示。

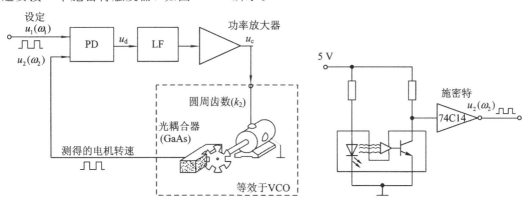

图 9-16 PLL 电机转速控制系统框图   图 9-17 光耦合器的组成示意图

环路中采用 COMS 鉴频鉴相器。光耦合器产生的方波信号的频率 ω_2 与电机转速成正比，它与输入参考频率 ω_1 进行鉴频与鉴相。当锁相环路锁定之后，电机的转速可稳定在设定值上，没有跟踪频率误差。采用鉴频鉴相器可保证环路具有足够的捕获范围，在各种不同的起始条件之下，环路都能锁定。

由于电机具有较大的惯性，等效于一个时间常数很大的相位滞后网络，可能对环路的稳定性会有较大的影响。为此，这里专门分析一下系统的稳定性。鉴相器和环路滤波器的传递函数前面各章都已分析过，这里要求的是电机和光转速表组合的传递函数。

在激励电压 u_c 的作用下，电机转动角速度为

$$\omega(t) = K_{\mathrm{m}} u_{\mathrm{c}} \left[1 - \exp\left(\frac{-t}{T_{\mathrm{m}}} \right) \right] \qquad (9-30)$$

式中，K_{m} 为比例增益；

　　　　T_{m} 为电机的机械时常数。

　　因此，它与普通的 VCO 相比，其阶跃响应要缓慢得多，如图 9-18 所示。也就是说，ω 将在一定时间之后才能与 u_{c} 成正比。

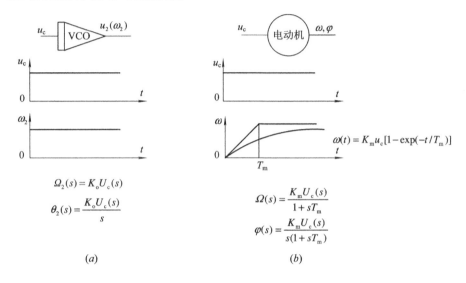

图 9-18　普通 VCO 和电机阶跃响应的比较

(a) VCO；(b) 电动机

　　(9-30)式的拉普拉斯变换为

$$\Omega(s) = U_{\mathrm{c}}(s) \frac{K_{\mathrm{m}}}{1 + sT_{\mathrm{m}}} \qquad (9-31)$$

电机转轴的相位 φ 是角速度的时间积分，可表示为

$$\varphi(s) = U_{\mathrm{c}}(s) \cdot \frac{K_{\mathrm{m}}}{s(1 + sT_{\mathrm{m}})} \qquad (9-32)$$

由此式可见，电机和光转速表组合是一个二阶系统，而普通的 VCO 只是一阶系统。

　　因为图 9-16 中扇形盘的一周有 K_2 个齿，所以光耦合器产生信号的相位为 φ 的 K_2 倍，即

$$\theta_2(s) = U_{\mathrm{c}}(s) \cdot \frac{K_{\mathrm{m}} K_2}{s(1 + sT_{\mathrm{m}})} \qquad (9-33)$$

由此得到电机和光转速表组合的传递函数为

$$H_{\mathrm{m}}(s) = \frac{\theta_2(s)}{U_{\mathrm{c}}(s)} = \frac{K_{\mathrm{m}} K_2}{s(1 + sT_{\mathrm{m}})} \qquad (9-34)$$

　　以上分析表明，由于电机和光转速表本身就是一个二阶系统，在考虑了环路滤波器的作用之后，整个控制环路就是一个三阶系统了。由此得到系统的模型如图 9-19 所示。图中设伺服放大器为增益等于 K_{a} 的零阶系统。为了保证全系统稳定，环路滤波器必须具有零点（即相位超前校正功能），可采用有源或无源的比例积分滤波器，否则在较高的频率上，闭环传递函数的相位可能会超过 $180°$，导致系统不稳定。

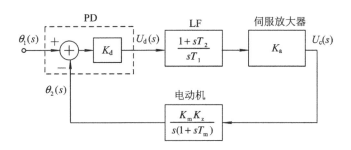

图 9-19　PLL 电机转速控制系统模型

图 9-19 所示的系统模型可简化为图 9-20，前向传递函数用 $G_1(s)$ 表示，反馈网络传递函数用 $G_2(s)$ 表示。系统的开环频率响应则为

$$H_o(j\Omega) = G_1(j\Omega)G_2(j\Omega) = K_d K_a K_m K_z \frac{1 + j\Omega\tau_2}{(j\Omega)^2 (1 + j\Omega T_m)\tau_1}$$

$$= K \cdot (1 + j\Omega\tau_2) \cdot \frac{1}{1 + j\Omega T_m} \cdot \frac{1}{(j\Omega)^2} \qquad (9-35)$$

式中

$$K = \frac{1}{\tau_1} \cdot K_d K_a K_m K_z$$

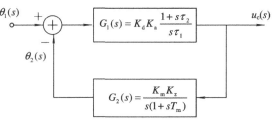

图 9-20　图 9-19 的简化图

在设计电机转速控制系统时，事先给定某些参数，如电机参数 K_m、T_m，扇形盘齿数 K_z 等。其余的参数，如伺服放大器增益 K_a，环路滤波器参数 τ_1、τ_2 等，则需根据系统最佳动态性能以及稳定性能来选定。从(9-35)式出发，可有多种办法来解决这个问题，工程中常用伯德图法。

由(9-35)式可见，$H_o(j\Omega)$ 由几个基本环节组成，很容易作出它的渐近伯德图，设计时应给出足够的稳定余量。

第四节　锁相接收机

空间技术中，测速与测距是确定飞行器运行轨道的两种重要技术手段，它们都依靠接收飞行器发来的信号进行测量。因为发射功率小，通信距离又远，所以收到的信号极其微弱。另外，考虑到信号有多普勒频移以及振荡器产生的频率漂移，接收机的中频通带又必须足够宽，这样一来，接收机解调器前的信号噪声功率比必然相当低，一般在 $-10 \sim -30$ dB 左右。显然，普通的接收技术对此是无能为力的，必须使用窄带锁相跟踪接收机。

通常，"测速定轨"是利用锁相接收机接收飞行器发来的信标信号，再以较高的精度测出多普勒频移而完成的。图 9-21 是卫星多普勒测速的示意图。图上 v_R 表示卫星相对于地

面站的径向运动速度，R 代表卫星至地面站的距离，则有关系

$$v_R = \frac{\mathrm{d}R}{\mathrm{d}t} \qquad\qquad (9-36)$$

设卫星向地面发射的信标信号频率为 ω_t，则地面站接收信号的相位为

$$\theta_r = \omega_t \left(t - \frac{R}{c} \right) \qquad\qquad (9-37)$$

式中，c 为光速，R/c 表示传播延迟。

接收信号的角频率则为

$$\omega_r = \frac{\mathrm{d}\theta_r}{\mathrm{d}t} = \omega_t \left(1 - \frac{v_R}{c} \right) \qquad (9-38)$$

根据径向运动方向的不同，接收频率为

$$f_r = f_t \pm f_t \left| \frac{v_R}{c} \right| = f_t \pm f_d$$

式中

$$f_d = f_t \left| \frac{v_R}{c} \right| \qquad (9-39)$$

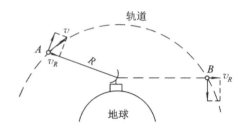

图 9-21　卫星多普勒测速示意图

为卫星相对于地面站径向运动所产生的多普勒频移。当卫星朝向地面站运动时，v_R 为正，且

$$f_r = f_t + f_d > f_t$$

当卫星背离地面站运动时，v_R 为负，且

$$f_r = f_t - f_d < f_t$$

显然，测量出 f_d 便可确定 v_R。几个地面站同时测量，便可测定卫星轨道，实现"测速定轨"。

图 9-22 是一个高测量精度的多普勒测量系统。地面站系统(图(a))使用锁相接收机，卫星上装一台相干应答器(图(b))，转发来自地面站的信号。这样可以克服卫星上使用独立振荡器所带来的频率漂移误差。相干应答器实际上也是一个窄带锁相接收机。

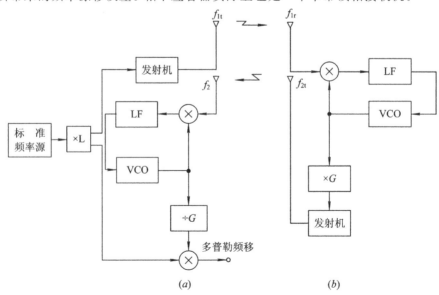

图 9-22　双程多普勒测量系统

(a) 地面系统；(b) 相干应答器

图 9-23 是锁相接收机的一般构成。它实质上是一个窄带跟踪锁相环路，除基本部件之外，环中还包含中频放大器和混频器，此外还有一个晶振作鉴相器的参考信号。

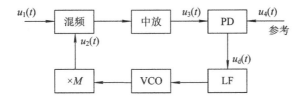

图 9-23　锁相接收机的一般形式

受调制的高频信号经混频后进入中频放大器，与频率稳定的参考信号 $u_4(t)$ 在鉴相器进行相位比较。因为环路滤波器的带宽选得很窄，鉴相器输出的调制信号成分被滤除，输入信号载频的多普勒频移在鉴相器输出端呈现为漂移的直流信号，通过环路滤波器加到 VCO，使其频率跟踪输入信号载频的漂移。当锁定时，VCO 输出经 M 次倍频后的 $u_2(t)$ 的频率与输入 $u_1(t)$ 载频之差（中频）恰好等于参考振荡 $u_4(t)$ 的频率。

图 9-23 所示锁相接收机的工作原理可简述如下。

设混频器输入信号电压

$$u_1(t) = U_1 \sin[\omega_1 t + \theta_m(t)] \tag{9-40}$$

式中 $\theta_m(t)$ 为附加调制相位。

倍频器的输出电压为

$$u_2(t) = U_2 \cos[\omega_2 t + \theta_2] \tag{9-41}$$

混频器输出经放大后的中频电压为

$$u_3(t) = U_3 \sin[\omega_3 t + \theta_m(t) - \theta_2] \tag{9-42}$$

式中

$$\omega_3 = \omega_1 - \omega_2$$

参考信号电压为

$$u_4(t) = U_4 \cos(\omega_4 t - \theta_4) \tag{9-43}$$

为分析方便，设 $\theta_4 = 0$，则鉴相器输出电压为

$$u_d(t) = U_d \sin[(\omega_3 - \omega_4)t + \theta_m(t) - \theta_2] \tag{9-44}$$

若选择中放回路的调谐频率 $\omega_{ir} = \omega_t - \omega_2$，考虑输入信号载频的多普勒频移 ω_d，则有

$$\omega_1 = \omega_t + \omega_d$$

$$\omega_3 = \omega_1 - \omega_2 = \omega_{ir} + \omega_d$$

接收机设计中选择

$$\omega_{ir} = \omega_4$$

则有

$$\omega_3 - \omega_4 = \omega_d$$

代入（9-44）式，得鉴相器输出为

$$u_d(t) = U_d \sin[\omega_d t + \theta_m(t) - \theta_2] \tag{9-45}$$

令

$$\theta_1(t) = \omega_d t + \theta_m(t)$$

则有

$$u_d(t) = U_d \sin(\theta_1 - \theta_2) = U_d \sin\theta_e(t) \qquad (9-46)$$

此结果与基本锁相环路是一致的。因为调制相位 $\theta_m(t)$ 产生的误差电压被环路滤波器滤除，不参与环路的反馈，所以式中的 θ_2 只跟踪载频的多普勒相位漂移 $\omega_d t$。

这种解调环路有如下特点：

（1）环路解调门限与前面分析的基本环路一样，只要环路信噪比 $(S/N)_L > 6$ dB 时，就能有较好的解调效果。

（2）接收机的中频放大器设置在环路内部，依靠环路的跟踪作用，中频信号的频率能保持在调谐回路的中心。这样，中放可以采用相位传输特性比较陡峭的窄带通滤波器，在载频漂移较大的情况下也不致产生解调失真。

（3）因为环路的等效噪声带宽比前置放大器的带宽窄得多，所以在保证解调门限 $(S/N)_L > 6$ dB 的情况下，环路可以在输入信噪比 $(S/N)_i < 0$ dB 的条件下正常工作。但为了保证鉴相器正常工作，其输入端的信噪比不应当比环路信噪比低 20 dB，环内中放采用窄带滤波器满足了这个要求。

锁相接收机终究与基本锁相环路是不同的，环内中频滤波器和倍频器对环路性能的影响、接收机自动增益控制的实施等还需作专门的研究。

第五节　光锁相环(OPLL)

一、概述

光纤通信是利用光导纤维（简称光纤）传送信息的光通信技术。光通信采用的载波位于电磁波频谱的近红外区，频率非常高（$10^{14} \sim 10^{15}$ Hz），因此传输容量极大，目前已成为干线传输的主要方式。

光纤通信系统的基本组成如图 9-24 所示，主体由光发射机、光纤与光接收机三部分组成。图中电端机与一般通信系统中用户终端机一样，例如发送端将用户信号经过 A/D、时分复用，变成 PCM 编码信号，接收端则作恢复用户信号的处理。由此，经电端机处理的电信号送给光发射机，光发射机将电信号转变成光信号，并将光信号耦合进光纤中，经光纤传输到接收端，由光接收机检测光信号并恢复成原电信号，送入电端机处理，恢复用户信号。

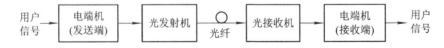

图 9-24　光通信系统的基本组成

光纤作为光信号的传输信道，表征传输特性的主要参数是损耗和色散。光纤损耗直接决定光纤通信系统的传输距离，而光纤色散使得光脉冲在光纤传输时发生波形展宽，影响系统的传输码速率或通信容量。光纤技术的发展，由短波到长波，从多模光纤到单模光纤，使光纤的损耗和色散不断降低，大大地提高了光纤中继距离和通信容量。

光发射机主要由光源和驱动电路组成。光源普遍采用半导体激励器（LD）或半导体发光二极管(LED)。输入的电信号通过驱动电路完成对光源的调制，即直接对半导体光源的注入电流进行调制，使输出光信号的强度随输入电信号而变化，这就是通常所采用的直接光强调制(IM)。发射光功率是光发射机的一个重要参数，发光二极管的发射功率比较低，一般都小于-10 dB，而半导体激光器则可达 $0\sim10$ dB。传输码速率是另一个重要参数，若驱动电路设计得当，码速率可高达 $10\sim15$ Gb/s。

　　光接收机由光检测器和放大电路组成，通常采用半导体 PIN 光敏二极管或半导体雪崩光敏二极管(ADP)作光检测器，它能将光纤传来的已调光信号转变成相应的电信号。由于光纤传来的光信号功率很低，所以光检测后信号也很弱，需由放大电路进行放大。

　　通信的蓬勃发展得益于光波分复用(WDM)技术，它可使光纤通信系统的传输容量成几倍，几十倍的增长。光波分复用(WDM)是在一根光纤中同时传输多个波长光信号的技术。光波分复用基本结构如图 9-25 所示。在发送端不同波长的已调光 $\lambda_1,\lambda_2,\cdots,\lambda_N$ 用复用器复合在一起，经光纤传输到接收端，然后用解复用器将 N 个不同光波长的信号分开。显然，光纤信道总传输码率应是各个光波道的码率的和，因此信道传输容量增加 N 倍。

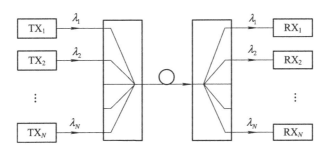

图 9-25　WDM 基本结构

　　但是，WDM 系统容量受制于众多因素，诸如信道间隔、光纤带宽及光纤损耗。光纤损耗决定了传输距离，而信道间隔及光纤带宽决定了可复用的最大光波道数。实现 WDM 的技术，除了要求多波长光源、光合波器与光分波器稳定可靠，还要求收、发端的光频相互对准，充分利用光线的传输带宽。对于采用光强调制-直接检测(IM-DD)的光纤通信方式，相干光通信是能充分利用光纤传输带宽、提高接收机灵敏度的光纤通信方式。

　　如同无线电通信中使用的零差与外差接收方式一样，相干光通信技术中接收端也提供一个本地相干光信号与接收的光信号进行零差或混频接收，然后由光检测器进行光电变换。

　　设到达接收端的信号光场 E_s 为

$$E_s = A_s \exp[-\mathrm{j}(\omega_0 t + \theta_s)] \tag{9-47}$$

式中，A_s 为光信号幅度，ω_0 为光载波频率，θ_s 为光场相位。本振光场 E_L 可表示为

$$E_L = A_L \exp[-\mathrm{j}(\omega_L t + \theta_L)] \tag{9-48}$$

　　由于光匹配器使信号光与本振光具有相同的偏振状态，所以两光场经相干混频后在光检测器上产生的光电流 I_s 正比于 $|E_s + E_L|^2$，即

$$I_s = R(P_s + P_L) + 2R\sqrt{P_s P_L}\cos(\omega_{\mathrm{IF}} t + \theta_s - \theta_L) \tag{9-49}$$

式中，R 为光检测器的响应度，P_s、P_L 分别为信号光与本振光的光功率，$\omega_{\mathrm{IF}} = \omega_0 - \omega_L$ 为中频。

通常，$P_L \gg P_s$，因此 $P_L + P_s \approx P_L$。故上式中第一项代表直流分量，第二项中 P_s 项包含传送的信息，比例系数 $2R\sqrt{P_L}$ 可视为本振增益，使接收光信号得到了放大，大大地提高了接收机灵敏度。

在 (9-49) 式中，若 $\omega_{IF} = 0$，则称为零差检测。在零差检测中，信号电流 I_s 变成

$$I_s = 2R\sqrt{P_s P_L}\cos(\theta_s - \theta_L) \tag{9-50}$$

在这种检测方式中，光信号被直接转换成基带信号，但要求本振光频率与信号光频率严格相等，并且本振光与信号光相位锁定，有较小的稳态相差 $\theta_e = \theta_s - \theta_L$。图 9-26 给出了这种检测方式的结构与信号的频谱分布。

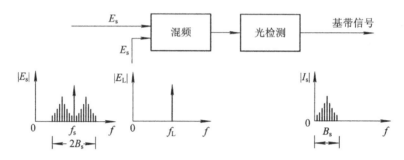

图 9-26 零差检测的结构与信号频谱分布

若本振光频率 ω_L 与信号光频率 ω_0 相差一个中频 ω_{IF}，则这种检测方式称为外差检测。在外差检测中，信号电流 I_s 为

$$I_s = 2R\sqrt{P_s P_L}\cos(\omega_{IF}t + \theta_s - \theta_L) \tag{9-51}$$

图 9-27 给出了外差检测的结构与信号的频谱分布。显然，能够获得光频锁定，即本振光频率与信号光频率严格地等于固定中频频率将有利于中频检测。

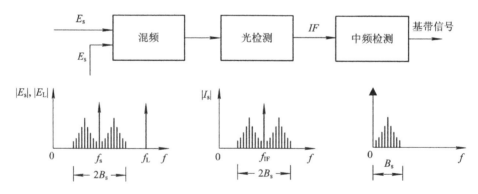

图 9-27 外差检测的结构与信号频谱分布

显然，零差与外差检测结构中引入锁相环路，可控制本地提供的本振光频率与相位，使之匹配接收光信号。下面分别介绍零差光锁相环与外差光锁相环的结构与原理。

二、零差光锁相环

零差光锁相环的原理结构如图 9-28 所示。在图 9-28 上，光锁相环（OPLL）产生负反馈电流或电压去调整本振光源，使之与输入光源同频，进而锁定相位，方框图类似于有环

路延迟的部件的电锁相环。由于光锁相环频率很高，带宽很宽，因此环路传播时延对环路稳定性影响不可忽略，分析时必须考虑，通常有 5 ns 迟延值。

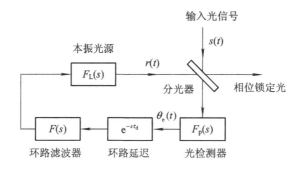

图 9 - 28 零差 OPLL 原理图

在图 9 - 28 中，假设输入光信号用 $s(t)$ 表示，其为

$$s(t) = A_s \cos(2\pi f_s t + \theta_{so}) \qquad (9-52)$$

受控的本振光信号 $r(t)$ 为

$$r(t) = A_L \cos[2\pi f_L t + \theta_r(t)] \qquad (9-53)$$

如电锁相环一样，可将 $s(t)$ 括号中的相位表示成相对 $\omega_L t$ 的变化相位，即

$$s(t) = A_s \cos[2\pi f_L t + \theta_s(t)] \qquad (9-54)$$

式中

$$\theta_s(t) = 2\pi(f_s - f_L)t + \theta_{so} \qquad (9-55)$$

光检测器的输出与经分光器后输入光与本振光的激励功率成比例，其输出的差值电流（或电压）

$$i = A_s A_L \sin[\theta_s(t) - \theta_r(t)] \qquad (9-56)$$

检测出相位误差

$$\theta_e(t) = \theta_s(t) - \theta_r(t) \qquad (9-57)$$

这样，环路线性化开环传递函数可表示为

$$H_o(s) = \frac{\theta_s(s)}{\theta_r(s)} = \frac{F_p(s)e^{-s\tau_d} \cdot F(s) \cdot F_r(s)}{1 + F_p(s)e^{-s\tau_d} \cdot F(s) \cdot F_r(s)} \qquad (9-58)$$

式中 $F_p(s)$ 为光检测器线性传递函数，有 $F_p(s) = K_d$，$F_r(s) = K_o/s$ 为本振光传递函数，将 $F_p(s)$ 与 $F_r(s)$ 值代入 (9-58) 式，有

$$H_0(s) = \frac{K_o K_d e^{-s\tau_d} \cdot F(s)}{s + K_o K_d e^{-s\tau_d} \cdot F(s)} \qquad (9-59)$$

运用根轨迹伯德图等判决准则可求得系统的稳定条件。在 $s = 0.707$ 下，环路无条件稳定的条件是

$$\omega_n \tau_d < 0.736 \qquad (9-60)$$

三、外差光锁相环

在外差光检测方式中，本振光频率匹配接收光信号频率，频率差等于固定中频是非常必要的，至于相位则并无苛求。因此可以用自动频率控制环（AFC）或锁相环来实现本振光频率的控制。

图 9 - 29 为外差光锁相环的基本结构，若用鉴频器代替鉴相器，就构成 AFC 环。

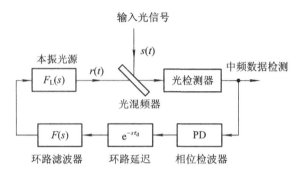

图 9 - 29   外差 OPLL 的原理图

在零差 OPLL 中，未考虑光载波数据调制。如果输入光信号 $s(t)$ 是诸如 ASK、BPSK、FSK 等类数据调制的已调光信号，经光混频器与光检测器后得到的是中频数据调制的已调电信号，用于环路反馈的控制电压应当是去调制的中频载波信号输入相位检波器而形成的。至于去数据调制技术可应用第八章中平方环或同相-正交环原理来构造相位检波器电路。环路分析与零差 OPLL 基本相同，此处不再叙述。

第六节 其 它 应 用

一、相移器

一般的相移器很容易用无源或有源的 RC 网络来构成。这里所说的用锁相环路构成的相移器，则有一些特殊的性能。

用 PLL 很容易做成非常精确的 90°相移器，其精度可达±0.001°，还可以在很宽的频率范围内使 VCO 输出与参考输入保持 90°相移。这种性能的网络对某些电路系统，如阻抗测量系统，是十分关键的，用普通的滤波技术又是无法实现的。

从环路性能分析知道，若鉴相器用模拟相乘器那样的正弦鉴相器，在输入信号频率等于 VCO 自由振荡频率时，就能使 VCO 输出与参考输入相对相移 90°。然而，在整个同步范围内就有随工作频率而变的相位误差。若环路滤波器用高增益的有源比例积分滤波器，这种相差可以小些，但总是存在的。

其实，只要在基本的 PLL 上附加少量的电路就可以获得非常精确的 90°相移，如图 9 - 30 所示。图中附加了一个精密相乘器与积分器的串接电路，并将它与环路中的鉴相器、环路滤波器相并联。如果输入信号是对称的，那么只有在 u_1 与 u_2 严格相差 90°时，相乘器平均输出电压才为零，附加电路对基本 PLL 没有影响。只要 u_1 与 u_2 不是严格相差 90°，相乘器输出中就含有直流成分。积分器对直流信号的增益为无限大，这时附加电路的输出就成为 VCO 控制电压的主要成分，它迫使 VCO 移相，直至 u_1 与 u_2 严格相移

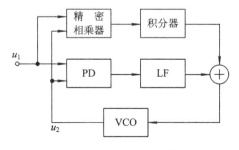

图 9 - 30   精密 90°相移器框图

90°为止。由此可见，精密相乘器是完成 90°精密相移的关键部件。

如果 VCO 输出信号是方波，那就很容易用开关电路来完成精密相乘器的作用。图 9-31 就是用一个 CMOS 开关和一个运算放大器构成的附加电路，与 CMOS 集成 PLL 一起组成的 90°精密相移器。相加作用是用无源电路完成的。为了保证输入信号对称，如果输入信号中含有直流成分，则需采用电容耦合方式馈入。

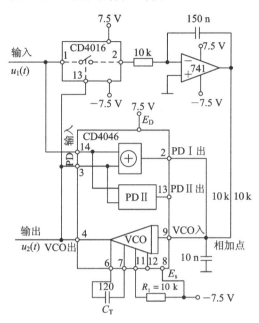

图 9-31　CMOS 器件的精密 90°相移器

二、频率变换

利用 PLL 进行频率变换的方法，在前面频率合成和锁相接收机中已经用到过。作为一个基本的技术，用 PLL 进行频率变换兼有放大、信号提纯等功能，具有普遍的应用价值。

图 9-32 为锁相频率变换的框图。在基本的 PLL 中加进一级混频器和低通滤波器，即可将输入频率 f_1 变换成 $f_o = f_1 + f_2$ 的信号输出。由于固定频率 f_2 可用高稳定的晶振，故可获得高稳定的输出频率 f_o。

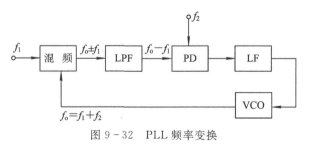

图 9-32　PLL 频率变换

例如，某精密仪表需 24.4～24.5 MHz 的连续振荡单元。直接振荡产生这样的信号就无法获得高稳定的频率输出。现采用图 9-33 的 PLL 移频方案：使用高稳定的 25 MHz 晶振，其频率稳定度可达 10^{-6} 量级；再用一个频率稳定度只有 10^{-4} 量级的频率连续可变的

500～600 kHz 振荡器。这样，尽管连续可变振荡器的稳定度差，但因振荡频率低，绝对频率漂移量不大，不致影响变换后高频输出的频率稳定度。

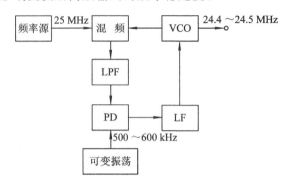

图 9-33　PLL 频率变换电路示例

三、自动跟踪调谐

利用 PLL 的频率跟踪特性，可以进行自动跟踪调谐。

图 9-34 为一个微波相位计中的自动调谐跟踪环路。压控振荡器 VCO 的输出信号加到阶跃发生器，利用阶跃二极管急剧复原的电荷储存特性，可产生周期取样脉冲，对输入端 0.11～12.4 GHz 频段内的任一正弦波取样。由于取样脉冲的重复频率比被取样的正弦信号频率低得多，通过取样可将一个频率很高的正弦信号在中频频率（比原信号频率低得多）上再现出来，而不会损失它所包含的相位信息。运用下面的简单计算可说明这一点。

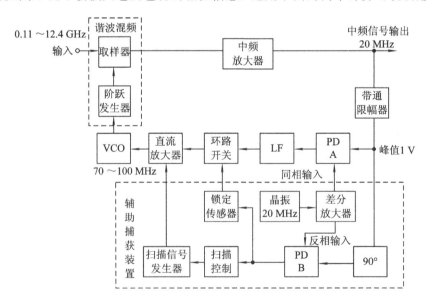

图 9-34　自动调谐跟踪环

设输入信号为

$$u_i(t) = U_i \sin(\omega_i t + \theta_i) \tag{9-61}$$

取样脉冲周期为

$$T = \frac{1}{f_v} \qquad (9-62)$$

f_v 为 VCO 的振荡频率。取样时刻发生在

$$t_n = nT \qquad n = 0, 1, 2, \cdots$$

这样，样品信号电压为

$$
\begin{aligned}
u^*(t_n) &= U_i \sin(\omega_i t_n + \theta_i) \\
&= U_i \sin(\omega_i nT + \theta_i) \\
&= U_i \sin\left[2\pi n\left(\frac{f_i}{f_v}\right) + \theta_i\right] \qquad (9-63)
\end{aligned}
$$

由于 $f_i \gg f_v$，可以写成

$$f_i = mf_v + \Delta f$$

式中 m 为正整数，$\Delta f < f_i$。据此，(9-63)式可改写成

$$
\begin{aligned}
u^*(t_n) &= U_i \sin\left[2n\pi\left(\frac{mf_v + \Delta f}{f_v}\right) + \theta_i\right] \\
&= U_i \sin[2nm\pi + \Delta\omega t_n + \theta_i] \\
&= U_i \sin(\Delta\omega t_n + \theta_i) \qquad (9-64)
\end{aligned}
$$

若令 $\Delta f = 20$ MHz，则样品信号电压的基波频率就是中频频率，且保持着输入微波信号的相位信息 θ_i。由于 $\Delta f = f_i - mf_v$，所以这种混频结果得到的是输入信号频率与本地信号 m 次谐波之差的中频信号，故称为谐波混频。谐波混频器接入之后，可以控制压控振荡 VCO，完成自动调谐的功能。例如，当输入信号频率在工作频段内发生改变时，必然导致中频频率变化，环路失锁。利用辅助捕获装置，可自动地迅速调整 VCO 频率，并通过谐波混频，重新获得准确的中频信号输出，使环路重新锁定。

四、微波锁相频率源

微波锁相频率源具有噪声电平低、功率大、频率稳定度高、对谐波分量有很高的边带抑制比，以及调谐简单、易于产生宽带调频信号等优点。图 9-35 是一个 4 GHz 锁相频率源的组成方案。

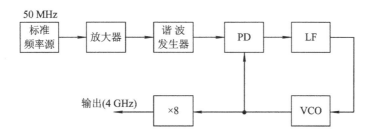

图 9-35 4 GHz 锁相频率源方案

频率为 50 MHz 的参考频率源信号经放大后加到谐波发生器，变换为重复频率为 100 MHz 的取样脉冲信号，与频率为 500 MHz 的 VCO 信号进行取样鉴相。通过环路的作用，可使 VCO 锁定在输入参考频率为 10 次谐波 500 MHz 上，且具有与参考标准频率源相同的高频率稳定度。为获得较大的功率输出，VCO 可采用晶体三极管。VCO 输出再经 8 倍频，就得到所需的 4 GHz 信号输出。

此外，通过合理设计环路参数，可以有效地抑制参考频率源和 VCO 的噪声，获得低噪声输出。

【习　题】

9-1　锁相环路具有哪些基本特性？本章讲述的各种应用分别利用了哪一种特性？

9-2　锁相环路如何等效为一个带通滤波器？它与真正的带通滤波器有何异同？

9-3　锁相环路输入调频或调相信号时，从鉴相器输出端也可以提取出解调信号，试证明之。

9-4　用锁相环实施电机转速控制有何好处？为保证控制系统的稳定性，应当使用什么类型的环路滤波器？为什么？

9-5　设在图 9-19 的 PLL 电机控制系统模型中，已知参数 $K=300$，$\tau_2=0.33$ s，$T_m=50$ ms，要求：

（1）画出系统开环频率响应伯德图。

（2）系统的相位裕量等于多少？

9-6　图 9-23 的锁相接收机可等效为窄带跟踪锁相环路，若输入信号为一个有 100 kHz 侧音调制的调相信号，而载波多普勒频移最大值 $f_{dmax}\leqslant 30$ kHz，试问：

（1）从锁相接收机何处输出可用于调相信号解调的信号？

（2）从何处输出用于提取多普勒频移信息的信号？

（3）中频滤波器最小带宽（只考虑一对边频的带宽）不小于多少？

（4）环路滤波器带宽等于多少？

9-7　锁相环路在光通信技术中的主要作用是什么？在相干光通信中应用的锁相环有几种形式？各有何特征？

9-8　一个零差光锁相环有如下已知参数：本地光源增益 520 kHz/V，本地光源功率 $P_{L0}=1$ mW，输入光信号功率 $P_s=0.06$ μW，接收机负载阻抗 $R=2.2$ kΩ，光检测器灵敏度 $\beta=0.7$ A/W，调制带宽为 500 kHz。现要求设计的环路自然谐振频率为 9 kHz，阻尼系数 $s=0.707$，采用超前—滞后滤波器 $F(s)=\dfrac{1+s\tau_2}{1+s\tau_1}$，要求：

（1）画出等效环路相位模型。

（2）计算环路参数 K_0，K_d，τ_1，τ_2。（提示：$K_d=2R\beta\sqrt{P_sP_{L0}}$ V/rad）

第十章　锁　相　环　仿　真

锁相环不同于其它电路，它的性能影响因素很多，是性能指标之间相互制约的一种复杂的反馈控制电路，在实施硬件制作或使用集成电路芯片之前，运用仿真平台对环路参数设置对性能指标的影响进行仿真是非常必要的，也是环路便捷设计的一种方法。通过仿真能够快速地发现问题与寻找电路故障，综合地考虑信噪比、杂散干扰、入锁时间、捕获与同步跟踪带宽等各种因素的作用，合理设计环路与设置环路参数，达到最佳的性能指标要求。

锁相环仿真主要有两种仿真模式。一是原理性仿真，可应用 MATLAB/SIMULINK 仿真平台。SIMULINK 是一个动态仿真环境，适宜于具有实时、注重过程和各环节连续变化特征的系统的仿真。仿真平台下提供了丰富的通信相关的仿真构件，允许用户使用图形化的构件来组成仿真系统，当前已经有一些工具软件能够将 SIMULINK 的仿真算法构件直接转换为数字信号处理器或 FPGA 的代码，这也极大地缩短了从仿真到实际通信算法的距离，缩短了开发周期。对于电路仿真，SIMULINK 一般不提供到原件级的仿真构件，多数是原理性理想元件，包括数学操作符、时序元件，以及各种算法元件等，当然，它也提供了用户自定义仿真元件的多种方法，包括 S 函数接口、MATLAB m 程序等，可以自由定义需要的元件的时频域特性。

另一仿真模式是电路级仿真。如果要搭建实际的锁相环电路，精确地设计和调测环路元器件参数，则需要电路级仿真工具。这可以借助于当前大量的电路设计和仿真软件，例如 Cadence、MultiSim 等等，其仿真精度高于原理性仿真，但仿真相对复杂，仿真效果涉及各分离元件的特性与实际元件的差别。本章将通过实例说明这两种锁相环的仿真模式和仿真方法。

第一节　运用 SIMULINK 仿真锁相环

一、通信同步锁相环仿真

SIMULINK 通信单元的构建库中包含压控振荡器（VCO）和锁相环（PLL）模型。VCO 是锁相环中的关键部分，在仿真中分为连续时间 VCO 和离散时间 VCO 两种，分别产生连续和离散形式的信号。随输入压控信号幅度的不同，VCO 产生不同频率的正弦信号输出。

PLL 实际是一种自动相位控制系统，用于校正本地信号的相位使其与接收信号的相位相匹配，它更适宜于窄带信号的同步。

简单 PLL 的仿真最少包含一个相位检测器、环路滤波器和一个压控振荡器，如图 10-1 所示。模拟带通型 PLL 是

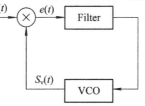

图 10-1　模拟带通型 PLL

指其输入信号是载波信号或载波调制的带通信号。表 10-1 列出了 SIMULINK 中所提供的几种 PLL 仿真单元。

表 10-1 SIMULINK 中的 PLL 仿真单元

PLL 类型	仿真元件名称
模拟带通 PLL	Phase-Locked Loop
模拟基带 PLL	Baseband PLL
线性模拟基带 PLL	Linearized Baseband PLL
采用电荷泵的数字 PLL	Charge Pump PLL

不同 PLL 采用不同的鉴相器、环路滤波器和 VCO 特性，其中一部分特性已经隐含在 PLL 模块中，而一部分则依赖于模块中的参数设置，这主要包括以下内容：

（1）PLL 模块的滤波器参数，包括环路低通滤波器传递函数的分子和分母项，每个参数采用多项式系数按降序所组成的矢量表示。为设计符合要求的滤波器，可以借助 MATLAB 信号处理工具箱中的巴特沃斯（butter）和切比雪夫（cheby1，cheby2）滤波器设计函数来获得传递函数分子、分母系数。

（2）PLL 中的压控振荡器（VCO）的设置参数包括 VCO 输入压控信号灵敏度，部分 VCO 模块还包括 VCO 静态频率、初始相位和输出信号幅度参数。压控信号灵敏度的单位是 Hz/V，表示单位幅度压控电压下，VCO 输出频率从静态频率偏移的频率值。

（3）各 PLL 模块的鉴相器部分各有不同，不可通过参数进行调整。

以下简述几种 PLL 仿真元件。

1．基带 PLL

基带 PLL 仿真元件如图 10-2 所示。

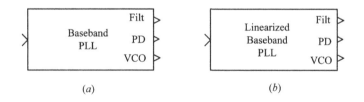

图 10-2 基带 PLL 仿真元件图
（a）基带 PLL；（b）线性基带 PLL

与 PLL 的带通模型不同，基带模型不依赖于载波频率，这就允许在仿真时采用较低的采样速率。线性基带 PLL 是指在仿真中采用了 $\sin(\theta_e(t)) \cong \theta_e(t)$ 近似来简化计算，如图 10-3 所示。与前面章节进行锁相环相位分析方法一样，在 $\theta_e(t)$ 接近零时可以满足该近似条件。因此，基带 PLL 仿真实际只采用了输入信号和 VCO 输出信号的幅度和相位，而与波形的载波成分无关。

其中 $F_n(s)$ 和 $F_d(s)$ 是需要预置的环路滤波器分子和分母多项式。

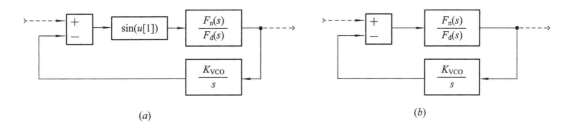

图 10-3 基带 PLL 元件内部组成

（a）基带 PLL 元件内部组成图；（b）线性基带 PLL 元件内部组成图

2. 电荷泵 PLL

电荷泵 PLL 仿真既可以是基带型，也可以是带通型，如图 10-4 是其仿真元件图。

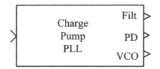

图 10-4 电荷泵 PLL 仿真元件图

电荷泵 PLL 是数字 PLL，或称为模数混合 PLL，与模拟 PLL 不同，电荷泵 PLL 采用连续逻辑相位检测器，或称为数字鉴相器。电荷泵 PLL 模块适宜于数字信号的相位校准，单路输入表示接收信号，三路输出包括滤波器输出、检相输出和 VCO 输出。

电荷泵 PLL 仿真元件内部鉴相器如图 10-5 所示，连续逻辑相位检测器是针对输入的过零信号波形，锁定时的输入和 VCO 输出信号相位差平衡点为 π。除此之外，该检测器能够补偿在输入信号频率和 VCO 之间的任意频差，因此，它也可作为频率检测器，这种具有鉴相鉴频功能的数字鉴相器也称为数字鉴频鉴相器（FPD）。

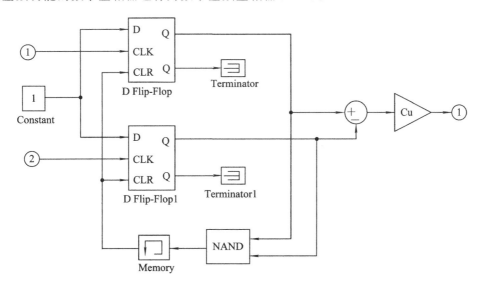

图 10-5 电荷泵 PLL 模块鉴相器

Simulink 中的电荷泵 PLL 采用数字双 D 鉴相器结构，其原理图如图 10-6 所示。与第六章中用数字门电路构成的鉴相器功能一样，这里简述其鉴相与鉴频工作原理。

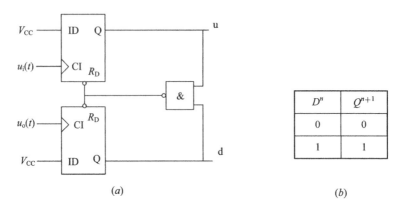

图 10-6　双 D 鉴相器原理图与真值表

（a）双 D 鉴相器原理图；（b）D 触发器真值表

设 $u_i(t)$ 和 $u_o(t)$ 的频率分别为 f_r 和 f_v，根据电路图及真值表可得：当 $u_i(t)$ 和 $u_o(t)$ 频率相同时的三组鉴相状态为：u、d 同为低电平；u 为高电平，d 为低电平；u 为低电平，d 为高电平。这三种状态分别称为 n、u 和 d 状态。在 u 状态下，u 端输出的脉冲使电荷泵对环路充电。在 d 状态下，d 端输出的脉冲使电荷泵对环路放电。在 n 状态下，环路滤波器既不充电也不放电，故称为三态鉴相器。

$f_r = f_v$ 时的 FPD 波形如图 10-7 所示。

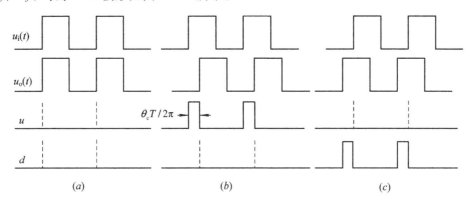

图 10-7　$f_r = f_v$ 时的 FPD 波形

（a）同相；（b）$u_i(t)$ 超前 $u_o(t)$；（c）$u_o(t)$ 超前 $u_i(t)$

设电荷泵能提供的充放电电流为 I_p，则充放电电流在一个周期内的平均值是

$$i_d(t) = \frac{1}{2\pi} I_p \theta_e(t) \quad | \theta_e(t) | \leqslant 2\pi \tag{10-1}$$

该式反映出电荷泵鉴相器的鉴相特性。考虑到相位的周期性，式(10-1)如图 10-8 所示。

把这种能在充放电时提供恒定电流的电荷泵鉴相器称为电流型电荷泵鉴相器，对应的环路简称为电流型锁相环。反之，称为电压型电荷泵鉴相器，对应的环路称为电压型电荷泵锁相环。

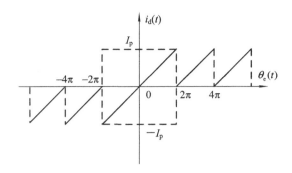

图 10-8 电流型鉴相器的鉴相特性曲线

在环路锁定之前，f_r 和 f_v 不可能相等，环路锁定后，二者也不可能完全相等，若差别不大，$u_i(t)$ 和 $u_o(t)$ 的上升沿之间的时间间隔不超过 $u_i(t)$ 的周期，则上述鉴相特性还是成立的。当 f_r 和 f_v 差别较大时，这种鉴相器就有鉴频的功能。

设鉴相器是电流型，当 $f_r > f_o$ 时的波形如图 10-9 所示。图中 $i_d(t)$ 表示电荷泵提供的电流。平均电流 $i_d(t)$ 大于 0，且频差越大，$i_d(t)$ 的正值越大。当 $f_r < f_o$ 时，只要将电流波形倒相即可，此时，$i_d(t)$ 平均电流小于 0，且频差越大 $i_d(t)$ 越负。当 $f_r = f_v$ 时，$i_d(t) = 0$。

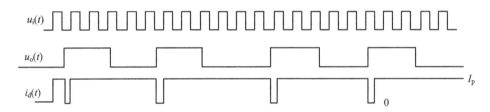

图 10-9 $f_r > f_o$ 时电流型鉴相器的鉴相波形

在设计环路中 $u_i(t)$ 是输入信号，其频率 f_r 是不受环路控制的，因此在分析鉴频特性时 f_r 为定值。而 f_v 决定于 VCO 的振荡频率，它随环路控制电压的变化而变化，因而把它表示为时间的函数 $f_v(t)$。

令 $\Delta w = w_r - w_v$，由上述分析可得下列关系：

- $\Delta w \approx 0$ 时，$i_d(t)$ 决定于鉴相特性；
- $\Delta w = \infty$ 时，$i_d(t) = I_p$，$\Delta w = -\infty$ 时，$i_d(t) = -I_p$

由分析可得 $i_d(t)$ 与 Δw 之间的关系近似为

$$i_d(t) = \frac{I_p}{w_r} \cdot \Delta w(t) \quad | \Delta w(t) | \leqslant w_r \tag{10-2}$$

因此，电流鉴相器的鉴相增益及鉴频增益分别为

鉴频增益
$$K_{df} = \frac{I_p}{2\pi} \tag{10-3}$$

鉴相增益
$$K_{dp} = \frac{I_p}{w_r} \tag{10-4}$$

下面以载波提取的实例说明 PLL 仿真过程，尤其是环路滤波器参数的选取与计算。

对于无离散载波分量的信号，例如二进制等概率 PSK 信号，抑制载波的双边带信号（DSB 信号），可以采用非线性变换的方法从信号中获取载频，平方环和科斯塔斯环是有能

力获取载频的锁相环。下面以平方环为例来介绍环路的仿真过程。

以等概二进制信源的 PSK 信号为例，设信号表达式为

$$r(t) = m(t) \cos(w_c t + \theta) \qquad (10-5)$$

其中，$m(t) = \pm 1$，当 $m(t)$ 取 $+1$ 和 -1 等概率时，此信号的频谱中无 w_c 载波频率分量。将式(10-5)平方可得：

$$r^2(t) = m^2(t) \cos^2(w_c t + \theta) = \frac{1}{2}[1 + \cos 2(w_c t + \theta)] \qquad (10-6)$$

上式中 $m^2(t) = 1$，由上式可知在 PSK 信号经过平方后的接收信号中包含 2 倍载频的频率分量。将此 2 倍载频分量用窄带滤波器滤出后再作二分频处理，即可得到所需的载频。

实际应用中，为了改善窄带滤波性能，降低杂散和噪声，一般采用锁相环代替窄带滤波器提取单一频率信号。另外，通过平方环提取载波中，所采用的二分频器输出载波信号有相差 π 的两种可能相位：$\hat{r}_c(t) = \cos(w_c t + \hat{\theta})$ 或 $\hat{r}_c(t) = \cos(w_c t + \hat{\theta} + \pi)$，即分频输出存在相位模糊性，而这种相位模糊性仅通过平方锁相环是无法解决的。因此，采用平方环的载波提取电路通常应用于对相位模糊性不敏感的差分检测信号。以下通过 Simulink 仿真实例来说明锁相环仿真的过程和验证理论分析的结论。

设二进制信源等概的 PSK 通信系统，载波频率是 10 kHz，二进制符号速率为 1 kbaud，采用平方环提取载波的 simulink 仿真示意图如图 10-10 所示。

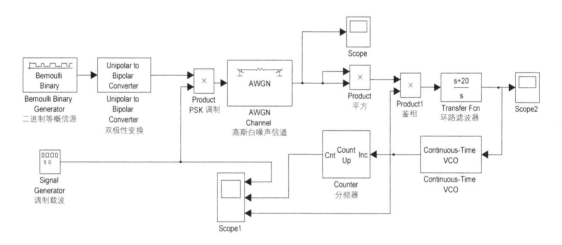

图 10-10 平方环提取载波的 Simulink 仿真图

其中[Bemoulli Binary Generator]是贝努利二进制信号产生器，设置其中 0 值概率参数("Probability of a zero")为 0.5，即 0、1 等概；设置二进制取样时间("Sample time")为码元周期，因为码元速率为 1 kbaud，所以该参数为 0.001。[Signal Generator]是 PSK 调制载波信号产生器，设置信号波形为正弦信号("sine")，信号频率为 10 kHz，幅度为 1。[Unipolar to Bipolar Converter]是单极性转双极性变换器，将 0、1 归零信号转变为 1、-1 双极性非归零信号。[Product]是理想乘法器，完成 PSK 调制功能。[AWGN Channel]是加性高斯白噪声信道模块，信号通过该模块后，等于在调制信号基础上累加了一个随机噪声波形，噪声信号的方差是需要设定的参数。

信道模块之后联接的是平方环部分，需要注意的是以上通信系统中省略了射频调制、

混频、放大和天馈部分，原因是本仿真关注 PSK 同步载波和相位的提取，所以假定这些部分传递函数为 1 的理想响应。将信道输出的两路信号同时加入到相乘器[Product]，实现平方运算，实际电路中可通过包络检波器实现。平方信号进入到相乘器[Product1]，在这里[Product1]相当于锁相环的线性鉴相器。[Transfer Fcn]是由传递函数表示的环路滤波器，环路滤波器参数的设置是决定环路能否锁定的关键，以下我们作详细介绍和分析。[Continuous－Time VCO]是连续模拟信号压控振荡器，其参数"Quiescent frequency"是 VCO 本振频率，参数"Input sensitivity"是 VCO 压控灵敏度，即 K_0，"Initial phase"是接收机本振的初始相位，通过该参数的设置，可以设定本振和接收信号的初始相位差。[Counter]是计数器，通过设定"Count Event"上升沿触发，计数范围 0～1，在输入模拟正弦信号条件下，可以获得二分频的时钟信号输出，也就是所需要的载波同步时钟信号。

如前所述，在接收机本振和接收信号间存在不同的初始相差和频差条件下，不同的环路滤波器可以获得不同的稳态相差，当稳态相差为 0 时就达到载波和相位全同步。

设 VCO 的本振频率为调制载波频率的两倍频，即 20 kHz，压控灵敏度 $K_0 = 1000$ Hz/V，本振初始相位设定为 $\pi/3$，链路中没有加入相位延迟环节，所以相位差为 $\pi/3$。[AWGN Channel]设置噪声方差为 0.001，由正弦调制信号幅度为 1 可知，平方环输入信噪比为 27 dB。理论上，只要环路滤波器采用一阶环以上都可以获得 0 稳态相差。[Transfer Fcn]滤波模块的传递函数表示如下：

$$F(s) = \frac{y(s)}{u(s)} = \frac{\text{num}(s)}{\text{den}(s)} = \frac{\text{num}(1)s^{\text{nn}-1} + \text{num}(2)s^{\text{nn}-2} + \cdots + \text{num}(\text{nn})}{\text{den}(1)s^{\text{nd}-1} + \text{den}(2)s^{\text{nd}-2} + \cdots + \text{den}(\text{nd})} \qquad (10-7)$$

其中，$y(s)$ 和 $u(s)$ 分别表示输出和输入，nn 和 nd 分别是分母和分子系数的个数，并按 s 降序排列，且分母的阶数要大于或等于分子的阶数。

当环路滤波器为一阶环时，$F(s)=1$，即分子 num＝[1]，分母 den＝[1]，相当于没有环路滤波器，将鉴相器输出直接加载到压控输入上。锁相环仿真中判断环路是否锁定的主要方法是通过对环路滤波器输出信号的观察来判断环路是否进入锁定状态。如图 10－11 所示，环路输出从均值为非零态，进入到均值为零的稳定状态，因为没有低通环路滤波的作用，导致压控输入是 VCO 输出和平方器输出信号鉴相相乘的结果，具有较大的波纹，这会导致 VCO 输出频率的波动。提取的载波如图 10－12 所示。

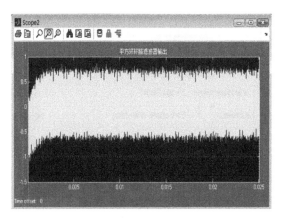

图 10－11　在无频差条件下的一阶环路滤波器输出

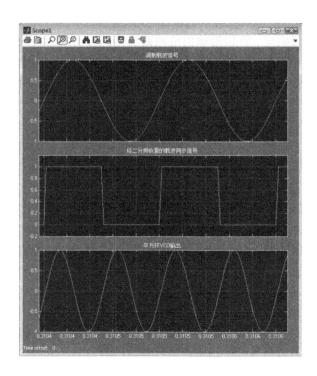

图 10-12　平方环二倍频提取和分频输出

Simulink 仿真器的 Scope 控件也提供了将仿真输出波形保存为数据的能力,在其右脚菜单📄中,可以定义存储图像数据点数的多少,以及将这些数据投影到 MATLAB 的工作区。图 10-13 中设置保存 50 000 个仿真图像数据点,并将这些数据投影到 MATLAB 工作区的 ScopeData1 结构变量中,该结构中还包含各数据点所对应的时刻信息。这样,如果需要对此数据进行进一步的分析,就可以通过 MATLAB 程序读取 ScopeData1 的数据,逐点进行数据处理。

图 10-13　仿真 Scope 图像参数设置

当环路滤波器为二阶 1 型环的 RC 积分滤波器时,$F(s)=1/(s\tau_1+1)$,即分子 num=[1],

分母 den＝[τ_1　1]，取 τ_1＝0.01，即 RC 积分低通滤波器的 3 dB 带宽约为 $1/\tau_1$＝100 Hz，图 10-14 为环路滤波的输出，在跟踪状态时的波纹幅度受到环路滤波器带宽大小和输入噪声方差的影响。

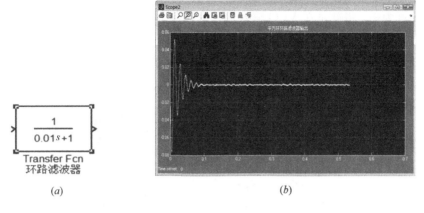

图 10-14　环路滤波器输出

（a）环路滤波器；（b）二阶 1 型环路滤波器输出

若设置[AWGN Channel]信道噪声方差 σ_n^2＝1，则平方环的输入信号信噪比为 SNR＝－3 dB，这时环路滤波输出如图 10-15 所示，提取的载波如图 10-16 所示。从图中也会发现，经过分频输出的同步载波信号，和图 10-12 中的信号有随机的 π 相位相差。

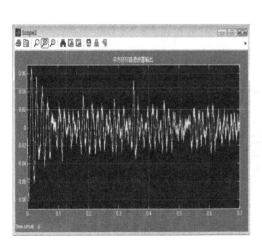 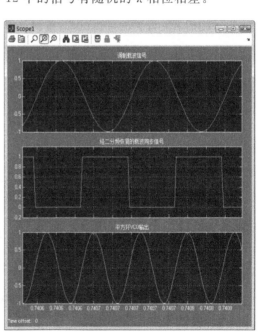

图 10-15　低信噪比输入信号时的平方环滤波器输出　图 10-16　低信噪比输入信号时的载波提取

在实际环境中，接收机本振频率和接收信号频率存在微小的误差或漂移，对于这种情况的仿真，设置 VCO 参数"Quiescent frequency"偏离 20 kHz，设其为 20.10 kHz，频差为 0.1 kHz。噪声方差 σ_n^2＝0.001，在其它参数不变的条件下，沿用二阶 1 型环路滤波器参数，

可知 $K = K_0 U_d \approx 1000 \times 1 = 1000$，由 RC 积分滤波器环路的捕获带

$$\Delta f_p = \frac{\Delta w_p}{2\pi} \approx \frac{1.68}{2\pi}\sqrt{\frac{K}{\tau_1}} = 84.55\ (\mathrm{Hz}) \tag{10-8}$$

可知，当前的环路滤波参数不足以捕获该频偏信号。如图 10-17 所示，环路滤波器的输出均值仍然接近为零，也就是在 VCO 输入端并未产生一个稳定控制频差的电压信号来控制本地频偏，所以环路无法进入捕获状态，输入信号频率在环路的捕获带外。

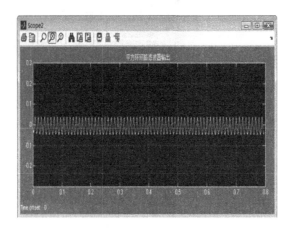

图 10-17　未捕获环路滤波器输出波形

有两种方法可以提高环路的捕获带，一种是提高环路增益 K 值，一种是减小 τ_1，本仿真实验采用后者，设置 $\tau_1 = 0.005$，重新计算捕获带：

$$\Delta f_p = \frac{\Delta w_p}{2\pi} \approx \frac{1.68}{2\pi}\sqrt{\frac{K}{\tau_1}} = 119.57\ (\mathrm{Hz}) \tag{10-9}$$

此结果说明输入信号已经在环路的捕获带内。仿真的环路滤波输出如图 10-18 所示，稳态输出明显包含了控制频偏的直流分量。

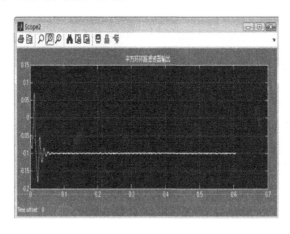

图 10-18　进入捕获的环路滤波器输出

由于在存在频偏条件下，二阶 1 型环尚不足以消除同步信号的相位偏移，环路稳态条件下仍然存在稳定的相偏。图 10-19 仿真验证了该结果。

$$\theta_e(\infty) = \frac{\Delta w}{K} = \frac{2\pi \times 100}{1000} \approx 0.63 \ (\text{rad}) \qquad (10-10)$$

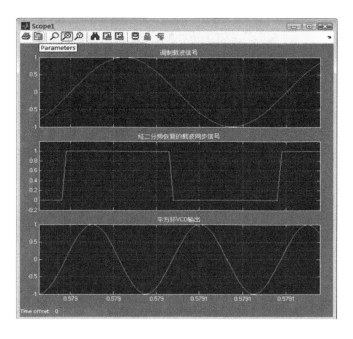

图 10-19 存在稳态相差的载波提取波形仿真结果

对于存在阶跃频偏的信号的载波和相位同步，需要采用二阶 2 型环以上的环路滤波器，本仿真中采用有源比例积分滤波器，即 $F(s)=(s\tau_2+1)/s\tau_1$，设置[Transfer Fcn]中传递函数分子 num＝[τ_2 1]，分母 den＝[τ_1 0]，取 $\tau_1=0.005$，$\tau_2=0.0003$。环路滤波器输出如图 10-20 所示，稳态条件下存在一个纠正频偏的直流分量。τ_2 的大小虽然不影响环路收敛的快慢，但影响压控信号波纹的大小。图 10-21 是提取的载波信号仿真输出，载波和相位都得以同步。

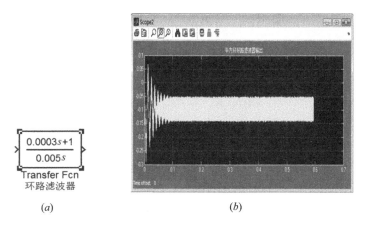

图 10-20 环路滤波器输出

(a) 环路滤波器；(b) 二阶 2 型环环路滤波输出

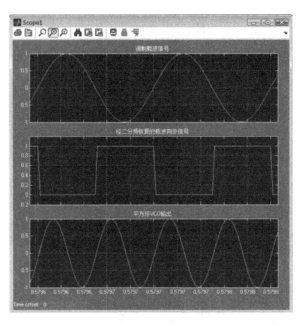

图 10-21   不存在稳态相差的载波提取波形

二、锁相环频率合成器仿真

锁相频率合成器是目前应用最广泛的一种产生大范围、高精确度和稳定度频率源的方法。第八章详细给出了频率合成器的基本原理，下面以 simulink 仿真软件自带的数字锁相频率合成器仿真程序为例，说明频率合成器仿真的实现。图 10-22 为系统仿真模块组成图。

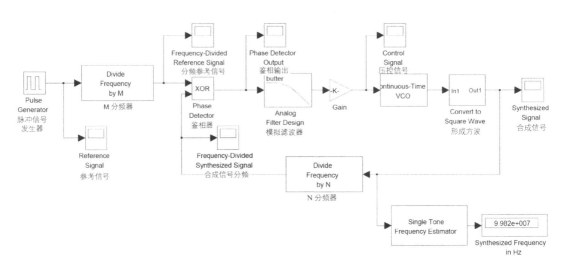

图 10-22   数字锁相频率合成器的 simulink 仿真图

该环路模型获得分数倍频的结果，设参考频率为 f_r，则合成器输出频率为 $f_o = N f_r / M$，设置仿真参数为：

（1）$f_r = 30$ MHz，脉冲信号发生器[Pulse Generator]作为参考源，设其信号周期为 $1/f_r$，为占空比 50% 的方波信号；

（2）VCO 本振频率"Quiescent frequency"设置为 30 MHz，压控灵敏度 $K_0 = 40$ MHz/V；

（3）分频倍数 $N = 10$，$M = 3$；

（4）环路滤波器采用一阶巴特沃兹低通滤波器，截止频率为 1 MHz。

由设定参数可知目标合成频率为 $f_0 = 100$ MHz，图 10-23 所示是频率合成器捕获锁定过程中压控信号的变化，锁定过程持续了约 10 ms，输出稳定在 7/4 幅度，按此计算 VCO 的输出频率应为

$$\hat{f}_0 = 30 \text{ MHz} + \frac{7}{4}K_0 = 100 \text{ MHz} \tag{10-11}$$

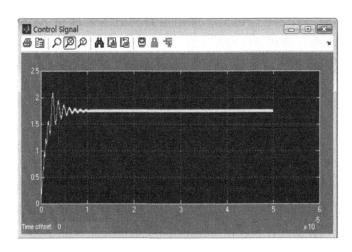

图 10-23 合成器捕获锁定过程中 VCO 控制电压的变化

因为采用数字脉冲信号作为参考频率源，VCO 输出的信号也转变为数字方波信号，所以鉴相器的输入为两路数字信号，在仿真中采用逻辑"异或"运算[XOR]作为鉴相器。在环路稳态下，[XOR]输入的分别是一路 10 MHz 参考源，一路 10 分频的 10 MHz 信号，因为二者相差 $\pi/4$，因此鉴相的输出是 20 MHz 脉冲序列。仿真结果如图 10-24 所示。

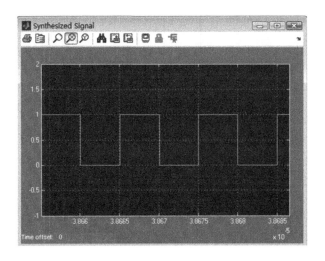

图 10-24 分频输出 20MHz 脉冲波形

第二节 电路级锁相环仿真

MATLAB/simulink 中锁相环仿真偏重于理想构件的原理性仿真,如果要搭建实际的锁相环电路,以及调试电路参数,则需要电路级的仿真工具。当前多种电路仿真工具几乎都可以进行锁相环的电路级仿真,包括 Cadence OrCAD Pspice、MultiSim、Protel Altium Designer 和 Proteus 等电路设计和仿真分析软件,而 Gensys 软件则更偏重于射频和电磁场的仿真,对于射频 PLL 也有较强的仿真能力。另外,AD 公司针对其生产的锁相环和频率合成器相关集成电路芯片,专门提供了应用电路仿真工具软件 ADSimPLL。以下针对 Pspice 软件给出锁相环仿真和分析的方法。

Cadence OrCAD Pspice 仿真软件的前身是麻省理工大学伯克利分校于上世纪 70 年代研发的 SPICE 电路仿真软件,Pspice 软件是该软件的微机版,并随着视窗操作系统的发展,也更新为具有良好用户图形界面的综合电路仿真平台,包括模拟和数字电路仿真,以及数模混合电路仿真。另外,在 Pspice 中也集成了当前上千种各类电子元器件、集成电路模型,且精度很高,同时,Pspice 也提供了用户自定义器件及其特性的能力。

以频率斜升变化的调频(FM)信号锁相环解调为例,利用锁相环路良好的调制跟踪特性,使鉴频输出或者环路滤波器输出反映输入信号频率的变化,实现对 FM 信号的解调。

在 Pspice 中对于锁相环的仿真,可以利用库中已有的元器件和集成锁相环路,如 CD4046,也可以采用分立元件和模拟器件原型。本例中主要采用 Pspice 中 ABM 库元件来构建分立锁相环路,其中也包括一些理想原型原件。仿真电路在 Pspice 的 Capture 软件中完成,电路构成原理图如图 10-25 所示。

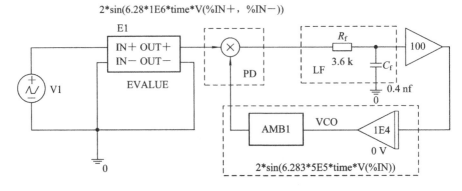

图 10-25 PSPice 中 PLL 调频信号检测跟踪环仿真图

锁相环主要包括三部分:压控振荡器、鉴相器和 RC 积分滤波器。图中 V1 是锯齿斜升波形产生器,由信源库(SOURCE)中的 VPWL 元件构成,其参数为:

- $T_1 = 0$ $V_1 = 0.05$ V
- $T_2 = 100$ μs $V_2 = 0.2$ V
- $T_3 = 200$ μs $V_3 = 0.35$ V
- $T_4 = 300$ μs $V_3 = 0.5$ V

VPWL 按以上设定的参数经过时间插值处理获得连续的模拟波形,该波形为锯齿斜升信号。EVALUE 元件按输入的锯齿斜升信号产生频率斜升的调频信号，其参数表达式为：

$$2\sin[2\pi \times 10^6 \times \text{time} \times V(\%\text{IN}+, \%\text{IN}-)] \qquad (10-12)$$

其中 time 是内部时间变量，由 V1 的最高幅度为 500 mV 可知，EVLAUE 的输出扫频频率范围是 0~500 kHz。压控振荡器的组成包括两个部分：积分器（INTEG）和正弦波产生器（ABM1）。按照压控振荡器的原理

$$u_o(t) = \sin(w_o t + K_o \int_0^t u_c(\tau)\,d\tau) \qquad (10-13)$$

其中 VCO 的本振频率 $f_o = 500$ kHz，$K_o - 10^4$。鉴相器由 ABM 库中的理想相乘器（MULTI）实现，环路滤波器包含 RC 积分低通滤波器和放大器（GAIN），其参数如图 10-25 所示。

完成原理图编写后，就可以进行仿真了。首先产生和检查原理图的网络列表（Create Netlist），建立仿真脚本（Simulation Profile），并设置仿真脚本参数，如图 10-26 所示。

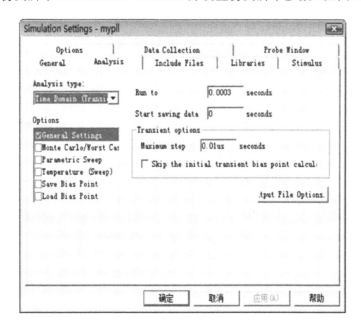

图 10-26　PSPice 仿真脚本参数设置

设置仿真分析类型为时域暂态仿真，仿真时长为 300 μs，最大仿真步长为 0.01 μs。在"Output File Options"中设置仿真数据存储到文件中的大小为 200 μs。运行仿真（Run）即可获得仿真的数据结果，一般是项目名称的 DAT 文件。需要分析仿真结果，可以通过"Add Trace" 增加电路中各观测点的波形。FM 信号的 PLL 鉴频解调仿真和分析结果如图 10-27 所示。图中(a)为 EVALUE 扫频信号源的输入，也就是波形产生器（VPWL）的锯齿波输出；图中(b)是 EVALUE 的输出端斜升扫频信号；图(c)和图(d)分别为鉴相器输出和环路滤波器输出波形，接近为锯齿斜升信号，验证了对 FM 信号的解调作用；图(e)和图(f)是 VCO 输出和 VCO 中积分器输出信号波形。

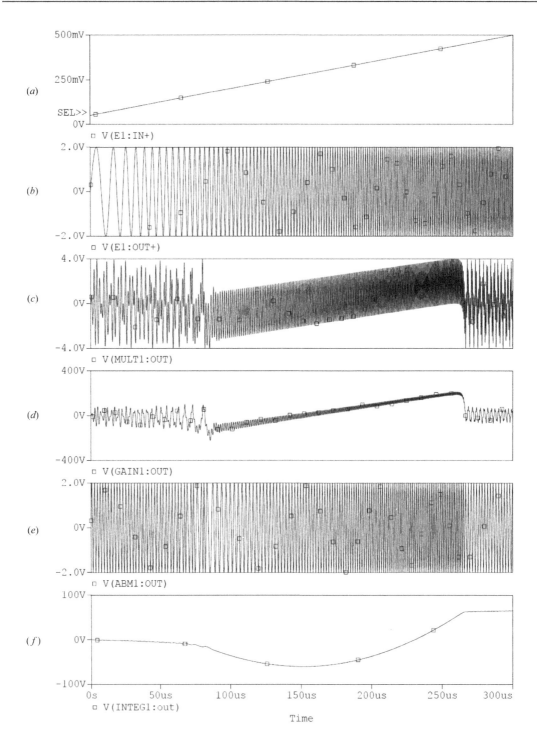

图 10 - 27　FM 信号 PLL 鉴频解调仿真与分析结果
(a) 信号源输入；(b) EVALUE 输出端斜升扫描信号；(c) 鉴相器输出；
(d) 滤波器输出；(e) VCO 输出；(f) 积分器输出

【习 题】

10-1 试说明锁相环仿真的重要性。

10-2 锁相环仿真有几种主要模式？各有何特点？

10-3 模拟基带 PLL 与模拟带通 PLL 的仿真有何不同？要注意什么问题？

10-4 在平方环仿真实例中，假设环路滤波器为有源积分滤波器 $F(s)=(1+s\tau_2)/s\tau_1$，试在同等条件下，仿真相应的性能曲线，并对比分析结果。

10-5 试按平方环仿真方法，仿真科斯塔斯环(Costas 环)。

10-6 在 PLL 频率合成器仿真中，根据什么来选择 VCO 静态频率？如果其它条件不变，VCO 静态频率选为 50 MHz，试仿真 VCO 控制电压变化波形，并比较计算结果。

附录一 环路输入噪声的基本特性

抗扰度高是锁相环的优良特性之一。本附录将扼要介绍噪声的基本概念和主要特性。

众所周知，一个噪声电压 $n(t)$ 的波形是随机变化的，无法用一个明确的数学解析式表达出来，只能用统计的方法来描述。而且，由于在锁相环路中，大量随机过程近似为平稳的，因此这里假定，$n(t)$ 是一个平稳的随机函数，也即 $n(t)$ 的所有统计特性皆与时间无关。

一、统计特性

下面列举的是噪声的几个主要的统计特性：

(1) 概率密度函数 $p(n)$。随机函数 $n(t)$ 在某一时刻 t_1 的取值是随机的，其取任意值的概率密度可用 $p[n(t_1)]$ 表示。由于 $n(t)$ 的平稳性，在任何时刻的取值概率密度函数都是相同的，即有 $p(n)=P[n(t_1)]$。这样，$n(t)$ 取值在 $[n_1, n_2]$ 范围内的概率为 $\int_{n_1}^{n_2} p(n)\mathrm{d}n$。$n(t)$ 的取值范围为 $(-\infty, \infty)$，对此范围内的任何取值，皆有 $p(n)\geqslant 0$，且 $\int_{-\infty}^{\infty} p(n)\mathrm{d}n = 1$。

(2) 统计平均。

均值

$$E(n) = \int_{-\infty}^{\infty} np(n)\mathrm{d}n \qquad (\mathrm{I}-1)$$

均方值

$$E(n^2) = \int_{-\infty}^{\infty} n^2 p(n)\mathrm{d}n \qquad (\mathrm{I}-2)$$

方差 $$\sigma_n^2 = E(n^2) - E^2(n) = \int_{-\infty}^{\infty} [n-E(n)]^2 p(n)\mathrm{d}n \qquad (\mathrm{I}-3)$$

(3) 时间平均。

均值

$$\overline{n(t)} = \lim_{T\to\infty} \frac{1}{2T} \int_{-T}^{T} n(t)\mathrm{d}t \qquad (\mathrm{I}-4)$$

通常，我们涉及到的 $n(t)$ 有 $\overline{n(t)}=0$。

均方值 $$\overline{n^2(t)} = \lim_{T\to\infty} \frac{1}{2T} \int_{-T}^{T} n^2(t)\mathrm{d}t \qquad (\mathrm{I}-5)$$

方差 $$\sigma_n^2 = \overline{n^2(t)} - \overline{[n(t)]}^2 = \overline{[n(t)-\overline{n(t)}]^2} \qquad (\mathrm{I}-6)$$

假如噪声电压 $n(t)$ 是各态历经的(前面谈到的平稳性是各态历经的必要条件)，则 $n(t)$ 的统计平均量与时间平均量相等。本书中用到的 $n(t)$ 大都是各态历经的，因此我们对统计平均与时间平均将不再加以区别。

(4) 高斯概率密度函数。高斯概率密度函数是经常用到的一种概率密度函数，亦称正态概率密度函数，其表示式为

$$p(n) = \frac{1}{\sqrt{2\pi}\sigma_n} \exp\left[-\frac{(n-\bar{n})^2}{2\sigma_n^2}\right]$$

$$(\text{I} - 7)$$

其分布形式呈钟形，如附图 I-1 所示。值得注意的是，高斯概率密度函数经过微分、积分或线性滤波等线性变换后，其分布形式不变，这是区别于其它分布的重要特性。

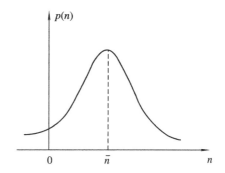

附图 I-1 高斯概率密度函数

（5）自相关。令 $n_1 = n(t_1)$、$n_2 = n(t_2)$、$\tau = t_2 - t_1$，$p(n_1, n_2)$ 表示随机函数 $n(t)$ 的两个不同时刻的取样值 n_1 与 n_2 的联合概率密度，则自相关函数定义为

$$R(\tau) = E(n_1, n_2) = \iint n_1 n_2 \, p(n_1, n_2) \mathrm{d}n_1 \mathrm{d}n_2 \qquad (\text{I} - 8)$$

由于 $n(t)$ 是平稳的，故 $E(n_1, n_2)$ 也是平稳的，它只是 τ 的函数，不随时间而变化。尽管 $R(\tau)$ 在随机函数的分析中是一个很重要的量，但在本书中的主要用途是用来求得功率谱密度。

（6）功率谱密度。平稳随机函数 $n(t)$ 的自相关函数 $R(\tau)$ 与它的功率谱密度 $S_n(f)$ 构成一傅氏变换对，其正变换为

$$S_n'(f) = \int_{-\infty}^{\infty} R(\tau) \mathrm{e}^{-\mathrm{j}\omega\tau} \mathrm{d}\tau \qquad (\omega = 2\pi f) \qquad (\text{I} - 9)$$

反变换为

$$R(\tau) = \int_{-\infty}^{\infty} S_n'(f) \mathrm{e}^{\mathrm{j}\omega\tau} \mathrm{d}f \qquad (\text{I} - 10)$$

对于实时间函数 $n(t)$，有

$$S_n'(f) = S_n'(-f) \qquad (\text{I} - 11)$$

此 $S_n'(f)$ 在正负频率域都有定义，这种 $S_n'(f)$ 称为双边功率谱密度，且有

$$\int_{-\infty}^{\infty} S_n'(f) \mathrm{d}f = \overline{n^2(t)} = R(0) \qquad (\text{I} - 12)$$

由于实际上的负频率是不存在的，所以双边功率谱只是数学上的定义。若只考虑正频率部分，则可定义一个单边功率谱密度 $S_n(f)$，其值应是双边功率谱的两倍，即

$$S_n(f) = \begin{cases} 2S_n'(f) & f \geqslant 0 \\ 0 & f < 0 \end{cases} \qquad (\text{I} - 13)$$

本书中经常用到白高斯噪声的概念，其中"白"是指噪声的功率谱密度在有用频带内是常数，而"高斯"是指概率密度的分布而言的。噪声可以是非白的，也可以是非高斯的，或者非白非高斯的，两者是不同的概念，不可等同。

二、窄带噪声

假如 $n(t)$ 有一个相对的窄频带谱（若频带的中心频率为 f_1，频带宽度 B 远小于 f_1），则 $n(t)$ 可分解为

$$n(t) = n_c(t)\cos\omega_1 t - n_s(t)\sin\omega_1 t \qquad (\text{I} - 14)$$

（1）频谱。$n_s(t)$ 与 $n_c(t)$ 的功率谱有相同的表示形式。若 $n(t)$ 的单边功率谱密度为

$S_n(f)$，则 $n_c(t)$ 与 $n_s(t)$ 的单边功率谱密度为

$$S_{nc}(f) = S_{ns}(f) = S_n(f_1 + f) + S_n(f_1 - f) \tag{I-15}$$

式中 f_1 是 $S_n(f)$ 谱占据频带的中心频率。如附图 I-2 所示，实质上 $S_{nc}(f)$ 与 $S_{ns}(f)$ 的形成就是把 $S_n(f)$ 从 f_1 搬移到零频率上，把过零的那部分谱折叠过来，与未过零的那部分谱相加。显然，$S_n(f)$ 有带通形式，而 $S_{nc}(f)$ 与 $S_{ns}(f)$ 有低通形式。

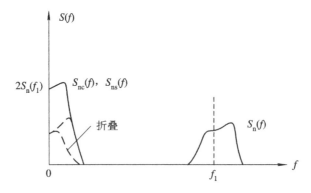

附图 I-2　窄带噪声功率谱密度

（2）$n(t)$ 的复包络。噪声 $n(t)$ 也可以用极坐标形式表示

$$n(t) = A(t)\cos[\omega_1 t + \theta(t)] \tag{I-16}$$

式中

$$A^2(t) = n_c^2(t) + n_s^2(t) \tag{I-17}$$

$$\theta(t) = \arctan\left[\frac{n_s(t)}{n_c(t)}\right] \tag{I-18}$$

包络 $A(t)$ 是非负的，并且有瑞利概率密度分布形式，即 $p(A)$ 为

$$p(A) = \frac{A}{\sigma_n^2}\exp\left[-\frac{A^2}{2\sigma_n^2}\right] \tag{I-19}$$

其均值 $\overline{A} = \sigma_n\sqrt{\pi/2}$，而方差 $\overline{A^2} = 2\sigma_n^2$。

θ 在 $[-\pi, \pi]$ 间隔内均匀分布，谱密度等于 $1/2\pi$，均值 $\overline{\theta} = 0$，方差值 $\overline{\theta^2} = \pi^2/3$。复包络的概率密度函数如附图 I-3 所示。

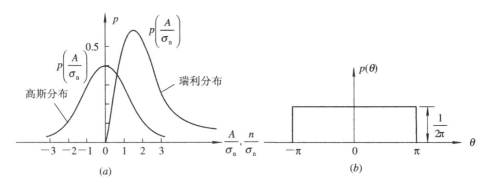

附图 I-3　复包络的概率密度函数

（a）幅度；（b）相位

附录二　压控振荡器的相位噪声

在锁相式频率合成器中，压控振荡器相位噪声是影响信号短期频率稳定度的重要因素。本附录将扼要介绍相位噪声的一般概念和振荡器相位噪声幂律谱的形成。

一、相位噪声的一般概念

一个有相位噪声的输出信号可表示为

$$u_o(t) = U_o \cos[\omega_o t + \theta_n(t)] \qquad (\text{II}-1)$$

式中 $\theta_n(t)$ 为合成器环路中各种噪声源产生的输出相位噪声。当 $\theta_n(t)$ 值比较小时，上式可近似地分解为

$$u_o(t) \approx U_o \cos\omega_o t - U_o\theta_n(t)\sin\omega_o t \qquad (\text{II}-2)$$

即通过分解，把信号电压项与噪声电压项分开，其中右边第一项为主信号项，第二项为相位噪声形成的噪声电压项 $u_n(t)$。

由于相位噪声是先用频谱分析仪测量出噪声电压的功率谱密度分布，然后转换为相位噪声功率谱分布，因此有必要先找出噪声电压 $u_n(t)$ 的双边功率谱密度 $S_{2u_n}(t)$ 与相位噪声双边功率谱密度 $S_{2\theta_n}(\Omega)$ 之间的关系。（II-2）式右边第二项用

$$u_n(t) = \theta_n(t)U_o\sin\omega_o t \qquad (\text{II}-3)$$

表示，$u_n(t)$ 可等效为随机噪声信号 $\theta_n(t)$ 对载波 $U_o\sin\omega_o t$ 的相乘调制，按照调制理论中的频谱搬移定理有

$$S_{2u_n}(\omega) = \frac{U_o^2}{4}[S_{2\theta_n}(\omega+\omega_o) + S_{2\theta_n}(\omega-\omega_o)] \qquad (\text{II}-4)$$

$S_{2\theta_n}(\Omega)$ 及 $S_{2u_n}(\omega)$ 的谱形图如附图 II-1 所示。

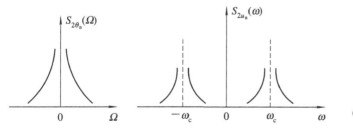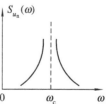

附图 II-1　$S_{2\theta_n}(\Omega)$ 与 $S_{2u_n}(\omega)$ 的谱形

若将 $S_{2\theta_n}(\Omega)$ 及 $S_{2u_n}(\omega)$ 用单边功率谱密度表示，则有

$$S_{\theta_n}(\Omega) = 2S_{2\theta_n}(\Omega) \qquad (\text{II}-5)$$

$$S_{u_n}(\omega) = 2S_{2u_n}(\omega) \qquad (\text{II}-6)$$

这样

$$S_{\theta_n}(\omega - \omega_o) = S_{\theta_n}(\omega + \omega_o) = S_{2\theta_n}(\omega + \omega_o) + S_{2\theta_n}(\omega - \omega_o)$$

$$= \frac{S_{2u_n}(\omega)}{\dfrac{U_o^2}{4}} \qquad\qquad (\mathrm{II} - 7)$$

因此

$$S_{u_n}(\omega) = \frac{U_o^2}{2} S_{\theta_n}(\omega - \omega_o) \qquad\qquad (\mathrm{II} - 8)$$

根据调制理论

$$S_{\theta_n}(\omega - \omega_o) = \frac{1}{2} S_{\theta_n}(\Omega)$$

所以

$$S_{u_n}(\omega) = \frac{U_o^2}{4} S_{\theta_n}(\Omega) \qquad\qquad (\mathrm{II} - 9)$$

或

$$\frac{S_{u_n}(\omega)}{P_s} = \frac{1}{2} S_{\theta_n}(\Omega) \qquad\qquad (\mathrm{II} - 10)$$

式中 $P_s = (1/2)U_o^2$，代表信号功率。

上式表明 $u_n(t)$ 的射频相对单边功率谱密度在数量上等于单边相位噪声功率谱密度的一半。这是分析与测量相位噪声谱分布的重要理论依据。

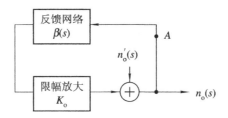

附图 II-2　振荡器模型

二、LC 振荡器输出相位噪声

按照振荡器理论，一个振荡器可看做由限幅放大器（放大量为 K_o）与反馈网络［传递函数为 $\beta(s)$］两部分组成的振荡环路，附图 II-2 表示了这种振荡环路的模型。下面分析振荡器相位噪声的形成机理。

设由模型 A 点断开，开环时仅由反馈网络产生的限幅放大器输入噪声单边功率谱密度为 $S_{ni}(\omega)$，限幅放大器的噪声系数为 F_1，则开环状态下限幅放大器总输出噪声电压为 $n_o'(t)$。其单边功率谱密度 $S_{n'o}(\omega)$ 为

$$S_{n'o}(\omega) = K_o^2 F_1 S_{ni}(\omega)$$

在附图 II-2 模型上，$n_o'(s)$ 代表开环的反馈网络和限幅放大器两部分产生的总噪声电压，因此闭环后正反馈作用产生的闭环输出噪声电压为

$$n_o(s) = \frac{n_o'(s)}{1 - \beta(s) \cdot K_o} \qquad\qquad (\mathrm{II} - 11)$$

通常，反馈电路用单谐振电路，其电压传递函数

$$\beta(j\omega) = \frac{\beta_o}{1 + jQ\left(\frac{2\Delta\omega}{\omega_o}\right)} \qquad (\text{II} - 12)$$

式中　$\Delta\omega$ 等于 $\omega - \omega_o$；

　　β_o 为谐振点传递系数；

　　Q 为回路品质因数。

将(II-12)式代入(II-11)式，可得对应 $n_o(s)$ 的输出噪声电压功率谱密度

$$S_{no}(\omega) = \left| \frac{1}{1 - \left[\dfrac{K_o\beta_o}{1 + jQ\dfrac{2\Delta\omega}{\omega_o}}\right]} \right|^2 \cdot S_{n'o}(\omega)$$

振荡器在 ω_o 处满足振荡平衡条件

$$K_o\beta_o = 1$$

因此有

$$S_{no}(\omega) = \left[1 + \left(\frac{\omega_o}{2Q\Delta\omega}\right)^2\right] \cdot S_{n'o}(\omega) \qquad (\text{II} - 13)$$

对照(II-10)式，应有

$$\left.\begin{array}{c} \dfrac{S_{no}(\omega)}{\dfrac{U_o^2}{2}} = \dfrac{1}{2}S_{\theta_{nv}}(\Omega) \\[4mm] \dfrac{S_{n'o}(\omega)}{\dfrac{U_o^2}{2}} = \dfrac{1}{2}S_{\theta_{nA}}(\Omega) \end{array}\right\} \qquad (\text{II} - 14)$$

式中 $S_{\theta_{nA}}(\Omega)$ 为 A 点断开时开环相位噪声功率谱密度，也即一般放大器的相位噪声功率谱。若将 Ω 用 $2\pi F$ 代替，其一般表示形式为

$$S_{\theta_{nA}}(F) \approx \frac{a_{-1}}{F} + a_0 \qquad (\text{II} - 15)$$

式中　a_{-1} 为闪烁噪声常数；

　　a_0 为白噪声常数。

将(II-14)式代入(II-13)式，可得

$$S_{\theta_{nv}}(F) = \left[1 + \left(\frac{f_o}{2QF}\right)^2\right]S_{\theta_{nA}}(F) \qquad (\text{II} - 16)$$

注意，$\Delta\omega$ 已用 $2\pi F$ 代替。再将 $S_{\theta_{nA}}(F)$ 用(II-15)式代入，则得幂律形式相位噪声功率谱

$$S_{\theta_{nv}}(F) = \left(\frac{f_o}{F}\right)^2 \frac{a_{-1}}{4Q^2F} + \left(\frac{f_o}{F}\right)^2 \frac{a_0}{4Q^2} + \frac{a_{-1}}{F} + a_0$$

用相对值表示则为

$$\frac{S_{\theta_{nr}}(F)}{f_o^2} = \frac{h_{-1}}{F^3} + \frac{h_0}{F^2} + \frac{h_1}{F} + h_2 \qquad (\text{II} - 17)$$

式中

$$h_{-1} = \frac{a_{-1}}{4Q^2} ; \quad h_0 = \frac{a_0}{4Q^2} ; \quad h_1 = \frac{a_{-1}}{f_o^2} ; \quad h_2 = \frac{a_0}{f_o^2}$$

此即为一般资料中常见的相对相位噪声幂律谱的表示形式。大量实验数据表明，a_{-1} 与 a_0 的平均值分别约为 $a_{-1} \approx 10^{-11}$，$a_0 \approx 10^{-15}$。此值在 5 MHz～100 GHz 的整个频率范围内，基本上与振荡器类型无关。这样，有用的工程计算式有

$$\frac{S_{\theta_{nv}}(F)}{f_o^2} \approx \frac{1}{F^3} \cdot \frac{10^{-11.6}}{Q^2} + \frac{1}{F^2} \cdot \frac{10^{-15.6}}{Q^2} + \frac{1}{F} \cdot \frac{10^{-11}}{f_o^2} + \frac{10^{-15}}{f_o^2} \qquad (\text{II}-18)$$

显然，只要知道振荡器的中心频率 f_o 及振荡回路的 Q 值，就可按照（II-18）式作出 $S_{\theta_{nv}}(F)$ 与 F 的关系曲线来。

以 Q 和 f_o 为参量的归一化振荡器相位噪声特性曲线如附图 II-3 所示。

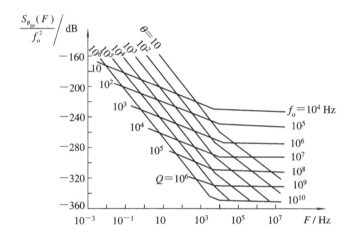

附图 II-3　归一化振荡器相位噪声特性曲线（以 Q 和 f_o 为参量）

三、晶振的相位噪声

在晶体振荡器中，晶体管一般用低噪声管，因而振荡器输出噪声影响最大的是晶体谐振器的噪声。晶体谐振器噪声的大小取决于晶体本征损耗的高低，也即 Q 值的大小。通常，晶体采用 AT 切割方式，其谐振频率 f_r 与 Q 值乘积为

$$f_r Q \approx 1.5 \times 10^{13}$$

此结果表明，若要求 Q 值高，则工作频率不能高，但是工作频率太低，晶体尺寸又太大。为此，一般 f_r 取值在 5～10 MHz 之间最合适，因此通常标准晶体振荡器有 5 MHz 与 10 MHz。

显然，（II-17）式的相位噪声幂律谱形式也应适用于晶体振荡器。但是由于晶体振荡器中主要是谐振器噪声起作用而不是晶体管，因此（II-17）式中系数 h_{-1}、h_0、h_1、h_2 不同于一般 LC 振荡器。有人对频率在 5～170 MHz 范围内的大约 60 个晶振的噪声性能进行测试，得到一个平均的晶振噪声幂律谱公式，可供工程计算用。其形式为

$$\frac{S_{\theta_{nr}}(F)}{f_r^2} \approx \frac{1}{F^3} \cdot 10^{-37.25} \cdot f_r^2 + \frac{1}{F^2} \cdot 10^{-39.4} \cdot f_r^2$$
$$+ \frac{1}{F} \cdot \frac{10^{-12.15}}{f_r^2} + \frac{10^{-14.9}}{f_r^2} \qquad (\text{II}-19)$$

同理，只要知道 f_r 值，就可作出 $S_{\theta_{nr}}(F)$ 对 F 的曲线来。

参 考 文 献

［1］ Gardner，F M. Phaselock Techniques（second edition）New York，NY：John Wiley，1979.

［2］ 阿兰·布兰查德. 锁相环及其在相干接收机设计中的应用. 田永正，董献忱，译. 北京：人民邮电出版社，1980.

［3］ Best，Roland E. Phase－Locked Loops Theory，Design and Applications Mc GRAW－HILL，1984.

［4］ 郑继禹，万心平，张厥盛. 锁相环路原理与应用. 修订本. 北京：人民邮电出版社，1984.

［5］ 郑继禹，张厥盛，万心平. 同步控制原理. 北京：国防工业出版社，1980.

［6］ 张厥盛，郑继禹，万心平. 锁相技术. 西安：西北电讯工程学院出版社，1986.

［7］ 张有正，陈尚勤，周正中. 频率合成技术. 北京：人民邮电出版社，1984.

［8］ 王德凡，兰海峰，刘佑华. MOTOROLA 大规模集成电路锁相环频率合成器. 移动通信装备，1987.3，1987.6，1988.2.

［9］ 万心平，张厥盛，郑继禹. 通信工程中的锁相环路. 西安：西北电讯工程学院学报，1980.

［10］ Egan，William F. Frequency Synthesis by Phase Lock. John Wiley & Sons，1981.

［11］ Holmes，J K. Coherent Spread Spectrum Systems. John Wiley & Sons，1982.

［12］ 杰克·史密斯. 现代通信电路. 叶德福，景虹，夏大平，张厥盛，译. 李纪澄，审校. 西安：西北电讯工程学院出版社，1987.

［13］ Lindsey，W C and Chie，C M. A Survey of Digital Phase － Locked Loops. Proc. IEEE Vol. 69，No. 4，April，1981：410－451.

［14］ 万心平，张厥盛. 集成锁相环路——原理、特性、应用. 北京：人民邮电出版社，1990.

［15］ Donald R Stephens. Phese-Locked Loops For Wireless Communications – Digitel，Analog and Optical Implementations. Second Edition. Kluwer Academic Publishers，2002.

［16］ Stanley Goldman. Phase-Locked Loop Engineering Handbook for Integrated Circuits. Artech House，Inc. 2007.

［17］ Daniel Abramovitch. Phese-Locked Loops：A Control Centric Tutorial. To appear in the proceedings of the 2002 ACC.

［18］ Saleh R Al-Aran，Zahir M Hussain，Mahmoud A Al-Qutayri. Digital Phese Lock Loops. 2006 Springer.